Vahlens Übungsbücher

Bieg/Kußmaul/Waschbusch
Finanzierung in Übungen

Finanzierung in Übungen

von

Dr. Hartmut Bieg

o. Professor der Betriebswirtschaftslehre
an der Universität des Saarlandes

Dr. Heinz Kußmaul

o. Professor der Betriebswirtschaftslehre
an der Universität des Saarlandes

und

Dr. Gerd Waschbusch

o. Professor der Betriebswirtschaftslehre
an der Universität des Saarlandes

2., völlig überarbeitete und erweiterte Auflage

Verlag Franz Vahlen München

VERLAG
VAHLEN
MÜNCHEN
www.vahlen.de

ISBN 978 3 8006 3782 9

Satz: DTP-Vorlagen der Autoren
Druck und Bindung:
Druckhaus Nomos, In den Lissen 12, 76547 Sinzheim

Gedruckt auf säurefreiem, alterungsbeständigem Papier
(hergestellt aus chlorfrei gebleichtem Zellstoff)

Vorwort zur zweiten Auflage

Für die zweite Auflage wurde das Übungsbuch komplett überarbeitet sowie an die aktuelle Rechtslage nach der Unternehmenssteuerreform 2008 und dem Bilanzrechtsmodernisierungsgesetz 2009 angepasst. Die von den Lesern positiv aufgenommene Konzeption des Übungsbuches ist in der Neuauflage unverändert geblieben. Inhaltlich orientiert sich das Übungsbuch an dem ebenfalls in einer Neuauflage vorliegenden Lehrbuch „Finanzierung“ von *Hartmut Bieg* und *Heinz Kußmaul*. Entsprechend dem veränderten Titel dieses Lehrbuches wurde auch der Titel des begleitenden Übungsbuches in „Finanzierung in Übungen“ umbenannt.

Für die tatkräftige inhaltliche Unterstützung bei der Überarbeitung dieses Übungsbuches danken wir *Frau Dipl.-Kffr. Nadine Staub* und *Herrn Dipl.-Kfm. Jens Druckenmüller* sowie unseren studentischen Mitarbeitern und Mitarbeiterinnen *Oliver Karmann, B.A., Jonathan Loewens, B.A., Andrea Rolle* und *Kathrin Werner*. Herrn *Jonathan Loewens, B.A.* danken wir zusätzlich für die große Sorgfalt und Mühe bei der formalen Einarbeitung der inhaltlichen Änderungen.

Unser ganz besonderer Dank gilt *Frau Dipl.-Kffr. Nadine Staub*, die die Aufgabe der Koordination und der Erstellung einer druckfertigen Vorlage für den Vahlen Verlag übernommen hat. *Frau Silvia Comtesse*, *Frau Doris Schneider* sowie *Frau Catherine Schroeder* danken wir für die umsichtige Unterstützung im gesamten Umfeld der Publikation. Dem Lektor des Vahlen Verlages, *Herrn Dennis Brunotte*, zeigen wir uns für die harmonische Zusammenarbeit verbunden.

Für Unzulänglichkeiten sind selbstverständlich allein die Autoren verantwortlich. Den Lesern sind wir für Anregungen sowie für jeden Verbesserungshinweis dankbar.

Saarbrücken, im März 2010

Hartmut Bieg
Heinz Kußmaul
Gerd Waschbusch

Vorwort zur ersten Auflage

Das hier vorgelegte Übungsbuch wendet sich an Leser, die sich in Form von Übungsaufgaben umfassend und praxisnah mit den Fragen der Finanzierung von Unternehmen und dem Treffen von finanzwirtschaftlichen Entscheidungen auseinandersetzen wollen. Inhaltlich orientiert sich dieses Übungsbuch an Band II und Band III des ebenfalls im Verlag Vahlen erschienenen Lehr- und Handbuches „Investitions- und Finanzierungsmanagement“ von *Hartmut Bieg* und *Heinz Kußmaul*. Es ermöglicht den Lesern, das dort ausführlich behandelte Fachgebiet der Finanzierung insbesondere anhand rechnerisch zu lösender Aufgaben zu vertiefen.

Adressaten dieses Übungsbuches sind Lehrende und Studierende an Universitäten, Fachhochschulen, Berufsakademien, Verwaltungs- und Wirtschaftsakademien und ähnlichen Einrichtungen. Darüber hinaus ist es aber auch für den Rat suchenden Praktiker gedacht. In insgesamt zehn Hauptkapiteln werden vor allem die folgenden Themengebiete behandelt:

- die Grundlagen der Finanzierung,
- die Außenfinanzierung von Unternehmen durch Eigenkapital,
- die Außenfinanzierung von Unternehmen durch Fremdkapital,
- ausgewählte Sonderformen der Außenfinanzierung wie das Leasing und die Ausgabe von Genussrechten,
- die Systematisierung der Konditionenvereinbarungen in der Außenfinanzierung,
- das Börsenwesen in Deutschland,
- derivative Finanzinstrumente (u. a. Optionen, Swaps und Futures),
- die Innenfinanzierung von Unternehmen,
- Fragen der Liquidität, Finanzplanung und Kapitalstrukturgestaltung von Unternehmen sowie
- die Gewinnung von Informationen für finanzwirtschaftliche Entscheidungen (insbesondere im Rahmen der Jahresabschlussanalyse).

Viele haben dazu beigetragen, dass dieses Übungsbuch entstehen konnte. Die inhaltliche Konzeption war Gegenstand von Vorlesungen und Übungen im Fach „Finanzierung“ an der Universität des Saarlandes. Aus dem Kreise unserer Mitarbeiterinnen und Mitarbeiter danken wir *Herrn Dipl.-Kfm. Volker Armbruster, Frau Dipl.-Kffr. Karina Hilmer, Frau Dipl.-Kffr. Anke Käufer, Herrn Dr. Christian Schwarz* und *Herrn Dipl.-Kfm. Guido Sopp* für die kritische Durchsicht des Manuskripts und die damit verbundenen zahlreichen

Hinweise und Verbesserungsvorschläge. *Frau Catherine Schroeder* danken wir für die besondere Sorgfalt und Mühe bei der Erstellung und Gestaltung des Manuskripts. Sie wurde hierbei tatkräftig unterstützt von *Herrn Dipl.-Kfm. Christof Steiner* sowie *Frau cand. rer. oec. Nadine Staub*. *Frau Doris Schneider* danken wir für die organisatorische Begleitung der Erstellung des Buches. Für das Lesen der Korrekturen danken wir *Frau cand. rer. oec. Anke Britz, Herrn cand. rer. oec. Sebastian Gräbe* sowie *Frau cand. rer. oec. Janine König*. *Frau cand. rer. oec. Nadine Staub* danken wir zudem für die Mühe des Nachrechnens der Aufgaben sowie *Frau cand. rer. oec. Anke Britz* für die Erstellung des Stichwortverzeichnisses.

Unser ganz besonderer Dank gilt *Herrn Dipl.-Kfm. Volker Armbruster*, der die Aufgabe der Koordination und der technischen und organisatorischen Schriftleitung übernommen hat. Seinem außerordentlichen Einsatz und nie erlahmenden Eifer haben wir zu verdanken, dass wir dem Verlag Vahlen ein druckfertiges Manuskript zur Verfügung stellen konnten.

Dem Lektor des Verlages, *Herrn Dipl.-Vw. Dieter Sobotka*, danken wir für die stets angenehme und vertrauensvolle Zusammenarbeit.

Selbstverständlich gehen alle in diesem Übungsbuch enthaltenen Fehler ausschließlich zu Lasten der Autoren. Den Lesern sind wir für Anregungen sowie für jeden Verbesserungshinweis dankbar. Richten Sie diese bitte an:

- h.bieg@mx.uni-saarland.de,
- kussmaul@bli.uni-saarland.de und/oder
- gerd.waschbusch@refi.uni-saarland.de.

Saarbrücken, im April 2007

Hartmut Bieg
Heinz Kußmaul
Gerd Waschbusch

Inhaltsübersicht

Inhaltsverzeichnis

Verzeichnis der Abbildungen

Verzeichnis der Abkürzungen

AB .... Ausgabebetrag der Inhaberschuldverschreibung
ABS .... Asset Backed Securities
ACI .... Association Cambiste Internationale
Abs. .... Absatz
AfA .... Absetzungen für Abnutzung
AG .... Aktiengesellschaft
AHK .... Anschaffungs- und Herstellungskosten
AK .... Anschaffungskosten
AktG .... Aktiengesetz
ANK .... Anschaffungsnebenkosten
Art. .... Artikel
Aufl. .... Auflage
AV .... Anlagevermögen

BaFin .... Bundesanstalt für Finanzdienstleistungsaufsicht
BAV .... Bundesaufsichtsamt für das Versicherungswesen
BBK .... Buchführung, Bilanz, Kostenrechnung
begr. .... begrenzt
BewG .... Bewertungsgesetz
BF .... Bindungsfrist
BG .... Bruttogewinn, Bilanzgewinn
BGB .... Bürgerliches Gesetzbuch
BörsZulV .... Börsenzulassungsverordnung
bspw. .... beispielsweise
BWL .... Betriebswirtschaftslehre
bzw. .... beziehungsweise

DAX .... Deutscher Aktienindex
DB .... Deckungsbeitrag
DBAG..................... Deutsche Börse AG
d. h. .... das heißt
DVFA .... Deutsche Vereinigung für Finanzanalyse und Anlageberatung e. V.

EBF .... European Banking Federation
EDV .... Elektronische Datenverarbeitung
EEX .... European Energy Exchange
eff. .... effektiv
EGHGB .... Einführungsgesetz zum Handelsgesetzbuch
eig. Ant. .... eigene Anteile
einschl. .... einschließlich
EK .... Eigenkapital
EK_a .... Eigenkapital vor der Kapitalerhöhung
EK_n .... Eigenkapital nach der Kapitalerhöhung
EStG .... Einkommensteuergesetz
EU .... Europäische Union
EUR .... Euro
Eurex .... European Exchange
EURIBOR .... Euro Interbank Offered Rate
e. V. .... eingetragener Verein
evtl. .... eventuell
EZB .... Europäische Zentralbank

FGK .... Fertigungsgemeinkosten
FK .... Fremdkapital
FKZ .... Fremdkapitalzinsen
FL .... Fertigungslöhne
FRA .... Forward Rate Agreement
FuE .... Forschung und Entwicklung
FWB .... Frankfurter Wertpapierbörse

G .... Gewinn
GAAP .... Generally Accepted Accounting Principles
GewESt .... Gewerbeertragsteuer
GewStG .... Gewerbesteuergesetz
GEX .... German Entrepreneurial Index
gez. .... gezeichnetes
ggf. .... gegebenenfalls
GmbH .... Gesellschaft mit beschränkter Haftung

GuV .... Gewinn- und Verlustrechnung

HGB .... Handelsgesetzbuch
hrsg. .... herausgegeben

i. d. R. .... in der Regel
IFRS .... International Financial Reporting Standards
i. H. v. .... in Höhe von
inkl. .... inklusive
insb. .... insbesondere
i. V. m. .... in Verbindung mit
i. w. S. .... im weiteren Sinne

Jg. .... Jahrgang
JPY .... Japanischer Yen
JÜ .... Jahresüberschuss

kfr. .... kurzfristig
KG .... Kommanditgesellschaft
KNNA .... Künstliche Neuronale Netz-Analyse
KSt .... Körperschaftsteuer
KWF .... Kapitalwiedergewinnungsfaktor
KWG .... Kreditwesengesetz

lfr. .... langfristig
LG .... Leasinggeber
LIBOR .... London Interbank Offered Rate
LN .... Leasingnehmer

MDAX .... Mid-Cap-Dax
ME .... Mengeneinheit(en)
MGK .... Materialgemeinkosten
Min. .... Minuten
MindA .... Minderheitsaktionär
Mio. .... Million(en)
MK .... Materialkosten

NB .... Nennbetrag der Inhaberschuldverschreibung
NR .... Nebenrechnung
NW .... Nennwert

o. g. .... oben genannt
OHG .... Offene Handelsgesellschaft
OP .... Optionspreis

p. a. .... per annum (pro Jahr)
Pkw .... Personenkraftwagen
Pos. .... Position

R .... Restwert
RAP .... Rechnungsabgrenzungsposten
RBF .... Rentenbarwertfaktor
RBW .... Restbuchwert
REF .... Rentenendwertfaktor
RL .... Rücklagen
ROI .... Return on Investment

S. .... Seite
S. A. .... Société Anonyme
SDAX .... Small-Cap-DAX
SG .... Schmalenbach-Gesellschaft
sog. .... sogenannte
SolzG .... Solidaritätszuschlagsgesetz
Sp .... Spesen
St. .... Stück
stpfl. .... steuerpflichtig

TEUR .... Tausend Euro
TK .... Transaktionskosten
TW .... Teilwert

u. a. .... unter anderem
unbegr. .... unbegrenzt

US .... United States
USD .... US-Dollar
u. U. .... unter Umständen
UV .... Umlaufvermögen

V .... Verlust oder Verschuldungsgrad
v. .... von
VGK .... Verwaltungsgemeinkosten
vgl. .... vergleiche
vs. .... versus
VtGK .... Vertriebsgemeinkosten

WGF .... Wiedergewinnungsfaktor
WTB .... Warenterminbörse

z. B. .... zum Beispiel
z. T. .... zum Teil
zzgl. .... zuzüglich

1 Grundlagen

1.1 Überblick über die Finanzierungstheorie

Aufgabe 1.1: Fragestellungen einzelner Ansätze der Finanzierungstheorie

Die Finanzierungstheorie leistet einen Beitrag zur Lösung der bei der Finanzierung aufgeworfenen Probleme. Sie bietet den Kapitalgebern Hilfestellungen bei der Auswahl von am Geld- und Kapitalmarkt möglichen Anlageformen. Den Kapitalnehmern liefert sie Entscheidungshilfen hinsichtlich der Realisierung der für sie optimalen Finanzierungsalternative.

a) Erläutern Sie den Unterschied zwischen der Sichtweise der klassischen sowie der neueren Finanzierungstheorie!

b) Mit welcher Fragestellung setzt sich die Neo-institutionalistische Finanzierungstheorie auseinander?

c) Welches ist das zentrale Anliegen der Finanzchemie?

Lösung:

Teilaufgabe a)

Während die **klassische Finanzierungstheorie** die Vorgänge im finanz- und leistungswirtschaftlichen Bereich unabhängig voneinander betrachtet, führt der der **neueren Finanzierungstheorie** zugrunde liegende zahlungsstromorientierte Finanzierungsbegriff zur Interpretation der Finanzierungs- und Investitionsvorgänge als spiegelbildliche Aktivitäten. Konsequenterweise müssen Finanzierungs- und Investitionsentscheidungen auf dem unvollkommenen Kapitalmarkt simultan getroffen werden.

Teilaufgabe b)

Die **Neo-institutionalistische Finanzierungstheorie** konzentriert sich auf die beim Transfer der Zahlungen zwischen Kapitalgeber und Kapitalnehmer auftretenden Behinderungen in Form von Transaktions-, Informations- und Opportunitätskosten. Die zwischen beiden Parteien regelmäßig vorliegende Informationsasymmetrie erfordert die Einschaltung von Finanzintermediären zur Überbrückung dieser Hindernisse.

Teilaufgabe c)

Die **Finanzchemie** analysiert und synthetisiert die Basiselemente von Finanztiteln. Ziel ist die Konzipierung von an den Bedürfnissen der Kapitalnehmer und -geber ausgerichteten maßgeschneiderten Finanzinstrumenten.

Aufgabe 1.2: Untersuchungsgegenstand der verschiedenen Ansätze der Finanzierungstheorie

Bei der Lösung der im Rahmen der Finanzierungstheorie aufgeworfenen Fragen sind die folgenden Komponenten von Bedeutung:

a) die Ziele der Kapitalgeber und Kapitalnehmer,

b) der Übertragungsvorgang sowie

c) der Marktzusammenhang.

Überprüfen Sie, inwieweit diese Komponenten Untersuchungsgegenstand der verschiedenen Ansätze der Finanzierungstheorie sind!

Lösung:

	Klassische Finanzierungstheorie	Neuere Finanzierungstheorie	Neo-institutionalistische Finanzierungstheorie	Finanzchemie
Ziele der Kapitalgeber und Kapitalnehmer	↑	↑	→	↑
Übertragungsvorgang	→	→	↑	↓
Marktzusammenhang	↓	↑	↓	↑
Legende: berücksichtigt (↑) tendenziell berücksichtigt (→) nicht berücksichtigt (↓)				

Abbildung 1: Untersuchungsgegenstand der verschiedenen Ansätze der Finanzierungstheorie

1.2 Ansätze zur Systematisierung der Finanzierungsarten

Aufgabe 1.3: Systematisierung der Finanzierungsarten

Nennen Sie vier verschiedene Kriterien, nach denen sich die einzelnen Finanzierungsarten systematisieren lassen!

Lösung:

Die einzelnen Finanzierungsarten lassen sich nach den folgenden vier **Kriterien** systematisieren:

(1) nach der **Herkunft des Kapitals (Mittelherkunft)** in Maßnahmen der Außen- und Innenfinanzierung,

(2) nach der **Rechtsstellung der Kapitalgeber** in Maßnahmen der Eigen- und Fremdfinanzierung,

(3) nach dem **Einfluss auf den Vermögens- und Kapitalbereich** in Kapitalbeschaffungs-, Kapitalabfluss-, Kapitalfreisetzungs- sowie Kapitalumschichtungsvorgänge,

(4) nach der **Dauer der Kapitalbereitstellung** in Maßnahmen der unbefristeten sowie der befristeten Finanzierung. Befristete Finanzierungsmaßnahmen lassen sich weiter in kurz-, mittel- und langfristige Finanzierungsmaßnahmen untergliedern.

Aufgabe 1.4: Systematisierung der Finanzierungsvorgänge nach der Rechtsstellung der Kapitalgeber sowie nach der Herkunft des Kapitals

Zeigen Sie anhand einer Abbildung die bei den beiden folgenden Gliederungskriterien untereinander bestehenden Beziehungen auf:

- Gliederung der Finanzierungsvorgänge nach der Rechtsstellung der Kapitalgeber,
- Gliederung der Finanzierungsvorgänge nach der Herkunft des Kapitals!

Lösung:

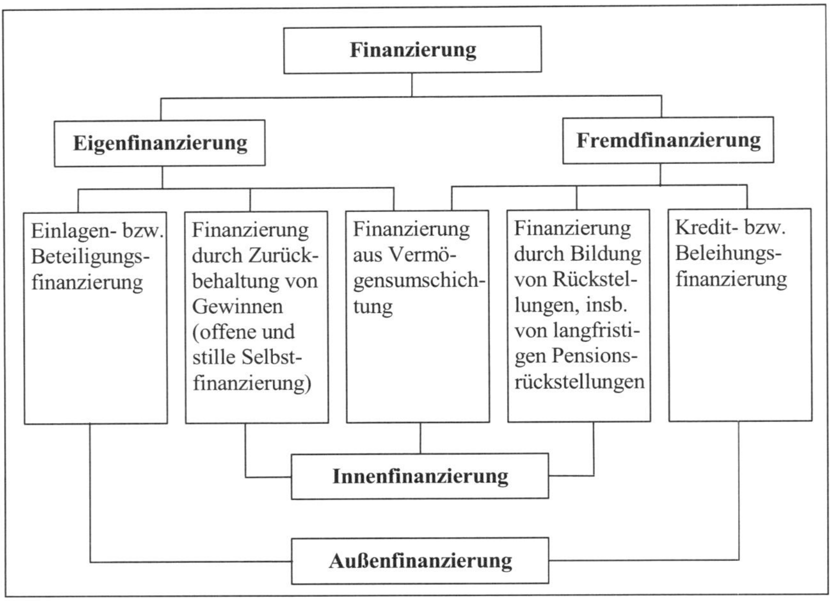

Abbildung 2: Gliederung der Finanzierungsvorgänge nach der Rechtsstellung der Kapitalgeber sowie nach der Herkunft des Kapitals [1]

---

[1] Modifiziert entnommen aus *Wöhe, Günter; Bilstein, Jürgen; Ernst, Dietmar; Häcker, Joachim*: Grundzüge der Unternehmensfinanzierung, 10. Aufl., München 2009, S. 23.

2 Die Außenfinanzierung durch Eigenkapital (Einlagenfinanzierung)

2.1 Die Funktionen des Eigenkapitals von Unternehmen

Aufgabe 2.1: Verlustausgleichs- sowie Haftungsfunktion des Eigenkapitals

Erläutern Sie die Bedeutung der Verlustausgleichsfunktion sowie der Haftungsfunktion des Eigenkapitals für einen Fremdkapitalgeber!

Lösung:

Die Bedeutung der Verlustausgleichsfunktion sowie der Haftungsfunktion des Eigenkapitals für einen Fremdkapitalgeber lässt sich wie folgt skizzieren:

(1) Verlustausgleichsfunktion des Eigenkapitals

Die Verlustausgleichsfunktion des Eigenkapitals richtet sich auf den **going-concern-Fall**, also auf die Fortführung des Unternehmens. Hinter dieser Funktion steckt die Überlegung, dass **Eigenkapital dazu herangezogen** werden kann, **Verluste aus dem laufenden Geschäft** (Jahresfehlbeträge bzw. Bilanzverluste) **buchmäßig auszugleichen**. Somit müssen bei ausreichend hohem Eigenkapital die Gläubiger (Fremdkapitalgeber) des Unternehmens nicht zum Zwecke des Verlustausgleichs herangezogen werden.

(2) Haftungsfunktion (Garantiefunktion) des Eigenkapitals

Während die Verlustausgleichsfunktion des Eigenkapitals auf den going-concern-Fall des Unternehmens abstellt, bezieht sich die Haftungsfunktion des Eigenkapitals auf den **Insolvenzfall (Zerschlagungsfall)**. Ist ein Unternehmen in Insolvenz geraten, so ist die Wahrscheinlichkeit, dass ein Gläubiger (Fremdkapitalgeber) dieses Unternehmens bei Zerschlagung auch ohne Sicherheiten eine befriedigende Quote im Insolvenzverfahren erhält, umso größer, je höher der Anteil des Eigenkapitals am Gesamtkapital ist. Anders ausgedrückt bedeutet dies, dass ein Gläubiger mit einer umso höheren Insolvenzquote rechnen kann, je höher der nicht durch Gläubigeransprüche belastete Anteil des Vermögens am Gesamtvermögen des in Insolvenz gegangenen Unternehmens ist, je größer also die Relationen Eigenkapital/Gesamtkapital bzw. Eigenkapital/Fremdkapital des Unternehmens sind.

Damit jeder Gläubiger seine Forderung in voller Höhe zurückerhalten kann, dürfen die Erlöse aus dem vorhandenen und veräußerbaren Vermögen im Zeitpunkt der Liquidation des Unternehmens nicht geringer als die zu diesem Zeitpunkt bestehenden Schulden sein. Solange also das vorhandene **Eigenkapital** (hier verstanden als Überschuss des Vermögens über die Schulden) **eines Unternehmens die aus den übernommenen Risiken im Insolvenzfall entstehenden Verluste übersteigt**, können alle Gläubiger davon ausgehen, dass das Restvermögen, das dem Unternehmen nach Eintritt des Verlustes verbleibt, im Falle einer anschließenden Liquidation des Unternehmens zur vollständigen Rückzahlung sämtlicher Schulden ausreicht.

2.2 Die Eigenkapitalbeschaffung nicht-emissionsfähiger Unternehmen

Aufgabe 2.2: Begriff des nicht-emissionsfähigen Unternehmens

Was versteht man im Zusammenhang mit der Eigenkapitalbeschaffung unter einem nicht-emissionsfähigen Unternehmen? Welche Folgen hat das Fehlen eines funktionsfähigen Marktes für Beteiligungskapital für solche Unternehmen?

Lösung:

Unternehmen, die nicht die Möglichkeit haben, Eigenkapital durch Verkauf von Anteilsrechten über den organisierten Kapitalmarkt (Börse) zu beschaffen, nennt man **nicht-emissionsfähige Unternehmen**. Dies sind neben Einzelunternehmen und Personengesellschaften insbesondere auch kleinere und mittlere Kapitalgesellschaften.

Das **Fehlen eines funktionsfähigen Marktes für Beteiligungskapital** hat für diese Unternehmen zur **Folge**, dass

- Kapitalgeber, die aufgrund eigener finanzieller Ziele an fungiblen Anlagen interessiert sind, nicht gewonnen werden können;
- die Bestimmung des „Eintrittspreises“ bei der Neuaufnahme von Gesellschaftern bzw. des „Austrittspreises“ bei ihrem Ausscheiden oft sehr schwierig ist;
- die Aufteilung des „Eintrittspreises“ auf den Kapitalanteil des neuen Gesellschafters, nach dem sich sein Gewinnbeteiligungsanspruch richtet, und

auf den nicht gewinnberechtigten Restbetrag (Aufgeld, Agio) problematisch ist.

Bei emissionsfähigen Unternehmen ergeben sich die Eintritts- und Austrittspreise auf dem Marktplatz Börse, wo viele Nachfrager und Anbieter entsprechender Anteile zusammentreffen. Die Eintritts- und Austrittspreise für Anteile nicht-emissionsfähiger Unternehmen beruhen demgegenüber nur auf der Einschätzung einzelner Nachfrager bzw. Anbieter. Dies erhöht das Risiko einer nicht wertgemäßen Preissetzung.

Aufgabe 2.3: Gesetzliche Gewinnverteilung bei der OHG

Ermitteln Sie den bei gesetzlicher Gewinnverteilung auf jeden Gesellschafter einer offenen Handelsgesellschaft (OHG) entfallenden Gewinnanteil, wenn die Kapitalkonten der Gesellschafter A, B, C und D folgenden Stand aufweisen:

A = 120.000 EUR

B = 90.000 EUR

C = 260.000 EUR

D = 30.000 EUR

und der Gewinn im Fall a) 80.000 EUR und im Fall b) 15.000 EUR beträgt!

Welchen Stand weisen die einzelnen Kapitalkonten nach der Gewinnverteilung auf, falls die Gesellschafter auf Entnahmen verzichten?

Lösung:

Teilaufgabe a)

Die Verteilung des Gewinns oder Verlusts erfolgt entweder nach den Bestimmungen des Gesellschaftsvertrags oder entsprechend den Regelungen des § 121 HGB.

Die gesetzliche Regelung des § 121 HGB sieht im Gewinnfall zunächst für jeden Gesellschafter einen Gewinnanteil in Höhe von 4 % seines Kapitalanteils (oder im Falle eines dazu nicht ausreichenden Gewinnbetrags in Höhe eines entsprechend niedrigeren Satzes) vor. Die Verteilung des nach einer 4 %igen Verzinsung verbleibenden Restbetrags erfolgt nach Köpfen. Verluste sind ohne gesellschaftsvertragliche Regelungen nach Köpfen auf die Gesellschafter zu verteilen.

Gesellschafter	Kapitalanteil	Gewinnverteilung: 4 %ige Verzinsung	Gewinnverteilung: Restverteilung nach Köpfen	Gewinnverteilung: Summe	Kapitalkonto nach Gewinnverteilung
A	120.000 EUR	4.800 EUR	15.000 EUR	19.800 EUR	139.800 EUR
B	90.000 EUR	3.600 EUR	15.000 EUR	18.600 EUR	108.600 EUR
C	260.000 EUR	10.400 EUR	15.000 EUR	25.400 EUR	285.400 EUR
D	30.000 EUR	1.200 EUR	15.000 EUR	16.200 EUR	46.200 EUR
Summe	**500.000 EUR**	**20.000 EUR**	**60.000 EUR**	**80.000 EUR**	**580.000 EUR**

Teilaufgabe b)

Da der Jahresgewinn hier nicht dazu ausreicht, jedem Gesellschafter einen Anteil in Höhe von 4 % seines Kapitalanteils gutzuschreiben, bestimmen sich die Anteile nach einem entsprechend niedrigeren Satz.

Berechnung des Gewinnverteilungssatzes = 15.000 EUR ÷ 500.000 EUR

= 0,03 = 3 %

Gesellschafter	Kapitalanteil	Gewinnverteilung 3 %ige Verzinsung	Kapitalkonto nach Gewinnverteilung
A	120.000 EUR	3.600 EUR	123.600 EUR
B	90.000 EUR	2.700 EUR	92.700 EUR
C	260.000 EUR	7.800 EUR	267.800 EUR
D	30.000 EUR	900 EUR	30.900 EUR
Summe	**500.000 EUR**	**15.000 EUR**	**515.000 EUR**

Aufgabe 2.4: Venture Capital-Finanzierung

Die Finanzierung über Venture Capital-Gesellschaften ist eine der möglichen Finanzierungsformen gerade im Bereich junger innovativer Unternehmen mit geringer Eigenkapitalausstattung und hohen Wachstumspotenzialen.

a) Nennen Sie die wichtigsten Merkmale einer Venture Capital-Finanzierung!

b) Nennen Sie Gründe, weshalb diese Finanzierungsform gerade für den angesprochenen Kreis von Unternehmen so interessant ist!

Lösung:

Teilaufgabe a)

Merkmale einer Venture Capital-Finanzierung:

- Versorgung des Unternehmens mit risikotragendem, in einer Unternehmenskrise haftenden Eigenkapital bzw. eigenkapitalähnlichem Kapital (i. d. R. eine Minderheitsbeteiligung),
- spezielle Form der langfristigen, letztlich aber zeitlich begrenzten Unternehmens- und Innovationsfinanzierung,
- aktive unternehmerische Beratung und Betreuung des zu finanzierenden Unternehmens ohne Beeinflussung des laufenden Tagesgeschäfts.

Teilaufgabe b)

Gründe für die Inanspruchnahme einer Venture Capital-Finanzierung:

- zu geringes privates Eigenkapital, um notwendige Investitionsvorhaben zu finanzieren,
- Nichtvorhandensein banküblicher Sicherheiten im Falle einer angestrebten Kreditfinanzierung,
- zu geringe Innenfinanzierungskraft während der Entwicklungs-, Gründungs- und Wachstumsphase, um die im Falle einer Fremdfinanzierung anfallenden laufenden Zins- und Tilgungszahlungen zu decken,
- fehlendes betriebswirtschaftliches und branchenbezogenes Know-how.

2.3 Die Eigenkapitalbeschaffung emissionsfähiger Unternehmen

Aufgabe 2.5: Begriff des emissionsfähigen Unternehmens

Wann spricht man im Zusammenhang mit der Eigenkapitalbeschaffung von einem emissionsfähigen Unternehmen?

Lösung:

Von einem **emissionsfähigen Unternehmen** wird gesprochen, wenn Eigenkapital durch den Verkauf von Anteilsrechten über die Börse beschafft werden kann. Grundsätzlich kommen hierfür nur die Rechtsformen der Aktiengesellschaft sowie der Kommanditgesellschaft auf Aktien in Frage.

Aufgabe 2.6: Bedeutung der Rechtsform der Aktiengesellschaft für die Beschaffung von Eigenkapital

Im Allgemeinen wird die Rechtsform der Aktiengesellschaft am geeignetsten für die Aufbringung großer Eigenkapitalbeträge angesehen. Nennen und erläutern Sie drei Gründe, die für diese Einschätzung sprechen!

Lösung:

Die Rechtsform der Aktiengesellschaft wird im Allgemeinen aus folgenden Gründen am geeignetsten für die Aufbringung großer Eigenkapitalbeträge angesehen:

- Aufgrund der **Zerlegung des Grundkapitals in kleinste Teilbeträge**, die in Aktien verbrieft sind, ist den Kapitalgebern bereits mit einem geringen Kapitaleinsatz eine Beteiligung möglich. Durch den geringen „Mindesteinsatz" hat der einzelne Aktionär zudem die Möglichkeit, sich an vielen Aktiengesellschaften zu beteiligen. Dabei ist die Haftung des Aktionärs auf seine jeweilige Einlage beschränkt. **Haftungsbeschränkung und Diversifikation** senken sein Risiko erheblich.
- Die Organisationsform der Aktiengesellschaft berücksichtigt, dass sich eine **große Zahl von Personen**, bei denen **grundsätzlich nur kapitalmäßige Interessen** vorausgesetzt werden, von denen aber eine direkte unternehmerische Betätigung im Sinne einer Mitwirkung an der Geschäftsführung nicht erwartet wird, **beteiligen kann**.
- Das **Eigenkapital** wird der Aktiengesellschaft in der Regel **unbefristet zur Verfügung gestellt**. Der einzelne Aktionär kann seine Aktien lediglich einem anderen Anleger verkaufen; eine Kündigung seines Beteiligungsverhältnisses und damit ein Zurückverlangen seiner Einlage von der Aktiengesellschaft ist ausgeschlossen. Auf die finanzwirtschaftliche Situation der Aktiengesellschaft hat der sich außerhalb der Aktiengesellschaft abspielende Wechsel der Anteilseigner somit grundsätzlich keine Auswirkungen.

Aufgabe 2.7: Vergleichende Betrachtung der Beschaffung von Beteiligungskapital durch eine AG bzw. eine OHG

Vergleichen Sie die Möglichkeiten einer Aktiengesellschaft zur Beschaffung von Beteiligungskapital mit denen einer offenen Handelsgesellschaft anhand der folgenden Kriterien:

- Mitgliedschaftsrechte,
- Stückelung,
- Mobilisierbarkeit,
- Haftung,
- Herrschaftsverhältnisse bei Kapitalerhöhungen,
- (Ertrags-) Besteuerung!

Lösung:

Kriterien	AG	OHG
Mitgliedschaftsrechte	verbrieft	nicht verbrieft
Stückelung	relativ kleine Stückelung	relativ große Stückelung
Mobilisierbarkeit	bessere Kapitalaufnahme, aber i. d. R. große Tranchen	nicht oder nur sehr schwer mobilisierbar
Haftung	Haftung auf die Einlage beschränkt, vergleichsweise geringes Risiko	Haftung auch mit dem Privatvermögen
Herrschaftsverhältnisse bei Kapitalerhöhungen	keine oder nur geringe Änderungen aufgrund des eingeräumten Bezugsrechts	treten neue Gesellschafter ein, können massive Änderungen auftreten
(Ertrags-) Besteuerung	Körperschaftsteuer, Gewerbesteuer	Besteuerung nur der Mitunternehmer, Gewerbesteuer

Abbildung 3: Beschaffung von Beteiligungskapital – Vergleich Aktiengesellschaft mit offener Handelsgesellschaft

Aufgabe 2.8: Mitgliedschaftsrechte einer Stammaktie

Nennen Sie die Mitgliedschaftsrechte, die mit einer Stammaktie verbunden sind!

Lösung:

Folgende **Mitgliedschaftsrechte** sind mit **einer Stammaktie** verbunden:

- **Vermögensrechte:**
  - das Dividendenrecht (Recht auf einen Anteil am Bilanzgewinn),
  - das Recht auf einen Anteil am Liquidationserlös,
  - das Bezugsrecht;
- **Verwaltungsrechte:**
  - das Stimmrecht,
  - das Auskunfts- bzw. Informationsrecht,
  - das Kontrollrecht.

Aufgabe 2.9: Gründe für die Ausgabe von Dividenden-Vorzugsaktien

In welchen Fällen gibt man Vorzugsaktien aus, die Vorzüge hinsichtlich der Dividendenzahlungen einräumen?

Lösung:

Vorzugsaktien, die **Vorzüge hinsichtlich der Dividendenzahlungen** einräumen, werden insbesondere **in folgenden Fällen** ausgegeben:

(1) Durchführung einer **Kapitalerhöhung gegen Einlagen** bei einem unter dem Nennwert (Nennwertaktien) bzw. unter dem auf die einzelne Aktie entfallenden anteiligen Betrag des Grundkapitals (Stückaktien) liegenden Börsenkurs der Stammaktien.

Die Einräumung von Dividendenvorzügen gegenüber den bereits im Umlauf befindlichen Stammaktien ist in diesem Fall notwendig, weil

- einerseits eine Ausgabe von Stammaktien zu einem unter dem Nennwert (Nennwertaktien) bzw. zu einem unter dem auf die einzelne Aktie entfallenden anteiligen Betrag des Grundkapitals (Stückaktien) liegenden Ausgabekurs (sogenannte Unterpari-Emission) nicht möglich ist und

- andererseits neue Aktien, die den bereits im Umlauf befindlichen Stammaktien hinsichtlich der eingeräumten Rechte entsprechen, im hier unterstellten Fall zum in § 9 Abs. 1 AktG geforderten Betrag (zu pari) oder zu einem höheren Wert (über pari) nicht abgesetzt werden können.

(2) Sollen im **Sanierungsfall** nach der Verrechnung des Verlustvortrags mit dem Grundkapital („Gezeichnetes Kapital") flüssige Mittel durch Alt- oder Neuaktionäre zugeführt werden, so muss angesichts der schlechten wirtschaftlichen Situation der Aktiengesellschaft ein Anreiz zur (zusätzlichen) Beteiligung geboten werden.

(3) Können die bisherigen Aktionäre das von der Aktiengesellschaft benötigte zusätzliche Eigenkapital nicht aufbringen, wollen sie aber ihre Anteilsquote im Sinne eines Stimmenanteils erhalten, so können **stimmrechtslose Aktien** ausgegeben werden. Dieser Nachteil hinsichtlich der Mitwirkungsrechte wird in der Regel durch den wirtschaftlichen Vorteil eines **erhöhten Dividendenanspruchs** ausgeglichen.

Aufgabe 2.10: Aufgaben des Bezugsrechts

Welche Aufgaben hat das Bezugsrecht?

Lösung:

Die Aufgaben des Bezugsrechts sind:

- die Wahrung der bestehenden Beteiligungs- bzw. Stimmrechtsverhältnisse sowie
- der Ausgleich der Vermögensnachteile der Altaktionäre.

Aufgabe 2.11: Ordentliche Kapitalerhöhung

Bei einer Aktiengesellschaft, bei welcher der Nennwert jeder Aktie 5 EUR beträgt, wird eine ordentliche Kapitalerhöhung durchgeführt. Der Nennwert des bisherigen Grundkapitals beträgt 5 Mio. EUR, der des Kapitalerhöhungsbetrags 1 Mio. EUR. Der Kurs der alten Aktien beläuft sich auf 10 EUR, der der neuen Aktien auf 7 EUR.

a) Wie hoch ist der neue Kurs (rechnerischer Mischkurs) nach Durchführung der ordentlichen Kapitalerhöhung?

b) Wie hoch ist der rechnerische Wert des Bezugsrechts?

Lösung:

Teilaufgabe a)

$$a = \frac{\text{bisheriges Grundkapital}}{\text{Nennwert pro Aktie}} = \frac{5\ \text{Mio. EUR}}{5\ \text{EUR/Stück}} = 1.000.000\ \text{Stück}$$

$$n = \frac{\text{Kapitalerhöhungsbetrag}}{\text{Nennwert pro Aktie}} = \frac{1\ \text{Mio. EUR}}{5\ \text{EUR/Stück}} = 200.000\ \text{Stück}$$

⇨ $a : n = 1.000.000\ \text{Stück} : 200.000\ \text{Stück} = 5 : 1$

$K_a = 10\ \text{EUR/Stück}$; $K_n = 7\ \text{EUR/Stück}$

$$M = \frac{a \cdot K_a + n \cdot K_n}{a + n}$$

$$= \frac{1.000.000\ \text{Stück} \cdot 10\ \text{EUR/Stück} + 200.000\ \text{Stück} \cdot 7\ \text{EUR/Stück}}{1.000.000\ \text{Stück} + 200.000\ \text{Stück}}$$

$$= \frac{11.400.000\ \text{EUR}}{1.200.000\ \text{Stück}} = \mathbf{9{,}50\ EUR/Stück}$$

Dabei gilt:

a: Anzahl der alten Aktien;

n: Anzahl der jungen (neuen) Aktien;

(a : n): Bezugsverhältnis;

K_a: Kurswert der alten Aktie;

K_n: Bezugskurs (Emissionskurs) der jungen (neuen) Aktie;

M: rechnerischer Mischkurs nach Durchführung der ordentlichen Kapitalerhöhung.

Teilaufgabe b)

$B = K_a - M = 10{,}00\ \text{EUR/Stück} - 9{,}50\ \text{EUR/Stück} = \mathbf{0{,}50\ EUR/Stück}$

Dabei gilt:

B: rechnerischer Wert des Bezugsrechts.

Aufgabe 2.12: Ordentliche Kapitalerhöhung

In der Hauptversammlung der Maschinen AG wurde beschlossen, das Gezeichnete Kapital um 60 Mio. EUR auf 300 Mio. EUR aufzustocken. Der Kurs der alten Aktien betrug zum Zeitpunkt der Kapitalerhöhung 220 EUR je 50 EUR Nennwert. Ein Bankenkonsortium hat die neuen Aktien (Nennwert 50 EUR/Stück) übernommen und wird diese zum Kurs von 70 EUR/Stück emittieren.

a) Errechnen Sie das Bezugsverhältnis!

b) Ermitteln Sie den rechnerischen Wert des Bezugsrechts sowie den rechnerischen Mischkurs!

c) Ermitteln Sie den Kapitalzufluss und die Höhe des Agios! Wo wird das Agio in der Bilanz ausgewiesen?

Lösung:

Teilaufgabe a)

Gezeichnetes Kapital vor der KE

= Gezeichnetes Kapital nach der KE – Kapitalerhöhungsbetrag

= 300 Mio. EUR – 60 Mio. EUR

= 240 Mio. EUR

$$a = \frac{\text{Gezeichnetes Kapital vor der KE}}{\text{Nennwert pro Aktie}} = \frac{240\text{ Mio. EUR}}{50\text{ EUR/Stück}} = 4{,}8\text{ Mio. Stück}$$

$$n = \frac{\text{Kapitalerhöhungsbetrag}}{\text{Nennwert pro Aktie}} = \frac{60\text{ Mio. EUR}}{50\text{ EUR/Stück}} = 1{,}2\text{ Mio. Stück}$$

⇨ a : n = 4,8 Mio. Stück : 1,2 Mio. Stück = **4 : 1**

Dabei gilt:

KE: Kapitalerhöhung;

a: Anzahl der alten Aktien;

n: Anzahl der jungen (neuen) Aktien;

(a : n): Bezugsverhältnis.

Teilaufgabe b)

$$B = \frac{K_a - K_n}{\frac{a}{n}+1} = \frac{220 \text{ EUR/Stück} - 70 \text{ EUR/Stück}}{\frac{4}{1}+1}$$

$$= \frac{150 \text{ EUR/Stück}}{5} = \mathbf{30\ EUR/Stück}$$

$$M = K_a - B = 220 \text{ EUR/Stück} - 30 \text{ EUR/Stück}$$

$$= \mathbf{190\ EUR/Stück}$$

Dabei gilt:

B: rechnerischer Wert des Bezugsrechts;

K_a: Kurswert der alten Aktie;

K_n: Bezugskurs (Emissionskurs) der jungen (neuen) Aktie;

M: rechnerischer Mischkurs.

Teilaufgabe c)

Kapitalzufluss $= n \cdot K_n = 1{,}2$ Mio. Stück · 70 EUR/Stück

= **84 Mio. EUR**

Höhe des Agios pro Aktie = K_n – Nennwert der neuen Aktien

= 70 EUR/Stück – 50 EUR/Stück

= **20 EUR/Stück**

Der Kapitalzufluss wird passivisch wie folgt ausgewiesen:

Erhöhungsbetrag des Gezeichneten Kapitals

= n · Nennwert pro Aktie = 1,2 Mio. Stück · 50 EUR/Stück **= 60 Mio. EUR**

Erhöhungsbetrag der Kapitalrücklage

= Gesamtbetrag des Agios = n · Agio/Stück = 1,2 Mio. Stück · 20 EUR/Stück

= 24 Mio. EUR

Aufgabe 2.13: Ordentliche Kapitalerhöhung

Die Wachstum-AG benötigt zur Finanzierung weiterer Investitionen zusätzliche liquide Mittel. Da sich aufgrund der bisherigen Finanzierungspraxis die Bilanzrelationen verschlechtert haben, sollen die Mittel im Wege einer ordentlichen Kapitalerhöhung beschafft werden. Die Eigenkapitalquote soll nach der Kapitalerhöhung 40 % betragen. Der derzeit hohe Börsenkurs von 1.200 EUR/Stück soll auf 850 EUR/Stück gesenkt werden. Sowohl die alten als auch die neu zu emittierenden Aktien haben einen Nennwert von 50 EUR/Stück. Die Bilanz vor der Kapitalerhöhung sieht wie folgt aus:

Aktiva	Bilanz der Wachstum-AG (in TEUR)		Passiva
Vermögen	5.000	Gezeichnetes Kapital	200
		Kapitalrücklage	150
		Gewinnrücklagen	430
		Gewinnvortrag	20
		Verbindlichkeiten	4.200
	5.000		5.000

a) Wie viele neue Aktien wird das Unternehmen begeben und welcher Emissionskurs ist zu wählen? Die neuen Aktien sind annahmegemäß in voller Höhe dividendenberechtigt.

b) Erstellen Sie die Bilanz nach Durchführung der ordentlichen Kapitalerhöhung!

c) Bestimmen Sie den rechnerischen Wert des Bezugsrechts, wenn die neuen Aktien – entgegen der Annahme in Teilaufgabe a) – nur zur Hälfte dividendenberechtigt sind und die Altaktionäre mit einer Dividende von 15 EUR/Stück rechnen! Gehen Sie bei Ihren Berechnungen ansonsten von den unter Teilaufgabe a) ermittelten Ergebnissen und einem Börsenkurs von 1.200 EUR/Stück für die alten Aktien aus!

d) Welcher rechnerische Börsenkurs ergibt sich für die alten und die neuen Aktien unter Zugrundelegung des Dividendennachteils aus Teilaufgabe c)?

Lösung:

Teilaufgabe a)

Ermittlung der Anzahl der neu zu emittierenden Aktien:

Ziel der Unternehmensleitung ist es, durch die Kapitalerhöhung eine Eigenkapitalquote von 40 % zu erreichen.

$$\text{Eigenkapitalquote} = \frac{EK_n}{GK_n} = 0{,}4 = 40\,\% \quad \Leftrightarrow \quad EK_n = 0{,}4 \cdot GK_n \qquad (1)$$

Um die Anzahl der neu zu emittierenden Aktien ermitteln zu können, muss man zunächst den Kapitalerhöhungsbetrag ermitteln. Für das Gesamtkapital und das Eigenkapital gelten diesbezüglich folgende Gleichungen:

$$GK_n = GK_a + KEB = 5.000.000\ \text{EUR} + KEB \qquad (2)$$

$$\begin{aligned} EK_n &= EK_a + KEB \\ &= 200.000\ \text{EUR} + 150.000\ \text{EUR} + 430.000\ \text{EUR} + 20.000\ \text{EUR} + KEB \\ &= 800.000\ \text{EUR} + KEB \qquad (3) \end{aligned}$$

Aufgrund der Gleichungen (1) und (2) gilt:

$$EK_n = 0{,}4 \cdot GK_n = 0{,}4 \cdot (5.000.000\ \text{EUR} + KEB) \qquad (4)$$

Aus den Gleichungen (3) und (4) ergibt sich also:

$$800.000\ \text{EUR} + KEB = 0{,}4 \cdot (5.000.000\ \text{EUR} + KEB)$$

$$\Leftrightarrow 0{,}6 \cdot KEB = 1.200.000\ \text{EUR}$$

$$\Leftrightarrow KEB = 2.000.000\ \text{EUR} \qquad (5)$$

Der Kapitalerhöhungsbetrag beträgt also 2.000.000 EUR.

Für die Weiterberechnung bedient man sich folgender Zusammenhänge:

$$KEB = n \cdot K_n = 2.000.000\ \text{EUR} \qquad (6)$$

$$a = \frac{\text{bisheriges Gezeichnetes Kapital}}{\text{Nennwert/Aktie}} = \frac{200.000\ \text{EUR}}{50\ \text{EUR/Stück}} = 4.000\ \text{Stück} \qquad (7)$$

Somit enthält die folgende Formel nur noch die gesuchte Unbekannte n:

$$M = \frac{a \cdot K_a + n \cdot K_n}{a + n} \overset{!}{=} 850\ \text{EUR/Stück}$$

$$\Leftrightarrow \frac{4.000\ \text{Stück} \cdot 1.200\ \text{EUR/Stück} + 2.000.000\ \text{EUR}}{4.000\ \text{Stück} + n} = 850\ \text{EUR/Stück}$$

$$\Leftrightarrow \frac{6.800.000\ \text{EUR}}{4.000\ \text{Stück} + n} = 850\ \text{EUR/Stück}$$

$$\Leftrightarrow 6.800.000\ \text{EUR} = 850\ \text{EUR/Stück} \cdot (4.000\ \text{Stück} + n)$$

$$\Leftrightarrow 6.800.000\ \text{EUR} - 3.400.000\ \text{EUR} = 850\ \text{EUR/Stück} \cdot n$$

$\Leftrightarrow$ 3.400.000 EUR = 850 EUR/Stück · n

$\Leftrightarrow$ **n = 4.000 Stück** (8)

Die Anzahl der neu zu emittierenden Aktien beträgt also 4.000 Stück.

Ermittlung des Emissionskurses:

Der Emissionskurs der jungen Aktien lässt sich durch Umstellung der Gleichung (6) folgendermaßen ermitteln:

$$K_n = \frac{KEB}{n} = \frac{2.000.000\ \text{EUR}}{4.000\ \text{Stück}} = \mathbf{500\ EUR/Stück} \qquad (9)$$

Dabei gilt:

EK_n: Eigenkapital nach der Kapitalerhöhung;

GK_n: Gesamtkapital nach der Kapitalerhöhung;

EK_a: Eigenkapital vor der Kapitalerhöhung (hier bestehend aus Gezeichnetem Kapital, Kapitalrücklage, Gewinnrücklagen und Gewinnvortrag);

GK_a: Gesamtkapital vor der Kapitalerhöhung;

KEB: Kapitalerhöhungsbetrag (entspricht dem gesamten Kapitalzufluss, d. h. dem Erhöhungsbetrag des Gezeichneten Kapitals zuzüglich des Gesamtbetrags des Agios);

a: Anzahl der alten Aktien;

n: Anzahl der jungen (neuen) Aktien;

K_a: Kurswert der alten Aktie;

K_n: Bezugskurs (Emissionskurs) der jungen (neuen) Aktie;

M: rechnerischer Mischkurs.

Teilaufgabe b)

Erstellung der Bilanz nach Durchführung der ordentlichen Kapitalerhöhung:

Veränderung der Bilanzpositionen:

Aktivseite:

Zuführung zu den liquiden Mitteln:

$KEB = n \cdot K_n = 4.000\ \text{Stück} \cdot 500\ \text{EUR/Stück} = 2.000.000\ \text{EUR}$

Passivseite:

Erhöhung des Gezeichneten Kapitals:

$n \cdot \text{Nennwert/Stück} = 4.000\ \text{Stück} \cdot 50\ \text{EUR/Stück} = 200.000\ \text{EUR}$

Erhöhung der Kapitalrücklage:

$$\begin{aligned}\text{Summe der Agien} &= n \cdot \text{Agio/Stück} = n \cdot (K_n - \text{Nennwert/Stück}) \\ &= 4.000\ \text{Stück} \cdot (500\ \text{EUR/Stück} - 50\ \text{EUR/Stück}) \\ &= \mathbf{1.800.000\ EUR}\end{aligned}$$

Bilanz der Wachstum-AG nach Durchführung der Kapitalerhöhung (in TEUR)

Aktiva			Passiva
bisheriges Vermögen	5.000	Gezeichnetes Kapital	400
neue zugeflossene liquide Mittel	2.000	Kapitalrücklage	1.950
		Gewinnrücklagen	430
		Gewinnvortrag	20
		Verbindlichkeiten	4.200
	7.000		7.000

Teilaufgabe c)

Ermittlung des Bezugsrechtswertes:

– *ohne* Vorliegen eines Dividendennachteils:

$$B = \frac{K_a - K_n}{\frac{a}{n} + 1} = \frac{1.200\ \text{EUR/Stück} - 500\ \text{EUR/Stück}}{\frac{4.000\ \text{Stück}}{4.000\ \text{Stück}} + 1}$$

$$= \mathbf{350\ EUR/Stück}$$

alternativer Berechnungsweg:

$$B = K_a - M = 1.200\ \text{EUR/Stück} - 850\ \text{EUR/Stück}$$

$$= \mathbf{350\ EUR/Stück}$$

Ohne Vorliegen eines Dividendennachteils ergibt sich ein Bezugsrechtswert in Höhe von 350 EUR/Stück.

– *bei* Vorliegen eines Dividendennachteils:

Berechnung des Dividendennachteils der neuen Aktien:

$$DN = D \cdot \left[1 - \frac{DZ_n}{DZ_a}\right] = 15\ \text{EUR/Stück} \cdot \left[1 - \frac{6}{12}\right] = 7{,}50\ \text{EUR/Stück}$$

$$B = \frac{K_a - (K_n + DN)}{\frac{a}{n} + 1}$$

$$= \frac{1.200\ \text{EUR/Stück} - (500\ \text{EUR/Stück} + 7{,}50\ \text{EUR/Stück})}{\frac{4.000\ \text{Stück}}{4.000\ \text{Stück}} + 1}$$

$$= \mathbf{346{,}25\ EUR/Stück}$$

Bei Vorliegen eines Dividendennachteils ergibt sich ein Bezugsrechtswert in Höhe von 346,25 EUR/Stück.

Dabei gilt:

B: rechnerischer Wert des Bezugsrechts;

DN: Dividendennachteil der neuen Aktien;

D: voraussichtliche Dividende;

DZ_n: Dividendenberechtigungszeitraum der neuen Aktien (z. B. in Monaten);

DZ_a: Dividendenberechtigungszeitraum der alten Aktien (z. B. in Monaten).

Teilaufgabe d)

Ermittlung der Mischkurse:

$$M_a = \frac{a \cdot K_a + n \cdot K_n + n \cdot DN}{a + n}$$

$$= \frac{4.000\ \text{Stück} \cdot 1.200\ \text{EUR/Stück} + 4.000\ \text{Stück} \cdot 500\ \text{EUR/Stück} + 4.000\ \text{Stück} \cdot 7{,}50\ \text{EUR/Stück}}{4.000\ \text{Stück} + 4.000\ \text{Stück}}$$

$$= \frac{6.830.000\ \text{EUR}}{8.000\ \text{Stück}}$$

$$= \mathbf{853{,}75\ EUR/Stück}$$

alternativer Berechnungsweg:

$$M_a = K_a - B = 1.200\ \text{EUR/Stück} - 346{,}25\ \text{EUR/Stück} = \mathbf{853{,}75\ EUR/Stück}$$

Für die alten Aktien ergibt sich ein rechnerischer Mischkurs von 853,75 EUR/Stück.

$$M_n = \frac{a \cdot K_a + n \cdot K_n - a \cdot DN}{a + n}$$

$$= \frac{4.000 \text{ Stück} \cdot 1.200 \text{ EUR/Stück} + 4.000 \text{ Stück} \cdot 500 \text{ EUR/Stück} - 4.000 \text{ Stück} \cdot 7{,}50 \text{ EUR/Stück}}{4.000 \text{ Stück} + 4.000 \text{ Stück}}$$

$$= \frac{6.770.000 \text{ EUR}}{8.000 \text{ Stück}}$$

$$= \mathbf{846{,}25\ EUR/Stück}$$

alternativer Berechnungsweg:

$$M_n = K_n + (B \cdot \frac{a}{n}) = 500 \text{ EUR/Stück} + (346{,}25 \text{ EUR/Stück} \cdot \frac{1}{1})$$

$$= \mathbf{846{,}25\ EUR/Stück}$$

Für die jungen (neuen) Aktien ergibt sich ein rechnerischer Mischkurs von 846,25 EUR/Stück.

Die Differenz zwischen den beiden rechnerischen Mischkursen entspricht dem Dividendennachteil der neuen Aktien in Höhe von 7,50 EUR/Stück.

Dabei gilt:

M_a: rechnerischer Mischkurs der alten Aktie;

M_n: rechnerischer Mischkurs der jungen (neuen) Aktie.

Aufgabe 2.14: Ordentliche Kapitalerhöhung

Die Hauptversammlung der Brunnen AG beschließt die Durchführung einer ordentlichen Kapitalerhöhung, um die Eigenkapitalquote der Gesellschaft zu verbessern. Die Bilanz besitzt vor der Kapitalerhöhung folgendes Aussehen:

Aktiva	Bilanz der Brunnen AG (in TEUR)		Passiva
Anlagevermögen	14.000	Gezeichnetes Kapital	2.000
Umlaufvermögen	6.000	Kapitalrücklage	1.000
		Gewinnrücklagen	1.000
		Verbindlichkeiten	16.000
	20.000		20.000

Das geplante Volumen der Kapitalerhöhung (gewünschter Mittelzufluss) erstreckt sich auf 10 % der Bilanzsumme vor Durchführung der Kapitalerhöhung. Dabei soll der Altbestand an Aktien (40.000 Stück) durch junge Aktien gleichen Nennwertes aufgestockt werden. Das Bezugsverhältnis beträgt 4 : 1. Die jungen Aktien sind bei einer erwarteten Dividende für das laufende Geschäftsjahr in Höhe von 10 EUR/Stück nur zur Hälfte dividendenberechtigt. Der derzeitige Kurs einer Brunnen-Aktie liegt bei 550 EUR.

a) Wie sieht die Bilanz der Brunnen AG nach Durchführung der ordentlichen Kapitalerhöhung aus?

b) Wie hat sich die Eigenkapitalquote der Brunnen AG verändert?

c) Altaktionär X besitzt 12 Brunnen-Aktien und Bargeld in Höhe von 1.000 EUR. Er steht vor der Wahl, entweder neue Aktien entsprechend seiner Beteiligungsquote zu beziehen oder seine Bezugsrechte zu veräußern. Zeigen Sie, dass das Vermögen von Altaktionär X in beiden Fällen nicht von der Durchführung der ordentlichen Kapitalerhöhung beeinflusst wird!

Lösung:

Teilaufgabe a)

Volumen der Kapitalerhöhung (Mittelzufluss)

$= 10\,\% \cdot 20.000.000 \text{ EUR} = 2.000.000 \text{ EUR}$

Nennwert der Brunnen-Aktie $= \dfrac{\text{Gezeichnetes Kapital vor der KE}}{\text{Anzahl der alten Aktien}}$

$= \dfrac{2.000.000 \text{ EUR}}{40.000 \text{ Stück}} = \mathbf{50\ EUR/Stück}$

$$a : n \overset{!}{=} 4 : 1$$

$$\Leftrightarrow \frac{a}{n} = \frac{4}{1}$$

$$\Leftrightarrow n = \frac{a}{4}$$

$$\Leftrightarrow n = \frac{40.000 \text{ Stück}}{4} = \mathbf{10.000\ Stück}$$

Bezugskurs (Emissionskurs) der jungen (neuen) Aktien:

$$K_n = \frac{\text{Volumen der Kapitalerhöhung (Mittelzufluss)}}{\text{Anzahl der jungen Aktien}}$$

$$= \frac{2.000.000 \text{ EUR}}{10.000 \text{ Stück}} = \textbf{200 EUR/Stück}$$

Erhöhung des Umlaufvermögens (Mittelzufluss):

$$n \cdot K_n = 10.000 \text{ Stück} \cdot 200 \text{ EUR/Stück} = \textbf{2.000.000 EUR}$$

Erhöhung des Grundkapitals (des Gezeichneten Kapitals):

$$n \cdot NW = 10.000 \text{ Stück} \cdot 50 \text{ EUR/Stück} = \textbf{500.000 EUR}$$

Gesamtbetrag des Agios:

$$n \cdot (K_n - NW) = 10.000 \text{ Stück} \cdot (200 \text{ EUR/Stück} - 50 \text{ EUR/Stück})$$

$$= \textbf{1.500.000 EUR}$$

Zuführung zur Kapitalrücklage

Bilanz der Brunnen AG nach Durchführung der ordentlichen Kapitalerhöhung:

Aktiva	Bilanz der Brunnen AG in TEUR nach der Kapitalerhöhung		Passiva
Anlagevermögen	14.000	Gezeichnetes Kapital	2.500
Umlaufvermögen	8.000	Kapitalrücklage	2.500
		Gewinnrücklagen	1.000
		Verbindlichkeiten	16.000
	22.000		22.000

Dabei gilt:

KE: Kapitalerhöhung;

a: Anzahl der alten Aktien;

n: Anzahl der jungen (neuen) Aktien;

K_n: Bezugskurs (Emissionskurs) der jungen (neuen) Aktie;

NW: Nennwert einer Aktie.

Teilaufgabe b)

$$\text{EK-Quote}_{vor} = \frac{\text{EK vor der KE}}{\text{GK vor der KE}}$$

$$= \frac{2 \text{ Mio. EUR} + 1 \text{ Mio. EUR} + 1 \text{ Mio. EUR}}{20 \text{ Mio. EUR}}$$

$$= \frac{4.000.000 \text{ EUR}}{20.000.000 \text{ EUR}} = 0{,}2 = 20\,\%$$

$$\text{EK-Quote}_{\text{nach}} = \frac{\text{EK nach der KE}}{\text{GK nach der KE}}$$

$$= \frac{2{,}5\ \text{Mio. EUR} + 2{,}5\ \text{Mio. EUR} + 1\ \text{Mio. EUR}}{22\ \text{Mio. EUR}}$$

$$= \frac{6.000.000\ \text{EUR}}{22.000.000\ \text{EUR}} = 0{,}2727 = 27{,}27\ \%$$

$$\Delta = \mathbf{+\ 7{,}27\ \%\text{-Punkte}}$$

Die Eigenkapitalquote ist um 7,27 %-Punkte gestiegen.

Dabei gilt:

EK: Eigenkapital;

GK: Gesamtkapital.

Teilaufgabe c)

a = 40.000 Stück

n = 10.000 Stück

K_a = 550 EUR/Stück

K_n = 200 EUR/Stück

Berechnung des Dividendennachteils der neuen Aktien:

$$DN = D \cdot \left[1 - \frac{DZ_n}{DZ_a}\right] = 10\ \text{EUR/Stück} \cdot \left(1 - \frac{6}{12}\right) = 5\ \text{EUR/Stück}$$

$$B = \frac{K_a - (K_n + DN)}{\frac{a}{n} + 1}$$

$$= \frac{550\ \text{EUR/Stück} - (200\ \text{EUR/Stück} + 5\ \text{EUR/Stück})}{\frac{4}{1} + 1}$$

$$= \frac{550\ \text{EUR/Stück} - 205\ \text{EUR/Stück}}{5} = \frac{345\ \text{EUR/Stück}}{5}$$

$$= \mathbf{69\ EUR/Stück}$$

$$M_a = \frac{a \cdot K_a + n \cdot (K_n + DN)}{a + n}$$

$$= \frac{40.000 \text{ Stück} \cdot 550 \text{ EUR/Stück} + 10.000 \text{ Stück} \cdot (200 \text{ EUR/Stück} + 5 \text{ EUR/Stück})}{40.000 \text{ Stück} + 10.000 \text{ Stück}}$$

$$= \frac{22.000.000 \text{ EUR} + 2.000.000 \text{ EUR} + 50.000 \text{ EUR}}{50.000 \text{ Stück}}$$

$$= \frac{24.050.000 \text{ EUR}}{50.000 \text{ Stück}}$$

$$= \mathbf{481\ EUR/Stück}$$

alternativer Berechnungsweg:

$M_a = K_a - B = 550 \text{ EUR/Stück} - 69 \text{ EUR/Stück} = \mathbf{481\ EUR/Stück}$

$M_n = M_a - DN = 481 \text{ EUR/Stück} - 5 \text{ EUR/Stück} = \mathbf{476\ EUR/Stück}$

alternativer Berechnungsweg:

$$M_n = K_n + (B \cdot \frac{a}{n})$$

$$= 200 \text{ EUR/Stück} + (69 \text{ EUR/Stück} \cdot \frac{4}{1})$$

$$= 200 \text{ EUR/Stück} + 276 \text{ EUR/Stück}$$

$$= \mathbf{476\ EUR/Stück}$$

Vermögensbetrachtung von Altaktionär X

Ausgangssituation:

	Barvermögen	1.000 EUR
+	Aktienvermögen	6.600 EUR (12 alte Aktien à 550 EUR)
=	**Gesamtvermögen**	**7.600 EUR**

Aktionär X nutzt seine Bezugsrechte voll aus

Im Rahmen der ordentlichen Kapitalerhöhung erhält ein Altaktionär für jede Altaktie ein Bezugsrecht, d. h., der Altaktionär X verfügt über 12 Bezugsrechte. Aufgrund des Bezugsverhältnisses sind für den Bezug einer neuen Aktie zum Emissionskurs 4 Bezugsrechte notwendig. Wenn Aktionär X seine Bezugsrechte voll ausnutzen möchte, kann er also 3 neue Aktien erwerben.

Aktionär X nach der ordentlichen Kapitalerhöhung:

Aufgrund des Bezugsverhältnisses von 4 : 1 erfolgt ein Bezug von 3 neuen Aktien à 200 EUR.

⇨ Verringerung des Barvermögens in Höhe von 600 EUR;
⇨ Erhöhung des Bestandes an Aktien auf jetzt 15 (= 12 + 3) Stück (Kurswert der alten Aktien 481 EUR/Stück; Kurswert der neuen Aktien 476 EUR/Stück);

	Barvermögen	400 EUR (= 1.000 EUR – 600 EUR)
+	Aktienvermögen	5.772 EUR (12 alte Aktien à 481 EUR)
+	Aktienvermögen	1.428 EUR (3 neue Aktien à 476 EUR)
=	**Gesamtvermögen**	**7.600 EUR**

Fazit: Das Gesamtvermögen bleibt unverändert.

Aktionär X veräußert seine Bezugsrechte

Aktionär X nach der ordentlichen Kapitalerhöhung:

Verkauf von 12 Bezugsrechten à 69 EUR

⇨ Erhöhung des Barvermögens in Höhe von 828 EUR;
⇨ Bestand an Aktien bleibt unverändert; allerdings erfolgt ein Absinken des Kurswertes;

	Barvermögen	1.828 EUR (= 1.000 EUR + 828 EUR)
+	Aktienvermögen	5.772 EUR (12 alte Aktien à 481 EUR)
=	**Gesamtvermögen**	**7.600 EUR**

Fazit: Das Gesamtvermögen bleibt unverändert.

Dabei gilt:

K_a: Kurswert der alten Aktie;

DN: Dividendennachteil der neuen Aktie;

D: voraussichtliche Dividende;

DZ_n: Dividendenberechtigungszeitraum der neuen Aktien (z. B. in Monaten);

DZ_a: Dividendenberechtigungszeitraum der alten Aktien (z. B. in Monaten);

B: rechnerischer Wert des Bezugsrechts;

M_a: rechnerischer Mischkurs der alten Aktie;

M_n: rechnerischer Mischkurs der jungen (neuen) Aktie.

Aufgabe 2.15: Ordentliche Kapitalerhöhung[2]

Die Expansions-AG plant eine ordentliche Kapitalerhöhung. Die neu auszugebenden jungen Aktien sollen die gleiche Ausstattung haben wie die alten Aktien. Sie sind allerdings für das Geschäftsjahr ihrer Ausgabe bei einer erwarteten Dividende in Höhe von 1,05 EUR pro Aktie nur zu zwei Dritteln dividendenberechtigt. Zurzeit sind 2.400.000 Aktien im Umlauf, wobei der Nennwert einer Aktie 5 EUR beträgt. Die Aktie hat bei Ankündigung der Kapitalerhöhung einen Börsenkurs von 15 EUR. Die ordentliche Kapitalerhöhung soll 6 Mio. EUR an flüssigen Mitteln einbringen.

a) Welchen Spielraum hat die Expansions-AG bei der Festlegung des Emissionskurses? Begründen Sie Ihre Antwort!

b) Angenommen der Emissionskurs der neuen Aktien betrage 6,25 EUR pro Stück. Wie hoch ist der rechnerische Wert eines Bezugsrechts?

c) Wie hoch wird bei sonst unveränderten Gegebenheiten der rechnerische Kurs der Aktien nach vollzogener Kapitalerhöhung sein? Interpretieren Sie die Differenz der Aktienkurse vor und nach vollzogener Kapitalerhöhung unter Berücksichtigung des Ergebnisses aus Teilaufgabe b)!

d) Die Aktionäre X, Y und Z besitzen jeweils 200 Aktien und 1.000 EUR in bar. Sie verhalten sich wie folgt:

   - X nutzt seine Bezugsrechte voll aus;
   - Y verkauft alle Bezugsrechte;
   - Z verkauft im Rahmen einer Opération blanche so viele Bezugsrechte, dass er aus dem Erlös die restlichen Bezugsrechte mit einem möglichst geringen Bargeldeinsatz ausnutzen kann (Aufrundung der zu beziehenden Aktien).

   Zeigen Sie jeweils, wie sich Barvermögen, Aktienvermögen und Gesamtvermögen der drei Aktionäre gegenüber der Ausgangssituation verändern!

Lösung:

Teilaufgabe a)

- niedrigst möglicher Emissionskurs = Nennwert = 5 EUR/Stück (gesetzliche Untergrenze)

---

[2] Modifiziert entnommen aus *Bitz, Michael*: Übungen in Betriebswirtschaftslehre, 6. Aufl., München 2003, S. 108.

Begründung: Eine Unterpari-Emission von Aktien ist gemäß § 9 Abs. 1 AktG nicht erlaubt.

- höchst möglicher Emissionskurs = Börsenkurs vor der ordentlichen Kapitalerhöhung = 15 EUR/Stück (wirtschaftliche Obergrenze)

  Begründung: Würde der Emissionskurs der jungen (neuen) Aktien über 15 EUR/Stück liegen, könnten Aktien der gleichen Ausstattung über die Börse günstiger beschafft werden.

⇨ Spielraum bei der Festlegung des Emissionskurses:

$$5 \text{ EUR/Stück} \leq K_n \leq 15 \text{ EUR/Stück}$$

Dabei gilt:

K_n: Bezugskurs (Emissionskurs) der jungen (neuen) Aktie.

Teilaufgabe b)

$$a = 2.400.000 \text{ Stück}$$

$$n = \frac{KEB}{K_n} = \frac{6.000.000 \text{ EUR}}{6{,}25 \text{ EUR/Stück}} = 960.000 \text{ Stück}$$

⇨ $a : n = 2.400.000 \text{ Stück} : 960.000 \text{ Stück} = 5 : 2$

$$K_a = 15 \text{ EUR/Stück}$$

$$K_n = 6{,}25 \text{ EUR/Stück}$$

$$DN = D \cdot \left[1 - \frac{DZ_n}{DZ_a}\right] = 1{,}05 \text{ EUR/Stück} \cdot \left(1 - \frac{8}{12}\right) = 0{,}35 \text{ EUR/Stück}$$

$$B = \frac{K_a - (K_n + DN)}{\frac{a}{n} + 1}$$

$$= \frac{15 \text{ EUR/Stück} - (6{,}25 \text{ EUR/Stück} + 0{,}35 \text{ EUR/Stück})}{\frac{5}{2} + 1}$$

$$= \frac{8{,}40 \text{ EUR/Stück}}{3{,}50} = \mathbf{2{,}40\ EUR/Stück}$$

Dabei gilt:

a: Anzahl der alten Aktien;

n: Anzahl der jungen (neuen) Aktien;

KEB: Kapitalerhöhungsbetrag;

K_n: Bezugskurs (Emissionskurs) der jungen (neuen) Aktie;

K_a: Kurswert der alten Aktie;

DN: Dividendennachteil der neuen Aktie;

D: voraussichtliche Dividende;

DZ_n: Dividendenberechtigungszeitraum der neuen Aktien (z. B. in Monaten);

DZ_a: Dividendenberechtigungszeitraum der alten Aktien (z. B. in Monaten);

B: rechnerischer Wert des Bezugsrechts.

Teilaufgabe c)

rechnerischer Mischkurs der alten Aktien:

$M_a = K_a - B$

M_a = 15 EUR/Stück − 2,40 EUR/Stück = **12,60 EUR/Stück**

rechnerischer Mischkurs der neuen Aktien:

$M_n = M_a - DN$

M_n = 12,60 EUR/Stück − 0,35 EUR/Stück = **12,25 EUR/Stück**

Interpretation:

- Altaktionär:

$\Delta K_a = K_a - M_a$ = 15 EUR/Stück − 12,60 EUR/Stück = **2,40 EUR/Stück**

⇨ 2,40 EUR/Stück: Verlust an Aktienwert für Altaktionäre. Dieser Verlust wird jedoch durch das Bezugsrecht i. H. v. 2,40 EUR/Stück ausgeglichen.

- Neuaktionär:

$\Delta K_n = M_n - K_n$ = 12,25 EUR/Stück – 6,25 EUR/Stück = **6,00 EUR/Stück**

⇨ 6,00 EUR/Stück: Gewinn des Neuaktionärs. Dieser Gewinn entspricht jedoch genau dem Gesamtwert der Bezugsrechte, die der Neuaktionär erwerben muss. Damit wird der Vermögenszuwachs durch die Aufwendungen für die erforderlichen Bezugsrechte ausgeglichen.

Da das Bezugsverhältnis hier 5 : 2 beträgt, d. h. dass für den Bezug zweier neuer Aktien zum Emissionskurs 5 Bezugsrechte benötigt werden, sind für den Bezug einer neuen Aktie entsprechend 2,5 Bezugsrechte erforderlich. Der rechnerische Wert eines Bezugsrechts beträgt 2,40 EUR/Stück.

Für den Kauf der erforderlichen Bezugsrechte müssen demzufolge vom Neuaktionär $\frac{5}{2} \cdot 2{,}40$ EUR/Stück = 6,00 EUR aufgewendet werden.

Dabei gilt:

M_a: rechnerischer Mischkurs der alten Aktie;

M_n: rechnerischer Mischkurs der neuen Aktie.

Teilaufgabe d)

Ausgangssituation für die Aktionäre X, Y und Z:

	Barvermögen	1.000 EUR
+	Aktienvermögen	3.000 EUR (200 Aktien à 15 EUR)
=	**Gesamtvermögen**	**4.000 EUR**

Aktionär X nach der ordentlichen Kapitalerhöhung:

Da Aktionär X 200 Altaktien in seinem Aktienbestand hält, stehen ihm 200 Bezugsrechte zu. Zum Bezug von 2 neuen Aktien zum Emissionskurs werden 5 Bezugsrechte benötigt. Aktionär X kann mit seinen Bezugsrechten folglich 80 neue Aktien beziehen.

Bezug von 80 neuen Aktien à 6,25 EUR

⇨ Verringerung des Barvermögens in Höhe von 500 EUR;

⇨ Erhöhung des Bestandes an Aktien auf jetzt 280 Stück (Kurswert der Altaktien 12,60 EUR/Stück; Kurswert der Neuaktien 12,25 EUR/Stück);

	Barvermögen	500 EUR	(= 1.000 EUR – 500 EUR)
+	Aktienvermögen	2.520 EUR	(200 Altaktien à 12,60 EUR)
+	Aktienvermögen	980 EUR	(80 Neuaktien à 12,25 EUR)
=	**Gesamtvermögen**	**4.000 EUR**	

Fazit: Das Gesamtvermögen von Aktionär X bleibt unverändert.

Aktionär Y nach der ordentlichen Kapitalerhöhung:

Verkauf von 200 Bezugsrechten à 2,40 EUR

⇨ Erhöhung des Barvermögens in Höhe von 480 EUR;

⇨ Bestand an Aktien bleibt unverändert; allerdings erfolgt ein Absinken des Kurswertes;

	Barvermögen	1.480 EUR	(= 1.000 EUR + 480 EUR)
+	Aktienvermögen	2.520 EUR	(200 Altaktien à 12,60 EUR)
=	**Gesamtvermögen**	**4.000 EUR**	

Fazit: Das Gesamtvermögen von Aktionär Y bleibt unverändert.

Aktionär Z nach der ordentlichen Kapitalerhöhung:

Durchführung einer Opération blanche:

Verkauf von so vielen Bezugsrechten, dass aus dem Erlös die restlichen Bezugsrechte ohne (bzw. mit möglichst geringem) Kapitaleinsatz zum Erwerb junger Aktien ausgenutzt werden können:

$$B \cdot \left(b - \frac{a}{n} \cdot A_j\right) = A_j \cdot K_n;$$

d. h., der Erlös aus dem Verkauf der Bezugsrechte entspricht dem Kapitalbedarf für den Erwerb junger Aktien.

$$\Leftrightarrow A_j = \frac{b \cdot B}{K_n + \left(B \cdot \frac{a}{n}\right)}$$

$$A_j = \frac{200\,\text{Stück} \cdot 2{,}40\,\text{EUR/Stück}}{6{,}25\,\text{EUR/Stück} + \left(2{,}40\,\text{EUR/Stück} \cdot \frac{5}{2}\right)}$$

$$\Leftrightarrow A_j = \frac{480\,\text{EUR}}{6{,}25\,\text{EUR/Stück} + 6\,\text{EUR/Stück}} = \mathbf{39{,}18\ Stück}$$

Um 40 neue Aktien zu beziehen [3], benötigt Aktionär Z aufgrund des Bezugsverhältnisses $40 \cdot \frac{5}{2} = 100$ Bezugsrechte. Seine restlichen Bezugsrechte verkauft er:

[3] Es kann nur ein ganzzahliger Wert an neuen Aktien bezogen werden.

⇨ Verkauf von 100 Bezugsrechten à 2,40 EUR:

Einzahlung i. H. v. 240 EUR;

⇨ Bezug von 40 neuen Aktien à 6,25 EUR:

Auszahlung i. H. v. 250 EUR;

⇨ zusätzlicher Bargeldeinsatz:

Auszahlung i. H. v. 10 EUR;

⇨ Bestand an Aktien erhöht sich auf 240 Stück;

	Barvermögen	990 EUR	(= 1.000 EUR – 10 EUR)
+	Aktienvermögen	2.520 EUR	(200 Altaktien à 12,60 EUR)
+	Aktienvermögen	490 EUR	(40 Neuaktien à 12,25 EUR)
=	**Gesamtvermögen**	**4.000 EUR**	

Fazit: Das Gesamtvermögen von Aktionär Z bleibt unverändert.

Dabei gilt:

A_j: Anzahl der zu beziehenden neuen Aktien ohne Aufwand (bzw. mit möglichst geringem Aufwand) an zusätzlichen Finanzierungsmitteln;

b: Anzahl der Bezugsrechte des Aktionärs.

Aufgabe 2.16: Durchführung einer Opération blanche

Wie viele Bezugsrechte muss ein Altaktionär verkaufen, um im Rahmen einer ordentlichen Kapitalerhöhung eine Opération blanche durchführen zu können, wenn er 90 Bezugsrechte besitzt, die Kapitalerhöhung im Verhältnis 3 : 1 durchgeführt wird, der Emissionskurs der neuen Aktien (bei gleichem Dividendenanspruch wie die alten Aktien) 30 EUR pro 1 EUR/Aktie beträgt und sich der Kurswert der alten Aktien auf 70 EUR pro 1 EUR/Aktie beläuft? Verändert sich nach Durchführung der Opération blanche der Gesamtwert seines Portefeuilles, wenn von Börseneinflüssen abgesehen wird (Berechnung!)?

Lösung:

$$B = \frac{K_a - K_n}{\frac{a}{n} + 1} = \frac{70\text{ EUR/Stück} - 30\text{ EUR/Stück}}{\frac{3}{1} + 1} = \mathbf{10\ EUR/Stück}$$

$$A_j = \frac{\text{Anzahl der Bezugsrechte} \cdot B}{K_n + \left(B \cdot \frac{a}{n}\right)}$$

$$\Leftrightarrow \; A_j = \frac{90 \text{ Stück} \cdot 10 \text{ EUR/Stück}}{30 \text{ EUR/Stück} + \left(10 \text{ EUR/Stück} \cdot \frac{3}{1}\right)}$$

$$\Leftrightarrow \; A_j = \frac{900 \text{ EUR}}{60 \text{ EUR/Stück}} = \mathbf{15\ Stück}$$

$M = K_a - B = 70$ EUR/Stück − 10 EUR/Stück = **60 EUR/Stück**

Zum Bezug von 15 neuen Aktien benötigt der Altaktionär – bei einem Bezugsverhältnis von 3 : 1 – 45 Bezugsrechte. Er muss also, wenn er ohne Aufwand an zusätzlichen Finanzierungsmitteln an der ordentlichen Kapitalerhöhung teilnehmen will, die Hälfte seiner Bezugsrechte zum Bezugsrechtswert von 10 EUR/Stück veräußern, damit er mit dem erzielten Erlös in Höhe von 450 EUR (= 45 Bezugsrechte · 10 EUR/Stück) 15 neue Aktien zum Emissionskurs erwerben kann (15 neue Aktien · 30 EUR/Stück = 450 EUR).

Der Gesamtwert des Portefeuilles des Altaktionärs verändert sich nicht:

vor der Opération blanche:	90 Aktien à 70 EUR =	**6.300 EUR**
nach der Opération blanche:	105 Aktien à 60 EUR =	**6.300 EUR**

Dabei gilt:

B: rechnerischer Wert des Bezugsrechts;

K_a: Kurswert der alten Aktie;

K_n: Bezugskurs (Emissionskurs) der jungen (neuen) Aktie;

a: Anzahl der alten Aktien;

n: Anzahl der jungen (neuen) Aktien;

A_j: Anzahl der zu beziehenden neuen Aktien ohne Aufwand (bzw. mit möglichst geringem Aufwand) an zusätzlichen Finanzierungsmitteln;

M: rechnerischer Mischkurs.

Aufgabe 2.17: Nominelle Kapitalerhöhung

Eine Aktiengesellschaft baut ihre offenen Rücklagenpositionen, die in der Vergangenheit erheblich angewachsen sind, durch Umbuchung ins Grundkapital ab, wodurch sich die letztgenannte Position genau verdoppelt. Welcher rechnerische Mischkurs ergibt sich nach Durchführung dieser nominellen Kapitalerhöhung (Kapitalerhöhung aus Gesellschaftsmitteln), wenn sich der Altkurs der Aktie K_a auf 150 EUR pro Stück beläuft? Begründen Sie Ihr Ergebnis unter Heranziehung der Formel zur Errechnung des Mischkurses!

Lösung:

Unabhängig von der absoluten Höhe der einzelnen Eigenkapitalpositionen sowie dem Nennwert der Aktie kommt es bei der Aktiengesellschaft zu einer Verdoppelung der Aktienanzahl und damit rechnerisch zu einer Halbierung des Aktienkurses:

$$M = \frac{a \cdot K_a + n \cdot K_n}{a + n} = \frac{a \cdot K_a + a \cdot 0}{a + a} = \frac{a \cdot K_a}{2a}$$

$$= \frac{K_a}{2} = \frac{150 \text{ EUR/Stück}}{2} = \mathbf{75\ EUR/Stück}$$

Anmerkungen: Bei einer Verdoppelung der Aktienanzahl ist $n = a$.

K_n beträgt bei einer nominellen Kapitalerhöhung immer null.

Exkurs

Im Rahmen der Durchführung einer nominellen Kapitalerhöhung (Kapitalerhöhung aus Gesellschaftsmitteln) gilt für die Berechnung des rechnerischen Mischkurses allgemein folgender Zusammenhang:

$$M = \frac{a \cdot K_a + n \cdot K_n}{a + n} = \frac{a \cdot K_a + n \cdot 0}{a + n}$$

$$= K_a \cdot \frac{a}{a + n}$$

Die Erhöhung des Grundkapitals einer Aktiengesellschaft aus Gesellschaftsmitteln führt demnach immer zu einer rechnerischen Reduzierung des Kurses der alten Aktien um den Faktor $\left(1 - \frac{a}{a+n}\right) = \left(\frac{n}{a+n}\right)$ auf $\frac{a}{a+n} \cdot K_a$

Exemplarisch sei gegeben:

K_a = 120 EUR/Stück

a = 50.000 Stück

n = 10.000 Stück

$$M = \frac{50.000 \text{ Stück} \cdot 120 \text{ EUR/Stück} + 10.000 \text{ Stück} \cdot 0}{50.000 \text{ Stück} + 10.000 \text{ Stück}} = 100 \text{ EUR/Stück}$$

$$= K_a \cdot \frac{a}{a+n} = 120\,\text{EUR/Stück} \cdot \frac{5}{5+1} = \textbf{100 EUR/Stück}$$

⇨ K_a verringert sich um 1/6 auf 5/6 K_a.

Aufgabe 2.18: Nominelle Kapitalerhöhung

Welche Auswirkungen hat die Durchführung einer nominellen Kapitalerhöhung (Kapitalerhöhung aus Gesellschaftsmitteln) bei einer Aktiengesellschaft auf:

(1) den Aktienkurs im Falle der Ausgabe von Nennwertaktien,

(2) die Höhe des bilanziell ausgewiesenen Eigenkapitals der Gesellschaft,

(3) die Höhe des Grundkapitals (gezeichneten Kapitals) der Gesellschaft,

(4) die Höhe des Vermögens der Gesellschafter,

(5) die Höhe des bilanziellen Vermögens der Gesellschaft,

(6) den Einfluss der einzelnen Aktionäre auf das Unternehmensgeschehen,

(7) den rechnerischen Nennwert im Falle des Vorliegens von Stückaktien (die Zahl der ausgegebenen Stückaktien bleibt gleich),

(8) die Bilanzsumme der Gesellschaft,

(9) die Relation von gezeichnetem Kapital und offenen Rücklagen?

Lösung:

Auswirkungen:

(1) Verminderung in Abhängigkeit vom Bezugsverhältnis,

(2) keine Veränderung,

(3) Erhöhung entsprechend dem absoluten Umfang der nominellen Kapitalerhöhung,

(4) keine Veränderung (eventuell mittelbare Auswirkungen aufgrund der zukünftigen Dividendenpolitik),

(5) keine Veränderung,

(6) keine Veränderung, da die ursprüngliche Beteiligungsquote erhalten bleibt,

(7) prozentuale Erhöhung des rechnerischen Nennwerts entsprechend der Relation des Kapitalerhöhungsbetrags zum bisherigen Grundkapital,

(8) keine Veränderung,

(9) Veränderung entsprechend dem Umbuchungsverhältnis.

Aufgabe 2.19: Vereinfachte Kapitalherabsetzung mit anschließender ordentlicher Kapitalerhöhung[4]

Wie aus der folgenden (verkürzten) Bilanz zu erkennen ist, befindet sich die Felsberg AG in ernsthaften wirtschaftlichen Schwierigkeiten:

Bilanz der Felsberg AG vor Durchführung der Sanierungsmaßnahmen (in TEUR)

Aktiva		Passiva	
Vermögen	20.000	Gezeichnetes Kapital	10.000
		Verlustvortrag	– 4.500
		Jahresfehlbetrag	– 1.500
		Verbindlichkeiten	16.000
	20.000		20.000

Die Aktien der Felsberg AG (Nennwert 2 EUR/Stück) werden zurzeit mit 1,20 EUR/Stück an der Börse gehandelt.

In dieser Situation fassen die Aktionäre der Felsberg AG den Entschluss, eine vereinfachte Kapitalherabsetzung (in Höhe der bilanziell ausgewiesenen Verluste) mit einer sich anschließenden ordentlichen Kapitalerhöhung (auf den jetzigen Betrag des gezeichneten Kapitals) durchzuführen. Der Emissionskurs der neuen Aktien (Nennwert 1 EUR/Stück) wird auf 1,40 EUR/Stück festgesetzt. Zeigen Sie die Bilanz der Felsberg AG nach Durchführung der Sanierungsmaßnahmen und berechnen Sie den neuen rechnerischen Börsenkurs der Felsberg AG-Aktie!

Lösung:

(1) Durchführung einer vereinfachten Kapitalherabsetzung gemäß den §§ 229–236 AktG

- Es erfolgt zunächst in einem ersten Schritt eine Herabstempelung des Nennwerts der Altaktien von 2 EUR/Stück auf 1 EUR/Stück.
- Die 5 Mio. Aktien der Felsberg AG

$$\left(a_1 = \frac{\text{Gezeichnetes Kapital vor der KH}}{\text{Nennwert pro Stück}} = \frac{10\text{ Mio. EUR}}{2\text{ EUR/Stück}} = 5\text{ Mio. Stück} \right)$$

[4] Modifiziert entnommen aus *Waschbusch, Gerd*: Kapitalherabsetzung und Kapitalerhöhung, in: FORTBILDUNG – Zeitschrift für Führungskräfte in Verwaltung und Wirtschaft 1992, S. 89–90.

besitzen jetzt nur noch einen Nennwert in Höhe von 1 EUR/Stück; es werden damit 5 Mio. EUR (= 5 Mio. Stück · 1 EUR/Stück) an Grundkapital (Gezeichnetem Kapital) zum buchmäßigen Ausgleich der bilanziell ausgewiesenen Verluste freigesetzt.

- Zum Ausgleich des Restbetrags der bilanziell ausgewiesenen Verluste (hier: Verlustvortrag + Jahresfehlbetrag – 5 Mio. EUR = 4,5 Mio. EUR + 1,5 Mio. EUR – 5 Mio. EUR = 1 Mio. EUR) erfolgt in einem zweiten Schritt eine Zusammenlegung der Altaktien im Verhältnis 5 : 4, d. h. von 5 alten Aktien der Felsberg AG bleiben nur noch vier „neue" Aktien der Felsberg AG übrig (Verringerung der Aktienanzahl auf 4 Mio. Stück).

Nach Durchführung der beschriebenen Maßnahmen (buchtechnische Sanierung) ergibt sich folgendes Bilanzbild:

Bilanz der Felsberg AG
nach Durchführung der vereinfachten Kapitalherabsetzung
(in TEUR)

Aktiva		Passiva	
Vermögen	20.000	Gezeichnetes Kapital	4.000
		Verbindlichkeiten	16.000
	20.000		20.000

Auswirkungen der beschriebenen Maßnahmen (buchtechnische Sanierung) auf den Börsenkurs der Felsberg AG-Aktie:

- Börsenkurs vor der vereinfachten Kapitalherabsetzung:
  K_{a1} = 1,20 EUR/Stück
- Anzahl der Aktien der Felsberg AG vor der vereinfachten Kapitalherabsetzung: a_1 = 5.000.000 Stück
- Gesamtkurswert der Aktien der Felsberg AG vor der vereinfachten Kapitalherabsetzung: $a_1 \cdot K_{a1}$ = 5.000.000 Stück · 1,20 EUR/Stück = 6.000.000 EUR

Da sich nach der vereinfachten Kapitalherabsetzung nur noch 4 Mio. Stück der Felsberg AG-Aktie im Umlauf befinden, der Gesamtkurswert der Aktien der Felsberg AG aber (rechnerisch) unverändert bleibt, ergibt sich für diese nach Durchführung der vereinfachten Kapitalherabsetzung der folgende rechnerische Börsenkurs:

$$K_{a2} = \frac{6.000.000 \text{ EUR}}{4.000.000 \text{ Stück}} = \mathbf{1{,}50\ EUR/1\text{-}EUR\text{-}Nennwertaktie}$$

Anmerkung:

Es ergibt sich aufgrund der beschriebenen Maßnahmen (buchtechnische Sanierung) keine Veränderung der Vermögenssituation für die Altaktionäre.

Beispiel: vorher 5 Aktien à 1,20 EUR/Stück = 6 EUR

nachher 4 Aktien à 1,50 EUR/Stück = 6 EUR

(2) Durchführung einer ordentlichen Kapitalerhöhung gemäß den §§ 182–191 AktG

- Erhöhungsbetrag des Grundkapitals infolge der geplanten ordentlichen Kapitalerhöhung: 6.000.000 EUR
- Anzahl der nach Durchführung der vereinfachten Kapitalherabsetzung verbliebenen Altaktien: a_2 = 4.000.000 Stück
- Anzahl der im Rahmen der ordentlichen Kapitalerhöhung auszugebenden Neuaktien:

$$n = \frac{6.000.000 \text{ EUR}}{1 \text{ EUR/Stück}} = 6.000.000 \text{ Stück}$$

$$\Rightarrow a_2 : n = 4 \text{ Mio. Stück} : 6 \text{ Mio. Stück} = 2 : 3$$

- Emissionskurs der neuen Aktie: K_n = 1,40 EUR/Stück

Nach Durchführung der ordentlichen Kapitalerhöhung (finanzielle Sanierung) ergibt sich folgendes Bilanzbild:

Bilanz der Felsberg AG
nach Durchführung der ordentlichen Kapitalerhöhung
(in TEUR)

Aktiva			Passiva
Vermögen (einschließlich Emissionserlös)	28.400[1]	Gezeichnetes Kapital	10.000[2]
		Kapitalrücklage	2.400[3]
		Verbindlichkeiten	16.000
	28.400		28.400

[1] 20.000.000 EUR + 6.000.000 Stück · 1,40 EUR/Stück = 28.400.000 EUR

[2] 4.000.000 EUR + 6.000.000 Stück · 1,00 EUR/Stück = 10.000.000 EUR

[3] 6.000.000 Stück · 0,40 EUR/Stück = 2.400.000 EUR

- rechnerischer Börsenkurs der Aktien der Felsberg AG nach Durchführung der ordentlichen Kapitalerhöhung:

$$M = \frac{a_2 \cdot K_{a2} + n \cdot K_n}{a_2 + n}$$

$$= \frac{4.000.000\ \text{St.} \cdot 1{,}50\ \text{EUR/St.} + 6.000.000\ \text{St.} \cdot 1{,}40\ \text{EUR/St.}}{4.000.000\ \text{St.} + 6.000.000\ \text{St.}}$$

$$= \frac{14.400.000\ \text{EUR}}{10.000.000\ \text{St.}} = \mathbf{1{,}44\ EUR/1\text{-}EUR\text{-}Nennwertaktie}$$

Dabei gilt:

a_1: Anzahl alter Aktien vor der vereinfachten Kapitalherabsetzung;

KH: Kapitalherabsetzung;

K_{a1}: Börsenkurs der alten Aktie vor der vereinfachten Kapitalherabsetzung;

K_{a2}: Börsenkurs der alten Aktie nach vollzogener vereinfachter Kapitalherabsetzung;

a_2: Anzahl der nach Durchführung der vereinfachten Kapitalherabsetzung verbliebenen Altaktien;

n: Anzahl der im Rahmen der ordentlichen Kapitalerhöhung auszugebenden Neuaktien;

K_n: Emissionskurs der neuen Aktie;

M: rechnerischer Börsenkurs der Aktie nach Durchführung der ordentlichen Kapitalerhöhung.

Aufgabe 2.20: Vereinfachte Kapitalherabsetzung mit anschließender ordentlicher Kapitalerhöhung

Im Wirtschaftsteil Ihrer Tageszeitung vom 27. Januar 2010 findet sich folgende Nachricht:

„Die Homa AG, Saarlouis, hat die Modalitäten für die geplante vereinfachte Kapitalherabsetzung und die sich anschließende Wiederaufstockung des Grundkapitals bekannt gegeben. Laut Bundesanzeiger erfolgt eine Zusammenlegung von je zwei alten Aktien im Nennbetrag von je 1 EUR in eine neue Aktie zu 1 EUR. Ab 2. Februar 2010 werden die Aktien aus der vereinfachten Kapitalherabsetzung gehandelt. Die Hauptversammlung der Homa AG hatte im Dezember 2009 im Zuge der vereinfachten Kapitalherabsetzung eine Rückführung des Grundkapitals von 50 Mio. EUR auf 25 Mio. EUR gebilligt.

Für die sich anschließende Wiederaufstockung des Grundkapitals gegen Bareinlagen um 25 Mio. EUR gibt die Homa AG 25.000.000 auf den Inhaber lautende Stammaktien im Nennbetrag von je 1 EUR aus, die für das Geschäftsjahr 2009/2010 voll gewinnberechtigt sind. Ein Bankenkonsortium unter Führung der Saarland-Bank AG, Saarbrücken, hat die neuen Stammaktien übernommen und sich verpflichtet, sie den Aktionären im Verhältnis 1 : 1 bezogen auf das herabgesetzte Grundkapital von 25 Mio. EUR zum Ausgabepreis von 2,50 EUR je Anteil im Nennbetrag von 1 EUR anzubieten. Die Bezugsfrist für die neuen Aktien läuft vom 2. bis 16. Februar 2010."

Berechnen Sie den neuen rechnerischen Börsenkurs der Aktien der Homa AG nach Durchführung der Sanierung! Der Kurs der Altaktie (1 EUR Nennwert) belief sich vor der Sanierung auf 1,29 EUR.

Lösung:

In einem ersten Schritt erfolgt im Rahmen der vereinfachten Kapitalherabsetzung eine Zusammenlegung der Altaktien im Verhältnis 2 : 1, d. h., die Zahl der Altaktien verringert sich von 50 Mio. Stück

($a_1 = \frac{50\,\text{Mio. EUR}}{1\,\text{EUR/Stück}} = 50\,\text{Mio. Stück}$) auf 25 Mio. Stück. Es verbleibt ein Grundkapital von 25 Mio. EUR.

Der Börsenkurs der Homa AG-Aktie notierte vor der vereinfachten Kapitalherabsetzung mit 1,29 EUR. Dies entspricht einem Gesamtkurswert der Homa AG-Aktien vor der vereinfachten Kapitalherabsetzung in Höhe von 64,5 Mio. EUR (= 50.000.000 Stück · 1,29 EUR/Stück). Da sich nach der vereinfachten Kapitalherabsetzung nur noch 25 Mio. Homa AG-Aktien (a_2) im Umlauf befinden, der Gesamtkurswert der Homa AG-Aktien aber unverändert bleibt, ergibt sich für diese nach Durchführung der vereinfachten Kapitalherabsetzung der folgende rechnerische Börsenkurs:

$$K_{a2} = \frac{64.500.000\,\text{EUR}}{25.000.000\,\text{Stück}} = \mathbf{2{,}58\ EUR/1\text{-}EUR\text{-}Nennwertaktie}$$

Aufgrund der Halbierung der Aktienzahl und des gleichbleibenden Gesamtkurswerts hat sich der Kurs der Aktie nach der Kapitalherabsetzung rechnerisch verdoppelt.

Der Erhöhungsbetrag des Grundkapitals infolge der geplanten ordentlichen Kapitalerhöhung (zweiter Schritt) beläuft sich auf 25 Mio. EUR. Die Anzahl der im Rahmen der ordentlichen Kapitalerhöhung auszugebenden Neuaktien beträgt somit 25.000.000 Stück

($n = \frac{\text{Kapitalerhöhungsbetrag}}{\text{Nennwert pro Aktie}} = \frac{25\,\text{Mio. EUR}}{1\,\text{EUR/Stück}} = 25\,\text{Mio. Stück}$).

Zur Berechnung des Mischkurses (= neuer rechnerischer Börsenkurs der Homa AG-Aktie nach Durchführung der Sanierung) kann damit auf folgende Daten zurückgegriffen werden:

K_{a2}	=	2,58 EUR/Stück	(rechnerischer Börsenkurs der Altaktie nach Durchführung der vereinfachten Kapitalherabsetzung)
K_n	=	2,50 EUR/Stück	(Emissionskurs der Neuaktie)
a_2	=	25.000.000 Stück	(Anzahl der nach Durchführung der vereinfachten Kapitalherabsetzung verbliebenen Altaktien)
n	=	25.000.000 Stück	(Anzahl der im Rahmen der ordentlichen Kapitalerhöhung ausgegebenen Neuaktien)

$$M = \frac{a_2 \cdot K_{a2} + n \cdot K_n}{a_2 + n}$$

$$= \frac{25.000.000 \text{ St.} \cdot 2{,}58 \text{ EUR/St.} + 25.000.000 \text{ St.} \cdot 2{,}50 \text{ EUR/St.}}{25.000.000 \text{ St.} + 25.000.000 \text{ St.}}$$

$$= \frac{64.500.000 \text{ EUR} + 62.500.000 \text{ EUR}}{50.000.000 \text{ St.}} = \frac{127.000.000 \text{ EUR}}{50.000.000 \text{ St.}}$$

= **2,54 EUR/1-EUR-Nennwertaktie**

Dabei gilt:

a_1: Anzahl alter Aktien vor der vereinfachten Kapitalherabsetzung;

a_2: Anzahl der nach Durchführung der vereinfachten Kapitalherabsetzung verbliebenen Altaktien;

K_{a2}: Börsenkurs der alten Aktie nach vollzogener vereinfachter Kapitalherabsetzung;

n: Anzahl der im Rahmen der ordentlichen Kapitalerhöhung auszugebenden Neuaktien;

K_n: Emissionskurs der Neuaktie;

M: rechnerischer Börsenkurs der Aktie nach Durchführung der ordentlichen Kapitalerhöhung.

Aufgabe 2.21: Kapitalherabsetzung durch Einziehung von Aktien

Nach einem außerordentlich schwachen letzten Geschäftsjahr ist in der Bilanz der XYZ-AG ein Verlustvortrag in Höhe von insgesamt 10 Mio. EUR aufgelaufen. Um das Unternehmen zu sanieren, möchte man diesen Verlustvortrag nun im Rahmen einer Kapitalherabsetzung durch Einziehung von Aktien beseitigen.

Aktiva	verkürzte Bilanz der XYZ-AG (in TEUR)			Passiva
Vermögen		200.000	Gezeichnetes Kapital	80.000
darunter:			Verlustvortrag	– 10.000
liquide Mittel	21.000		Jahresüberschuss	0
			Verbindlichkeiten	130.000
		200.000		200.000

Die Aktien im Nennbetrag von 110 EUR pro Stück sind zurzeit mit 70 EUR an der Börse notiert. Unterstellen Sie, die Aktiengesellschaft verfüge über 21 Mio. EUR an liquiden Mitteln, die sie in voller Höhe zum Erwerb eigener Aktien über die Börse verwenden kann.

a) Welchen Teilbetrag dieser 21 Mio. EUR muss die XYZ-AG mindestens aufwenden, um den Verlustvortrag buchmäßig zu beseitigen?

b) Nehmen Sie an, der Aktiengesellschaft wäre es durch einen Beschluss der Hauptversammlung erlaubt, eigene Aktien im Gesamtbetrag von 21 Mio. EUR zum Börsenkurs von 70 EUR pro Stück zu erwerben. Zeigen Sie die Bilanz der XYZ-AG nach Einziehung der zurückerworbenen Aktien! Von Transaktionskosten wird abgesehen.

Lösung:

Vorbemerkungen

§ 237 Abs. 1 Satz 1 AktG sieht zwei Möglichkeiten der Kapitalherabsetzung durch Einziehung von Aktien vor:

– die Zwangseinziehung von Aktien und
– die Einziehung von Aktien nach Erwerb durch die Gesellschaft.

Im vorliegenden Fall der Kapitalherabsetzung durch Einziehung von Aktien kauft die Aktiengesellschaft eigene Aktien am Markt auf, wenn deren Börsenkurs unter ihrem (rechnerischen) Nennbetrag liegt; denn die Durchführung dieser Sanierungsmaßnahme mit Blick auf eine buchmäßige Beseitigung von

Verlusten ist nur dann sinnvoll, wenn die Aktien unter pari angekauft werden können. Anschließend „vernichtet“ die Aktiengesellschaft die erworbenen Aktien und senkt auf diese Weise ihr Gezeichnetes Kapital um den (rechnerischen) Nennwert der erworbenen Aktien ab. Der dabei entstehende Buchgewinn in Höhe der Differenz zwischen (rechnerischem) Nennbetrag der eigenen Aktien und niedrigerem Kaufpreis (Kurswert, Anschaffungskosten) dient der buchmäßigen Abdeckung des Verlustvortrags.

Voraussetzung für die Durchführung einer solchen Maßnahme ist, dass die Aktiengesellschaft entweder über ausreichend liquide Mittel verfügt, um den Kauf durchzuführen, oder aber – was auch denkbar wäre – dass ein Großaktionär der Aktiengesellschaft einen Teil seiner Aktien „freiwillig“ und unentgeltlich zur Vernichtung überlässt.

Teilaufgabe a)

Die Formulierung „mindestens aufzuwendender Teilbetrag zur buchmäßigen Beseitigung des Verlustvortrags“ ist in dem vorliegenden Zusammenhang so zu verstehen, dass man von dem für die Aktiengesellschaft günstigsten, aber äußerst unrealistischen Fall ausgeht, die gesamte Rückkaufsaktion zu einem einheitlichen Börsenkurs (= Kaufpreis) von 70 EUR pro Aktie durchführen zu können. Unrealistisch ist diese Annahme deswegen, weil die Aktiengesellschaft durch die verstärkte Nachfrage nach eigenen Aktien den Kaufpreis selbst in die Höhe treibt. Da allerdings laut Aufgabenstellung lediglich der mindestens aufzuwendende Teilbetrag anzugeben ist, kann vereinfachend ein konstanter Kaufpreis für alle Aktien (70 EUR/Stück als Untergrenze) unterstellt werden. Unter dieser Voraussetzung ergibt sich die Anzahl zurückzukaufender Aktien wie folgt:

Mindestanzahl zurückzukaufender Aktien

$$= \frac{\text{auszugleichender Verlustbetrag}}{\underbrace{\text{Nennbetrag pro Aktie} - \text{Kaufpreis pro Aktie}}_{\text{Buchgewinn pro Aktie als Folge des Rückkaufs}}}$$

$$= \frac{10\text{ Mio. EUR}}{110\text{ EUR/Stück} - 70\text{ EUR/Stück}} = \frac{10\text{ Mio. EUR}}{40\text{ EUR/Stück}} = \mathbf{250.000\ Stück}$$

aufzubringende liquide Mittel

$= \text{Anzahl der zurückzukaufenden Aktien} \cdot \text{Kaufpreis/Stück}$

$= 250.000\text{ Stück} \cdot 70\text{ EUR/Stück} = \mathbf{17{,}5\ Mio.\ EUR}$

Die Aktiengesellschaft muss mindestens 17,5 Mio. EUR an liquiden Mitteln aufwenden, um den entstandenen Verlustvortrag buchmäßig durch den Rückkauf eigener Aktien zu beseitigen.

Teilaufgabe b)

Annahme: Es erfolgt ein Rückkauf von eigenen Aktien zum Börsenkurs (= Kaufpreis) von 70 EUR/Stück im Gesamtbetrag von 21 Mio. EUR.

Anzahl der gekauften und zu vernichtenden Aktien

$$= \frac{\text{verwendbare liquide Mittel}}{\text{Kaufpreis pro Aktie}} = \frac{21.000.000 \text{ EUR}}{70 \text{ EUR/Stück}} = \mathbf{300.000\ Stück}$$

In einem ersten Schritt ist zunächst der Erwerb der eigenen Aktien bilanziell zu erfassen:

- Die erworbenen eigenen Aktien dürfen nicht als Vermögensgegenstände aktiviert werden, sondern sind als Korrekturposten zum Eigenkapital zu behandeln. Dazu ist der Nennbetrag der erworbenen eigenen Anteile in der Vorspalte offen von dem Eigenkapitalposten „Gezeichnetes Kapital" abzusetzen (§ 272 Abs. 1a Satz 1 HGB).
- Der Unterschiedsbetrag zwischen dem Nennbetrag der zur Einziehung erworbenen eigenen Aktien und ihrem Kaufpreis (Anschaffungskosten der eigenen Anteile) ist mit den frei verfügbaren Rücklagen (hier: andere Gewinnrücklagen) zu verrechnen (§ 272 Abs. 1a Satz 2 HGB). Etwaige Aufwendungen, die Anschaffungsnebenkosten darstellen, sind als Aufwand des Geschäftsjahres zu berücksichtigen (§ 272 Abs. 1a Satz 3 HGB).

Gemäß den vorstehenden Überlegungen stellt sich der **bilanzielle Ausweis** des Erwerbs der eigenen Aktien zum Zweck der Einziehung wie folgt dar:

Eigene Anteile (zur Einziehung bestimmt [5])	21 Mio. EUR	Liquide Mittel	21 Mio. EUR

Gesamtnennwert der eigenen Aktien, die zur Kapitalherabsetzung genutzt werden (Vernichtung der eigenen Aktien in Höhe des Gesamtnennwertes):

Anzahl einzuziehender Aktien · Nennwert pro Aktie

= 300.000 Stück · 110 EUR/Stück = **33 Mio. EUR**

[5] Nur zur internen Verrechnung. Keine Aktivierung der eigenen Anteile!

Nennbetrag eigene Anteile (Vorspalte zum Gezeichneten Kapital)	33 Mio. EUR	Andere Gewinnrücklagen	12 Mio. EUR
		Eigene Anteile (zur Einziehung bestimmt)	21 Mio. EUR

Damit ergibt sich für die XYZ-AG zunächst das folgende Bilanzbild:

verkürzte Bilanz der XYZ-AG
nach dem Rückkauf eigener Aktien zum Zweck der Einziehung
(in TEUR)

Aktiva			Passiva		
Vermögen		179.000	Gezeichnetes Kapital	80.000	
darunter:			– Nennbetrag eig. Ant.	– 33.000[1]	47.000
liquide Mittel	0		andere Gewinnrücklagen		12.000
			Verlustvortrag		– 10.000
			Jahresüberschuss		0
			Verbindlichkeiten		130.000
		179.000			179.000

[1] Nennbetrag eigener Anteile: 300.000 Stück · 110 EUR/Stück = 33.000.000 EUR

In einem zweiten Schritt ist nunmehr die Kapitalherabsetzung durch Einziehung von Aktien durchzuführen und der Verlustvortrag auszugleichen.

Das erfordert

(1) die endgültige Herabsetzung des Gezeichneten Kapitals um den Nennbetrag der zurückerworbenen eigenen Aktien („Vernichtung der eigenen Aktien"),
(2) die Auflösung der aus dem Erwerb der eigenen Aktien gebildeten anderen Gewinnrücklagen und
(3) die Einstellung des nicht zur Verlustabdeckung benötigten Betrags, der aus der Kapitalherabsetzung gewonnen wurde, in die Kapitalrücklage.

Mit der Auflösung der anderen Gewinnrücklagen wird der erzielte Buchgewinn aus der Kapitalherabsetzung mit dem Verlustvortrag in der Ergebnisverwendungsrechnung zusammengeführt. Gemäß § 240 Satz 1 AktG ist die Rücklagenauflösung als „Ertrag aus der Kapitalherabsetzung" auszuweisen.

Im Beispiel übersteigt der Buchgewinn aus der Kapitalherabsetzung (12 Mio. EUR) den Verlustvortrag (10 Mio. EUR) um 2 Mio. EUR. Dieser Betrag ist – ebenfalls im Zuge der Ergebnisverwendung – in die Kapitalrücklage einzustellen. Die Begründung hierfür ergibt sich aus § 240 AktG. Dieser sieht als zulässige Verwendungsmöglichkeiten für den aus einer Kapitalherabsetzung gewonnenen Betrag allein den Ausgleich von Wertminderungen, die Deckung sonstiger Verluste und die Einstellung in die Kapitalrücklage vor.

Die zugehörigen Buchungen lauten wie folgt:

(1) Vernichtung der eigenen Anteile (Kapitalherabsetzung)

Gezeichnetes Kapital	33 Mio. EUR	Nennbetrag eigene Anteile (Vorspalte zum Gezeichneten Kapital)	33 Mio. EUR

(2) Auflösung der anderen Gewinnrücklagen

Andere Gewinnrücklagen	12 Mio. EUR	Ertrag aus der Kapitalherabsetzung	12 Mio. EUR

Fortführung der Gewinn- und Verlustrechnung (§ 158 Abs. 1 AktG):

Jahresüberschuss	0 Mio. EUR
− Verlustvortrag aus dem Vorjahr	− 10 Mio. EUR
+ Ertrag aus der Kapitalherabsetzung	+ 12 Mio. EUR
− Einstellung in die Kapitalrücklage	− 2 Mio. EUR
= Bilanzgewinn	0 Mio. EUR

(3) Einstellung in die Kapitalrücklage

Einstellung in die Kapitalrücklage	2 Mio. EUR	Kapitalrücklage	2 Mio. EUR

Damit ergibt sich für die XYZ-AG abschließend das folgende Bilanzbild:

verkürzte Bilanz der XYZ-AG
nach der buchtechnischen Sanierung im Wege der Einziehung
von Aktien (in TEUR)

Aktiva			Passiva	
Vermögen		179.000	Gezeichnetes Kapital	47.000
darunter:			Kapitalrücklage	2.000
liquide Mittel	0		andere Gewinnrücklagen	0
			Bilanzgewinn	0
			Verbindlichkeiten	130.000
		179.000		179.000

3 Die Außenfinanzierung durch Fremdkapital (Kreditfinanzierung)

3.1 Die Charakteristika und Formen der Kreditfinanzierung

Aufgabe 3.1: Idealtypische Eigenschaften von Eigen- und Fremdkapital

Stellen Sie die idealtypischen Eigenschaften von Eigen- und Fremdkapital einander gegenüber! Gehen Sie dabei auf die rechtliche Stellung des Kapitalgebers, die Geschäftsführungsbefugnis, die Dauer der Kapitalbereitstellung, die Art der Entgeltung und deren Auswirkung auf den Erfolg des Kapitalnehmers, die Gewinnbeteiligung und die Verlustteilnahme des Kapitalgebers sowie auf die Stellung von Sicherheiten ein!

Lösung:

Merkmal	Eigenkapital	Fremdkapital
Rechtliche Stellung des Kapitalgebers	Erwerb von Eigentum	Schuldrechtliche Verbindung
Geschäftsführungsbefugnis	I. d. R. vorhanden	Nicht vorhanden (höchstens indirekt)
Dauer der Kapitalbereitstellung	Unbefristet	Befristet
Art der Entgeltung	Gewinnabhängig	Unabhängig vom Erfolg
Auswirkung der Entgeltung auf den Erfolg des Kapitalnehmers	Gewinnverwendung	Aufwand/Betriebsausgabe (im Rahmen der Gewinnermittlung)
Gewinnbeteiligung des Kapitalgebers	Ja	Nein
Verlustteilnahme des Kapitalgebers	In voller Höhe	(Zunächst) nicht
Stellung von Sicherheiten	Nicht möglich	Normalfall

Abbildung 4: Idealtypische Eigenschaften von Eigen- und Fremdkapital[6]

---

[6] Geringfügig modifiziert entnommen aus *Bieg, Hartmut; Kußmaul, Heinz*: Finanzierung, 2. Aufl., München 2009, S. 123.

3.2 Die Inhalte von Kreditvereinbarungen

Aufgabe 3.2: Kreditfinanzierung – Grundlagen

a) Grenzen Sie Nennbetrag, Auszahlungsbetrag und Rückzahlungsbetrag eines Kredits voneinander ab!

b) Beschreiben Sie die drei Arten von eindeutig festgelegten Tilgungsstrukturen bei Krediten (Hinweis: Auf die Berechnung der Annuität ist nicht einzugehen)!

c) Welche drei Größen sind entscheidend für eine Zinsvereinbarung? Beschreiben Sie kurz mögliche Ausprägungen dieser Größen!

d) Beschreiben Sie kurz vier mögliche Ziele, die ein Kreditgeber mit der Besicherung von Krediten verfolgt!

Lösung:

Teilaufgabe a)

Der **Nennbetrag**, der die nominale Höhe des Kredits angibt, wird als Berechnungsgrundlage für andere Vertragsbestandteile (z. B. zu entrichtende Zinsen) herangezogen. Liegt der **Auszahlungsbetrag**, also der Betrag, den der Kreditnehmer (Schuldner) tatsächlich erhält, unter dem Nennbetrag, so bezeichnet man die Differenz als Disagio (bei Hypothekendarlehen auch als Damnum); liegt der Auszahlungsbetrag ausnahmsweise über dem Nennbetrag, so wird die Differenz als Agio bezeichnet. Der **Rückzahlungsbetrag**, also der Betrag, den der Kreditnehmer (Schuldner) – neben den Zinszahlungen – in einem Betrag oder in mehreren Teilbeträgen zurückzuzahlen hat, entspricht i. d. R. dem Nennbetrag, kann in besonderen Fällen aber auch darüber liegen.

Teilaufgabe b)

- **Gesamtfällige Darlehen**

  Die Rückzahlung des Kredits erfolgt am Ende der Laufzeit oder – falls dies möglich ist – nach erfolgter Kündigung und Ablauf der Kündigungsfrist in einem einzigen Betrag. Zinszahlungen erfolgen i. d. R. periodisch.

- **Ratentilgung**

  Die Tilgung des Kredits erfolgt i. d. R. in jährlich gleich bleibenden Tilgungsbeträgen bis zum Ende der vereinbarten Laufzeit, wobei die erste Zahlung bereits am Ende des ersten Jahres nach der Kreditgewährung oder nach einer vereinbarten mehr oder weniger langen tilgungsfreien Zeit erfolgt. Zinszahlungen finden periodisch statt. Da die Zinszahlungen i. d. R. auf den jeweils in Anspruch genommenen, d. h. auf den durch bereits erfolgte Tilgungsleistungen verminderten Kreditbetrag zu leisten sind, die Tilgungsbeträge in den Tilgungsperioden aber stets gleich hoch sind, vermindert sich die periodische Zahlungsbelastung des Schuldners über die gesamte Tilgungsdauer.

- **Annuitätentilgung**

  Verzinsung und Tilgung des Kredits erfolgen in der Weise, dass der Schuldner pro Jahr (pro Quartal, pro Monat) einen stets gleichen Betrag leistet, der Tilgung und Zinszahlung enthält. Im Rahmen der zu leistenden Annuität sinkt im Zeitablauf der Zinsanteil, während der Tilgungsanteil im Zeitablauf steigt.

Teilaufgabe c)

Entscheidend für eine Zinsvereinbarung sind:

- **Die Termine der Zinszahlungen**

  Monatliche, quartalsweise, halbjährliche oder jährliche Zinszahlungen können nachschüssig oder vorschüssig zu leisten sein.

- **Die Bezugsgröße des Zinssatzes**

  Der Zinssatz kann sich beziehen auf

  - die Restschuld, also den noch nicht getilgten Kreditbetrag,
  - den Nominalbetrag oder Nennbetrag des Kredits (unabhängig von den bereits erbrachten Tilgungszahlungen).

- **Der Zinssatz**

  Ein über die gesamte Laufzeit des Kredits fester Zinssatz kann ebenso vereinbart werden, wie ein an eine andere Variable (z. B. Basiszinssatz der Europäischen Zentralbank, EURIBOR[7]) gekoppelter Zinssatz. Von der so bestimmten Höhe des Nominalzinses ist die Effektivverzinsung zu unterscheiden.

---

[7] Euro Interbank Offered Rate (EURIBOR). Dieser Zinssatz „wird täglich von der Europäischen Bankenvereinigung (EBF) und dem Verband der Geld- und Devisenhändler (ACI) als Benchmark für die aktuellen Marktzinsen für Kredite bestimmter Arten im Handel zwischen Kreditinstituten veröffentlicht.“ *Bieg, Hartmut; Kußmaul, Heinz*: Finanzierung, 2. Aufl., München 2009, S. 171.

Der **Nominalzins**, der sich einerseits auf ein Jahr, andererseits auf die Bezugsgröße, also auf den Nominalbetrag oder auf die Restschuld des Kredits, bezieht, gibt – bei Vereinbarung genau eines Zinszahlungszeitpunktes pro Jahr – an, welcher Teil der Bezugsgröße zu den jeweiligen Zinszahlungszeitpunkten vom Kreditnehmer an den Kreditgeber als Entgelt für die Kapitalüberlassung zu leisten ist. Sind im Kreditvertrag mindestens zwei Zinszahlungszeitpunkte pro Jahr vereinbart worden, so verringert sich der Teil der zu leistenden Bezugsgröße entsprechend.

Im Gegensatz hierzu stellt die **Effektivverzinsung** den – im Allgemeinen ebenfalls auf ein Jahr bezogenen – Zinssatz dar, bei dem die Summe der mit diesem Zinssatz auf den Zeitpunkt der Kreditauszahlung diskontierten Zins- und Tilgungszahlungen genau dem Auszahlungsbetrag entspricht. Die Effektivverzinsung berücksichtigt sämtliche im Rahmen der Kreditaufnahme anfallenden Kosten.

Teilaufgabe d)

- **Die Erlangung von Verfahrensvorteilen bei der Eintreibung von Forderungen**

  Der Kreditgeber kann den Versuch unternehmen, Verfahrensvorteile zu erlangen, um die Möglichkeit der zwangsweisen Eintreibung von Forderungen zu verbessern. Insbesondere wird er bereits bei Abschluss des Kreditvertrags bzw. bei Auszahlung der Kreditvaluta darauf achten, dass er die Kreditgewährung später im Falle eines Prozesses gegen den Kreditnehmer vor Gericht beweisen kann. Er erreicht dies z. B. durch die Beurkundung des Kredits, aber auch schon durch die ohnehin übliche Schriftform.

- **Die Beschleunigung des Beitreibungsverfahrens**

  Der Kreditgeber kann durch bestimmte Maßnahmen eine Beschleunigung des Verfahrens bei Einklagung eines Geldbetrags erreichen (z. B. kann sich der Schuldner bereits bei der Bestellung der Sicherheit – notariell beurkundet – der sofortigen Zwangsvollstreckung unterwerfen).

- **Die Verschaffung von Vorrechten beim Zugriff auf einen bestimmten Vermögensgegenstand des Schuldners**

  Um im Schadensfall vor Verlustrisiken geschützt zu sein, hat der Kreditgeber auch die Möglichkeit, sich durch sachenrechtliche (also dingliche) Kreditsicherheiten Vorrechte vor anderen Gläubigern beim Zugriff auf das Sicherungsgut zu verschaffen. Dabei erwirbt der Kreditgeber Rechte an Vermögensgegenständen. Zu nennen sind hier:

  - der Eigentumsvorbehalt,
  - die Sicherungsübereignung,
  - Pfandrechte an beweglichen Sachen und Rechten sowie
  - Grundpfandrechte.

- **Die Verschaffung von Sicherheiten bei anderen Personen als dem Kreditnehmer**

  Die von Dritten geleisteten dinglichen Sicherheiten entsprechen grundsätzlich den soeben genannten Sicherheiten; allerdings wird in diesem Fall die Haftungsmasse des Schuldners nicht geschmälert.

  Haftet dem Kreditgeber durch gesonderten Vertrag ein weiterer Schuldner persönlich, so hat der Kreditgeber dadurch den Vorteil, Zugriff auf ein weiteres Vermögen zu erlangen (z. B. Grundpfandrechte auf Grundstücke Dritter, Bürgschaften).

Aufgabe 3.3: Tilgungsformen von Darlehen [8]

Ein Kreditinstitut bietet für ein hypothekarisch gesichertes Darlehen folgende Konditionen an:

Nennbetrag:	100.000 EUR
Damnum:	4.000 EUR
Laufzeit:	5 Jahre
Nominalzins:	6 % p. a.

Zeigen Sie aus Kundensicht – jeweils anhand eines Zeitstrahls – unter genauer Angabe der Zins- und Tilgungszahlungen die drei Ihnen bekannten Tilgungsformen! Einzahlungen sind dabei als positiver, Auszahlungen als negativer Wert anzusehen.

Lösung:

Annuitätentilgung (aus Kundensicht):

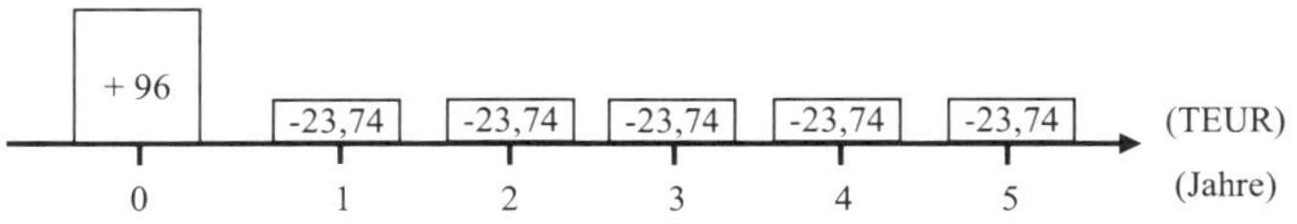

---

[8] Modifiziert entnommen aus *Däumler, Klaus-Dieter*: Betriebliche Finanzwirtschaft, 9. Aufl., Herne/Berlin 2008, S. 156–159.

Die Formel zur Berechnung der Annuität[9] lautet wie folgt:

$$\text{Annuität} = \text{Nennbetrag des Darlehens} \cdot \text{Kapitalwiedergewinnungsfaktor (6 \%/5 Jahre)}^{10}$$

$$= K_0 \cdot \text{KWF (6 \%/5 Jahre)}$$

$$= K_0 \cdot \frac{i \cdot (1+i)^n}{(1+i)^n - 1} = 100.000 \text{ EUR} \cdot \frac{0{,}06 \cdot 1{,}06^5}{1{,}06^5 - 1}$$

$$= 100.000 \text{ EUR} \cdot 0{,}2374 = \mathbf{23.740 \text{ EUR/Jahr}}$$

Gesamtfälliges Darlehen (d. h. einmalige Gesamttilgung) (aus Kundensicht):

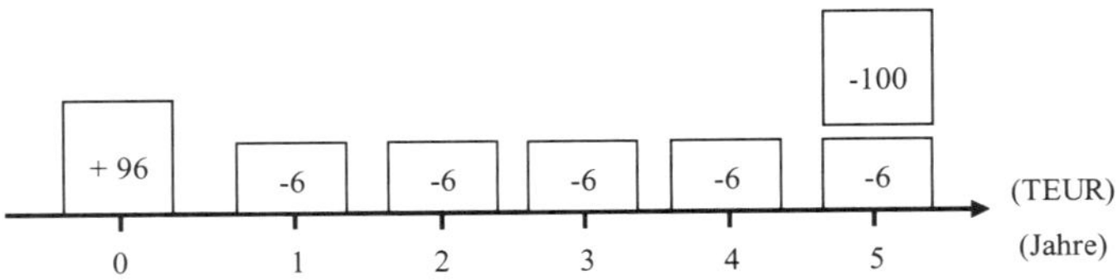

Die jährlichen Zinszahlungen errechnen sich folgendermaßen:

$$\text{Zinsen} = i\,\% \cdot \text{Nennbetrag des Darlehens}$$

$$= 0{,}06 \cdot 100.000 \text{ EUR} = \mathbf{6.000 \text{ EUR/Jahr}}$$

Ratentilgung
(aus Kundensicht):

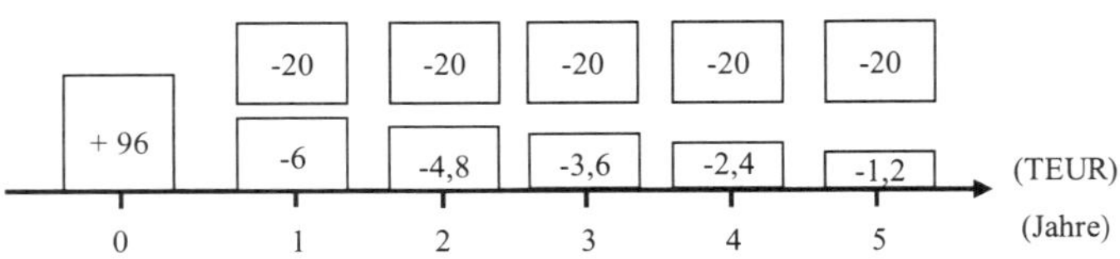

---

9 Eine Zahlungsreihe, die uniform, äquivalent und äquidistant ist, wird als Annuität bezeichnet. Uniformität ist gegeben, wenn die Zahlungen der Zahlungsreihe alle gleich groß sind. Eine Zahlungsreihe ist äquidistant, wenn die Zahlungen der Zahlungsreihe zu Zeitpunkten anfallen, die jeweils gleich weit voneinander entfernt sind. Äquivalenz bedeutet, dass der Kapitalwert der vorliegenden Zahlungsreihe dem Kapitalwert der ursprünglichen Zahlungsreihe entspricht. Vgl. dazu *Bieg, Hartmut; Kußmaul, Heinz*: Investition, 2. Aufl., München 2009, S. 102.

10 Der Kapitalwiedergewinnungsfaktor gehört zu den finanzmathematischen Faktoren. Er verteilt im vorliegenden Fall den jetzt gewährten Kredit K_0 in Höhe von 100.000 EUR unter Berücksichtigung von Zins und Zinseszins in gleich hohe Beträge auf n Jahre.

Die jährliche Tilgung sowie die jährlichen Zinszahlungen werden nachfolgend berechnet:

$$\text{Tilgung} = \frac{\text{Nennbetrag des Darlehens}}{\text{Laufzeit}} = \frac{100.000\ \text{EUR}}{5\ \text{Jahre}} = \mathbf{20.000\ EUR/Jahr}$$

Die jährlichen Zinszahlungen beziehen sich jeweils auf die Restschuld des Vorjahres, d. h. auf den im Zeitablauf um Tilgungszahlungen geminderten Nennbetrag des Darlehens. Diese jährlichen Zinszahlungen lassen sich wie folgt berechnen:

Periode t	Nennbetrag	Tilgung	Restschuld	Zinszahlung (Restschuld $_{t-1} \cdot 6\ \%$)
0	100.000 EUR		100.000 EUR	
1		20.000 EUR	80.000 EUR	6.000 EUR
2		20.000 EUR	60.000 EUR	4.800 EUR
3		20.000 EUR	40.000 EUR	3.600 EUR
4		20.000 EUR	20.000 EUR	2.400 EUR
5		20.000 EUR	0 EUR	1.200 EUR

Aufgabe 3.4: Bewertung einer Unternehmensanleihe

Gegeben sei eine Unternehmensanleihe, die wie folgt ausgestattet ist:

- Nominalwert: 10.000.000 EUR,
- 8-jährige Laufzeit,
- endfällige Tilgung,
- in den ersten vier Jahren werden keine Zinsen gezahlt,
- nach den vier zinsfreien Jahren beträgt der am Ende des jeweiligen Laufzeitjahres zu zahlende Nominalzins 8 % p. a.

Ermitteln Sie, welcher Betrag dem Unternehmen (Emittenten) bei einer marktgerechten Bewertung der Unternehmensanleihe zufließt, wenn das Marktzinsniveau im Begebungszeitpunkt 6 % p. a. beträgt.

Lösung:

Aus Sicht des Unternehmens (Emittenten) gilt:

(1) $C_0 \overset{!}{=} 0$

$$(2)\ C_0 = E_0 - \sum_{t=1}^{n} A_t \cdot (1+i)^{-t}$$

$$(1) = (2)$$

$$0 = E_0 - \sum_{t=1}^{n} A_t \cdot (1+i)^{-t}$$

$$E_0 = \sum_{t=1}^{n} A_t \cdot (1+i)^{-t}$$

Dabei gilt:

C_0: Kapitalwert der Unternehmensanleihe im Zeitpunkt t = 0;

E_0: Ausgabebetrag der Unternehmensanleihe (Einzahlung des Emittenten) im Zeitpunkt t = 0;

A_t: Auszahlungen der Periode t (Zinsen und Rückzahlungsbetrag der Unternehmensanleihe);

t: Zeitindex (t = 1, 2, …, n);

n: Laufzeit der Unternehmensanleihe;

i: Marktzinssatz zum Begebungszeitpunkt (6 % p. a.).

Für das Unternehmen (den Emittenten) ergibt sich bei einer Barwertbetrachtung unter Anwendung der oben angeführten Gleichung folgende Berechnung:

$$E_0 = 800.000 \text{ EUR} \cdot \text{RBF } (6\ \%/4 \text{ Jahre}) \cdot 1{,}06^{-4} + 10.000.000 \text{ EUR} \cdot 1{,}06^{-8}$$

$$= 800.000 \text{ EUR} \cdot \frac{1{,}06^4 - 1}{0{,}06 \cdot 1{,}06^4} \cdot 1{,}06^{-4} + 10.000.000 \text{ EUR} \cdot 1{,}06^{-8}$$

$$= 800.000 \text{ EUR} \cdot 3{,}4651 \cdot 0{,}7921 + 10.000.000 \text{ EUR} \cdot 0{,}6274$$

$$= 2.195.764{,}57 \text{ EUR} + 6.274.000 \text{ EUR} = \mathbf{8.469.764{,}57\ EUR}$$

Anmerkung:

Der Rentenbarwertfaktor (RBF) findet seine Anwendung bei einer finanzmathematischen Reihe gleicher Zahlungen, z. B. Zinszahlungen, die mit Hilfe dieses Faktors auf den gleichen Anfangszeitpunkt diskontiert werden können. Die Formel für den Rentenbarwertfaktor lautet wie folgt:

$$\text{RBF} = \frac{(1+i)^n - 1}{i \cdot (1+i)^n}$$

Aufgabe 3.5: Kreditsicherungsformen

Nennen Sie je vier Beispiele für akzessorische und fiduziarische Kreditsicherheiten! Erläutern Sie die grundsätzlichen Unterschiede zwischen diesen beiden Kreditsicherungsformen!

Lösung:

Akzessorische Kreditsicherheiten sind in ihrem rechtlichen Bestand von der gesicherten Forderung des Kreditgebers abhängig. Fällt die Forderung weg, so entfällt damit kraft Gesetzes auch die Sicherheit.

Beispiele:
Bürgschaft, Hypothek, Pfandrecht, Schuldbeitritt.

Fiduziarische Kreditsicherheiten bestehen unabhängig von der gesicherten Forderung. Entfällt die Forderung, hat der Sicherungsgeber nur einen Anspruch auf Rückübertragung der fortbestehenden Sicherheit. Dies ermöglicht es, die Sicherheit wechselnden Forderungen zu unterlegen.

Beispiele:
Garantie, Grundschuld, Sicherungsübereignung, Sicherungszession.

3.3 Die langfristige Kreditfinanzierung

Aufgabe 3.6: Begriff des Darlehens

Was versteht man zivilrechtlich unter einem Darlehen?

Lösung:

Gemäß § 488 Abs. 1 BGB wird der Darlehensgeber durch den Darlehensvertrag „verpflichtet, dem Darlehensnehmer einen Geldbetrag in der vereinbarten Höhe zur Verfügung zu stellen. Der Darlehensnehmer ist verpflichtet, einen geschuldeten Zins zu zahlen und bei Fälligkeit das zur Verfügung gestellte Darlehen zurückzuerstatten.“ (Zum Sachdarlehen vgl. § 607 ff. BGB und zum Verbraucherdarlehen vgl. § 491 ff. BGB.)

Aufgabe 3.7: Schuldscheindarlehen

Erläutern Sie kurz die Finanzierungsform des Schuldscheindarlehens! Gehen Sie dabei auch auf die Unterschiede zu den Schuldverschreibungen ein!

Lösung:

Bei einem **Schuldscheindarlehen** handelt es sich um einen anleiheähnlichen, meist langfristigen Großkredit, der von Industrie- und Handelsunternehmen, der öffentlichen Hand sowie von Kreditinstituten mit Sonderaufgaben auf nicht öffentlichem Wege, d. h. ohne Zwischenschaltung der Börse, vor allem bei Kapitalsammelstellen aus dem Nichtbankenbereich (überwiegend Versicherungsgesellschaften und Pensionskassen) aufgenommen wird. Meist erfolgt hierbei eine indirekte Aufnahme des Kapitals unter Einschaltung von Vermittlern (Banken, Bankenkonsortium, Finanzmakler) und nicht direkt bei den Kreditgebern.

Ein Schuldscheindarlehen dient der Deckung eines langfristigen Finanzierungsbedarfs und stellt somit eine individuelle, langfristige Kreditgewährung dar. Gewöhnlich haben Schuldscheindarlehen eine Laufzeit von bis zu 15 Jahren; die gebräuchlichste Form der Tilgung ist die Ratentilgung, wobei hier oft einige sog. Freijahre Berücksichtigung finden, in denen der Kapitalnehmer keine Tilgung zu leisten hat. Vorzeitige Kündigungsrechte werden meist nicht gewährt.

Schuldscheindarlehen unterscheiden sich in rechtlicher Hinsicht – insofern die Terminologie „anleiheähnlich“ – von Obligationen (Schuldverschreibungen) dadurch, dass sie keine Wertpapiere, sondern beweiserleichternde Dokumente sind, bei denen der Gläubiger des Schuldscheindarlehens sein Recht auch bei Verlust des Schuldscheins durchsetzen kann. Im Unterschied zu den Schuldverschreibungen, bei denen die Übertragung durch Einigung und Übergabe des Inhaberpapiers vollzogen wird, werden Schuldscheindarlehen durch Zession (Abtretung) übertragen, die häufig an die Zustimmung des Schuldners gebunden ist, so dass ein persönliches Kreditverhältnis besteht.

Aufgabe 3.8: Unternehmensfinanzierung durch die Ausgabe von Aktien bzw. Schuldverschreibungen

Nennen Sie Gemeinsamkeiten und Unterschiede einer Unternehmensfinanzierung durch die Ausgabe von Aktien bzw. Schuldverschreibungen!

Lösung:

Gemeinsamkeiten:

- breite Streuung auch in „kleinen“ Anlegerschichten wegen der kleinen Stückelung;

- Kapitalhingabe durch den Investor kurzfristig möglich, Kapitalverfügung aber auf Dauer bzw. über die gesamte Laufzeit wegen Börsenzulassung;
- üblicherweise Verkauf über Banken (Konsortium) im Wege der Fremdemission;
- Ausgabe von Mantel und Bogen (falls Urkunden („Stücke") existieren).

Unterschiede:

- Eigentümer- vs. Gläubigerposition;
- Gewinnausschüttung vs. Liquiditätsbelastung aufgrund von Zins und Tilgung.

Aufgabe 3.9: Ermittlung der Effektivverzinsung einer Schuldverschreibung

Ein Unternehmen platziert eine festverzinsliche Schuldverschreibung mit einer Restlaufzeit von 10 Jahren und einem Nennbetrag (= Rückzahlungsbetrag) in Höhe von 100 Mio. EUR zu einem Ausgabekurs von 92 %. Der Nominalzinssatz beträgt 8 % p. a. (nachschüssig). Wie hoch ist der effektive Zinssatz (interne Zinssatz) dieser Schuldverschreibung?

Hinweis:
Die rechnerische Lösung aus Sicht des Unternehmens erfolgt unter Anwendung der linearen Interpolation. Verwenden Sie dazu folgende Probierzinssätze: $i_1 = 7\ \%$ p. a., $i_2 = 10\ \%$ p. a.

Lösung:

Die Lösung dieser Aufgabe kann mit Hilfe der linearen Interpolationsformel erfolgen. Hierzu benötigen wir zwei Ausgangszinssätze (i_1 und i_2), die einmal zu einem positiven und einmal zu einem negativen Kapitalwert (C_0) führen:

Aus **Sicht des Unternehmens** (Emittenten) gilt:

$$C_0 = E_0 - \sum_{t=1}^{n} A_t \cdot (1+i)^{-t}$$

Dabei gilt:

C_0: Kapitalwert der Schuldverschreibung im Zeitpunkt t = 0;

E_0: Ausgabebetrag der Schuldverschreibung im Zeitpunkt t = 0;

A_t: Auszahlungen der Periode t (Zinsen und Rückzahlungsbetrag der Schuldverschreibung);

t: Zeitindex (t = 1, 2, …, n);

n: Laufzeit der Schuldverschreibung;

i: Probierzinssatz (i_1 = 7 % p. a. bzw. i_2 = 10 % p. a.)

Berechnung:

$\mathbf{E_0}$ = Ausgabebetrag = Ausgabekurs · Nennbetrag = 92 % · 100 Mio. EUR

= **92 Mio. EUR**

$\mathbf{A_t}$ = Nominalzinssatz · Nennbetrag = 8 % · 100 Mio. EUR = **8 Mio. EUR** für t = 1 bis t = 10.

In t = 10 müssen neben den 8 Mio. EUR Zinsen noch 100 Mio. EUR für die Rückzahlung der Schuldverschreibung geleistet werden.

$$C_{01} = E_0 - \sum_{t=1}^{n} A_t \cdot (1+i_1)^{-t}$$

$$= +92 \text{ Mio. EUR} - 8 \text{ Mio. EUR} \cdot \text{RBF}(7\%/10\,\text{Jahre})$$

$$- 100 \text{ Mio. EUR} \cdot 1{,}07^{-10}$$

$$= +92 \text{ Mio. EUR} - 8 \text{ Mio. EUR} \cdot \frac{(1+0{,}07)^{10}-1}{0{,}07 \cdot (1+0{,}07)^{10}}$$

$$- 100 \text{ Mio. EUR} \cdot 1{,}07^{-10}$$

$$= +92 \text{ Mio. EUR} - 8 \text{ Mio. EUR} \cdot 7{,}0236 - 100 \text{ Mio. EUR} \cdot 0{,}5083$$

$$= -\mathbf{15{,}0188 \text{ Mio. EUR}} \text{ (bei } i_1 = 7\ \%)$$

$$C_{02} = E_0 - \sum_{t=1}^{n} A_t \cdot (1+i_2)^{-t}$$

$$= +\ 92 \text{ Mio. EUR} - 8 \text{ Mio. EUR} \cdot \text{RBF (10\%/10 Jahre)}$$

$$- 100 \text{ Mio. EUR} \cdot 1{,}10^{-10}$$

$$= +92 \text{ Mio. EUR} - 8 \text{ Mio. EUR} \cdot \frac{(1+0{,}1)^{10}-1}{0{,}1 \cdot (1+0{,}1)^{10}} - 100 \text{ Mio. EUR} \cdot 1{,}1^{-10}$$

$$= +92 \text{ Mio. EUR} - 8 \text{ Mio. EUR} \cdot 6{,}1446 - 100 \text{ Mio. EUR} \cdot 0{,}3855$$

$$= +\ \mathbf{4{,}2932 \text{ Mio. EUR}} \text{ (bei } i_2 = 10\ \%)$$

Lineare Interpolationsformel:

$$\hat{r} = i_1 - \left(C_{01} \cdot \frac{i_2 - i_1}{C_{02} - C_{01}} \right)$$

$$\hat{r} = 0{,}07 - \left(-15{,}0188 \cdot \frac{0{,}10 - 0{,}07}{+4{,}2932 - (-15{,}0188)} \right)$$

$$= 0{,}07 - (-15{,}0188 \cdot 0{,}0015534)$$

$$= 0{,}07 - (-0{,}02333)$$

$$= 0{,}0933 = \mathbf{9{,}33\ \%\ p.\,a.}$$

Der effektive Zinssatz (interne Zinsfuß) liegt bei 9,33 % p. a.

Aufgabe 3.10: Ausgabekurs und effektive Finanzierungskosten einer Inhaberschuldverschreibung

Eine Aktiengesellschaft beabsichtigt, unter Mitwirkung eines Bankenkonsortiums eine Inhaberschuldverschreibung zu begeben, die auch an der Börse eingeführt werden soll. Die Inhaberschuldverschreibung in Höhe von nominal 100 Mio. EUR soll am Ende der Laufzeit von 10 Jahren in einer Summe getilgt und mit einem Jahreskupon von 8 % p. a. ausgestattet werden. Der Marktzinssatz für vergleichbare Papiere beträgt zum Begebungszeitpunkt 8,15 % p. a.

An Begebungskosten sind zu berücksichtigen:

(1) Einmalige Kosten

1.	Übernahmeprovision für das Bankenkonsortium	2,5 % des Nennwertes
2.	Veröffentlichungskosten des Börsenprospekts	5.500 EUR
3.	Druck der Stücke	25.000 EUR
4.	Kontroll- und Prüfungskosten	2.500 EUR
5.	Börseneinführungsprovision	0,025 % des Nennwertes
6.	Börsenzulassungsgebühr	15.000 EUR
7.	Veröffentlichung des Zulassungsantrages und -beschlusses im Bundesanzeiger und Pflichtblatt	40.000 EUR
8.	Veröffentlichungskosten bei Fälligkeit	2.000 EUR

(2) Laufende jährliche Kosten des Emissionskonsortiums

1. Kuponeinlösungsprovision 0,25 % der Nominalzinsen
2. Kosten der Kurspflege 0,1 % des Nennwertes

a) Welcher Ausgabekurs sollte für die Inhaberschuldverschreibung gewählt werden? Wie hoch ist das Disagio?

b) Wie hoch sind für die Aktiengesellschaft die effektiven Finanzierungskosten dieser Inhaberschuldverschreibung in % p. a.? Es werden alle angebotenen Leistungen des Emissionskonsortiums nachgefragt. Führen Sie lediglich einen Iterationsschritt mit den Probierzinssätzen $i_1 = 9$ % p. a. und $i_2 = 8{,}5$ % p. a. durch.

Lösung:

Teilaufgabe a)

Unter der Prämisse eines vollkommenen Kapitalmarktes kann die Inhaberschuldverschreibung nur dann platziert werden, wenn sie dem Erwerber eine marktmäßige Rendite gewährleistet. Der real existierende Kapitalmarkt ist jedoch kein vollkommener Markt; vielmehr lassen sich für vergleichbare (homogene) Wertpapiere voneinander abweichende Preise beobachten. Da sich die Preisdifferenzen jedoch in engen Grenzen halten, soll nachfolgend von einer (Mindest-)Rendite von 8,15 % p. a. (= Marktzinsniveau) ausgegangen werden. Bei einer gegebenen Laufzeit und einem gegebenen Nominalzinssatz kann die Emissionsrendite nur über die Variation des Ausgabekurses an das Marktzinsniveau angepasst werden. Der Ausgabekurs (= Zuflussbetrag) muss so bemessen werden, dass er dem mit dem Marktzinssatz abgezinsten Auszahlungsstrom aus dieser Inhaberschuldverschreibung, d. h. dem Barwert der laufenden Zins- und Tilgungszahlungen zum Zeitpunkt der Begebung, entspricht.

Der Erwerber muss für seine Investition (= Kauf der Anleihe) einen internen Zins (= Rendite) erhalten, der mit dem zurzeit geltenden Marktzinsniveau r übereinstimmt.

Aus **Sicht des Erwerbers** der Inhaberschuldverschreibung gilt der folgende Zusammenhang:

$$C_0 = -A_0 + \sum_{t=1}^{n} E_t \cdot (1+i)^{-t} \stackrel{!}{=} 0$$

Dabei gilt:

C_0: Kapitalwert der (Finanz-) Investition im Zeitpunkt t = 0;

A_0: Anschaffungsauszahlung (Ausgabebetrag der Inhaberschuldverschreibung) im Zeitpunkt t = 0;

E_t: Einzahlungen der Periode t (Zinsen und Rückzahlungsbetrag der Inhaberschuldverschreibung);

t: Zeitindex (t = 1, 2, …, n);

n: Laufzeit der Inhaberschuldverschreibung;

i: Marktzins i (hier 8,15 % p. a.).

Der Ausgabebetrag der Inhaberschuldverschreibung A_0 ist die gesuchte Größe:

$$A_0 = \sum_{t=1}^{n} E_t \cdot (1+i)^{-t}$$

$$A_0 = \overbrace{(100.000.000\ \text{EUR} \cdot 0{,}08)}^{\text{jährliche Zinsen}} \cdot \text{RBF}(8{,}15\,\%/10\ \text{Jahre}) + \underbrace{100.000.000\ \text{EUR}}_{\text{Rückzahlungsbetrag}} \cdot 1{,}0815^{-10}$$

$$A_0 = 8.000.000\ \text{EUR} \cdot \frac{(1{,}0815)^{10} - 1}{0{,}0815 \cdot (1{,}0815)^{10}} + 100.000.000\ \text{EUR} \cdot 1{,}0815^{-10}$$

$$= 8.000.000\ \text{EUR} \cdot 6{,}6649 + 100.000.000\ \text{EUR} \cdot 0{,}4568$$

$$= 53.319.200\ \text{EUR} + 45.680.000\ \text{EUR}$$

$$= \mathbf{98.999.200\ EUR}$$

=> Ausgabekurs der Inhaberschuldverschreibung

$$= \frac{98.999.200\ \text{EUR}}{100.000.000\ \text{EUR}} = 0{,}989992 = 98{,}9992\ \%$$

$$= \mathbf{99\ \%}$$

Die Inhaberschuldverschreibung sollte zu maximal 99 % emittiert werden, um bei einem gegebenen Marktzinsniveau von 8,15 % p. a. die reibungslose Platzierung nicht zu gefährden. Der Ausgabekurs von 99 % entspricht hierbei einem Ausgabebetrag in Höhe von 99.000.000 EUR (= Liquiditätszufluss aus

Sicht der Aktiengesellschaft, mit dem bei dem gegenwärtigen Marktzinsniveau in Höhe von 8,15 % p. a. zu rechnen ist).

Berechnung des Disagios:

$$d = \left(1 - \frac{AB}{NB}\right)$$

$$= \left(1 - \frac{99.000.000 \text{ EUR}}{100.000.000 \text{ EUR}}\right) = 1 - 0{,}99 = 0{,}01 = \mathbf{1\,\%}$$

Dabei gilt:

d: Disagio;

AB: Ausgabebetrag der Inhaberschuldverschreibung;

NB: Nennbetrag der Inhaberschuldverschreibung.

Teilaufgabe b)

Unter den effektiven Finanzierungskosten der Inhaberschuldverschreibung in % p. a. ist der Zinssatz zu verstehen, bei dem unter zeitpunktgenauer Berücksichtigung aller Ein- und Auszahlungen der Aktiengesellschaft aufgrund der Inhaberschuldverschreibung der Barwert der Zahlungsreihe genau 0 ist (= interner Zinsfuß).

Aus **Sicht des Emittenten** der Inhaberschuldverschreibung gilt der folgende Zusammenhang:

$$C_0 = E_0 - A_0 - \sum_{t=1}^{n} A_t \cdot (1 + \hat{r})^{-t} \overset{!}{=} 0$$

Dabei gilt:

C_0: Kapitalwert der (Finanz-) Investition im Zeitpunkt t = 0;

E_0: Einzahlung (Ausgabebetrag der Inhaberschuldverschreibung) im Zeitpunkt t = 0;

A_0: Auszahlungen im Zeitpunkt t = 0;

A_t: jährliche auszahlungswirksame Kosten;

t: Zeitindex (t = 1, 2, …, n);

n: Laufzeit der Inhaberschuldverschreibung;

$\hat{r}$: effektive Verzinsung.

Die vorstehend aufgeführte Gleichung ist nach $\hat{r}$ aufzulösen, wobei neben den jährlichen Zinszahlungen und dem Rückzahlungsbetrag am Ende der Laufzeit drei unterschiedliche Kostenblöcke zu berücksichtigen sind, nämlich die auszahlungswirksamen Kosten zum Zeitpunkt der Emission der Inhaberschuldverschreibung, die jährlich laufenden auszahlungswirksamen Kosten der Inhaberschuldverschreibung sowie die auszahlungswirksamen Kosten zum Zeitpunkt der Fälligkeit der Inhaberschuldverschreibung.

Auszahlungswirksame Kosten zum **Zeitpunkt der Emission** der Inhaberschuldverschreibung:

Übernahmeprovision (2,5 % von 100 Mio. EUR)	2.500.000 EUR
Veröffentlichungskosten des Börsenprospekts	5.500 EUR
Druck der Stücke	25.000 EUR
Kontroll- und Prüfungskosten	2.500 EUR
Börseneinführungsprovision (0,025 % von 100 Mio. EUR)	25.000 EUR
Börsenzulassungsgebühr	15.000 EUR
Veröffentlichungskosten des Zulassungsantrages und -beschlusses	40.000 EUR
= Gesamtkosten = Auszahlungen (A_0)	**2.613.000 EUR**

Jährlich laufende auszahlungswirksame Kosten der Inhaberschuldverschreibung (ohne Zinsen):

Nominalzinsen 8 % von 100 Mio. EUR

Kuponeinlösungsprovision (0,25 % von 8 Mio. EUR)	20.000 EUR
Kosten der Kurspflege (0,1 % von 100 Mio. EUR)	100.000 EUR
= **Summe laufende auszahlungswirksame Kosten pro Jahr (ohne Zinsen)**	**120.000 EUR**

Auszahlungswirksame Kosten zum **Zeitpunkt der Fälligkeit** der Inhaberschuldverschreibung:

Veröffentlichungskosten bei Fälligkeit	2.000 EUR

Zum besseren Verständnis der Berechnung werden die Zahlungen an den jeweiligen Zeitpunkten noch einmal gesondert aufgeführt:

- Einzahlung $\mathbf{E_0}$ bei Emission (Emission zu 99 %): 99.000.000 EUR
- Auszahlungen $\mathbf{A_0}$ bei Emission: 2.613.000 EUR

- jährliche Zinszahlungen und laufende auszahlungswirksame Kosten $\mathbf{A_t}$ (8 % von 100 Mio. EUR + 120.000 EUR): 8.120.000 EUR
- Auszahlungen $\mathbf{A_n}$ bei Fälligkeit (Tilgung + auszahlungswirksame Kosten zum Zeit punkt der Fälligkeit = 100 Mio. EUR + 2.000 EUR): 100.002.000 EUR

Die Zahlungsreihe lautet somit:

C_0 = 99.000.000 EUR – 2.613.000 EUR
– 8.120.000 EUR · RBF (i %/10 Jahre)
– 100.002.000 EUR · ABF (i %/10 Jahre) = 0

Dabei gilt:

ABF: Abzinsungsfaktor;

RBF: Rentenbarwertfaktor.

Die Lösung dieser Gleichung kann mit Hilfe der linearen Interpolationsformel erfolgen. Dazu sind die beiden benötigten Ausgangszinssätze so zu wählen, dass zum einen ein positiver Kapitalwert und zum anderen ein negativer Kapitalwert erzielt wird.

i_1 = 9,00 %

C_{01} = 99.000.000 EUR – 2.613.000 EUR
– 8.120.000 EUR · RBF (9 %/10 Jahre)
– 100.002.000 EUR · ABF (9 %/10 Jahre)

= 96.387.000 EUR – 8.120.000 EUR · 6,4177
– 100.002.000 EUR · 0,4224

= 96.387.000 EUR – 52.111.724 EUR – 42.240.844,80 EUR

= **2.034.431,20 EUR**

i_2 = 8,50 %

C_{02} = 99.000.000 EUR – 2.613.000 EUR
– 8.120.000 EUR · RBF (8,50 %/10 Jahre)
– 100.002.000 EUR · ABF (8,50 %/10 Jahre)

= 96.387.000 EUR – 8.120.000 EUR · 6,5613
– 100.002.000 EUR · 0,4423

= 96.387.000 EUR – 53.277.756 EUR – 44.230.884,60 EUR

= **– 1.121.640,60 EUR**

Lineare Interpolationsformel: $\hat{r} = i_1 - \left[C_{01} \cdot \frac{i_2 - i_1}{C_{02} - C_{01}} \right]$

$$\hat{r} = 0{,}09 - \left[2.034.431{,}20 \cdot \frac{0{,}085 - 0{,}09}{-1.121.640{,}60 - 2.034.431{,}20} \right]$$
$$= 0{,}09 - [2.034.431{,}20 \cdot 0{,}000000001584]$$
$$= 0{,}09 - 0{,}003223$$
$$= 0{,}0868 = \mathbf{8{,}68\ \%\ p.\,a.}\ (= \text{effektive Finanzierungskosten})$$

Eine EDV-gestützte Lösung liefert bei Durchführung weiterer Iterationsschritte (100 Schritte) ein Ergebnis von 8,6751 % p. a.

Aufgabe 3.11: Effektivzinsberechnung einer Null-Kupon-Anleihe (Zero Bond)

Berechnen Sie die Effektivverzinsung der folgenden Null-Kupon-Anleihe mit Hilfe des finanzmathematischen Ansatzes:

- Ausgabebetrag der Null-Kupon-Anleihe (K_0) = 2.858,41 EUR
- Nominalbetrag (= Rückzahlungsbetrag) der Null-Kupon-Anleihe (K_n) = 10.000,00 EUR
- Laufzeit n = 12 Jahre

Annahme: Von weiteren einmaligen und laufenden Kosten wird abgesehen.[11]

Lösung:

Formel des finanzmathematischen Ansatzes zur Berechnung der Rendite $\hat{r}$ (Effektivverzinsung) einer Null-Kupon-Anleihe:

$$\Rightarrow K_n = K_0 \cdot (1 + \hat{r})^n$$

$$\Rightarrow \hat{r} = \sqrt[n]{\frac{K_n}{K_0}} - 1$$

Daten der Aufgabenstellung:

K_0 = 2.858,41 EUR

---

[11] Vgl. zur Finanzierung über Null-Kupon-Anleihen *Kußmaul, Heinz*: Betriebswirtschaftliche Steuerlehre, 5. Aufl., München 2008, S. 190–194 sowie *Kußmaul, Heinz*: Finanzierung über Zero-Bonds und Stripped Bonds, in: Betriebs-Berater 1998, S. 1868–1871.

K_n = 10.000,00 EUR

n = 12 Jahre

Für die vorliegende Null-Kupon-Anleihe ergibt sich somit folgende Effektivzinsberechnung:

$$\hat{r} = \sqrt[12]{\frac{10.000,00\,\text{EUR}}{2.858,41\,\text{EUR}}} - 1 = \sqrt[12]{3,4984} - 1$$

$$= 0,109999$$

$$= \mathbf{11\ \%\ p.\,a.}$$

Aufgabe 3.12: Effektivzinsberechnung einer Null-Kupon-Anleihe (Zero Bond)

Die Lahrer Handels AG offeriert Ihnen eine Null-Kupon-Anleihe (Zero-Bond), die Ihnen die Verdoppelung Ihres eingesetzten Kapitals innerhalb von acht Jahren verspricht. Alternativ könnten Sie eine festverzinsliche Industrieobligation der Schutter AG erwerben, die Ihnen über denselben Zeitraum eine Rendite (Effektivverzinsung) von 8 % p. a. sichert. Wie entscheiden Sie sich?

Lösung:

Berechnung der Rendite $\hat{r}$ (Effektivverzinsung) der Null-Kupon-Anleihe der Lahrer Handels AG:

$$K_n = K_0 \cdot (1 + \hat{r})^n$$

$$\hat{r} = \sqrt[n]{\frac{K_n}{K_0}} - 1$$

Daten der Aufgabenstellung:

K_0 = x

K_n = 2x

n = 8 Jahre

Die o. g. Daten resultieren daraus, dass der Kapitaleinsatz x laut Aufgabenstellung verdoppelt werden soll. Folglich würden Sie von der Lahrer Handels AG im Zeitpunkt n eine Zahlung von 2x erhalten. Hieraus ergibt sich folgende Effektivzinsberechnung für die Null-Kupon-Anleihe der Lahrer Handels AG:

$$\hat{r} = \sqrt[8]{\frac{2x}{x}} - 1 = \sqrt[8]{2} - 1$$

$$= \mathbf{9{,}05\ \%\ p.\,a.}$$

Da die Rendite (Effektivverzinsung) der Null-Kupon-Anleihe der Lahrer Handels AG – sie beträgt 9,05 % p. a. – höher ist als die Rendite (Effektivverzinsung) der Industrieobligation der Schutter AG – sie beträgt 8 % p. a. – entscheiden Sie sich unter Renditegesichtspunkten für den Kauf der Null-Kupon-Anleihe.

Aufgabe 3.13: Effektivzinsberechnung eines Bankdarlehens

a) Unternehmer Anton Schlau möchte einen 2-jährigen Kredit in Höhe von 1.000.000 EUR bei der gerade neu gegründeten Flop-Bank aufnehmen. Er zahlt am Ende jeden Jahres 100.000 EUR Zinsen und nach zwei Jahren die 1.000.000 EUR zurück. Wie hoch ist der effektive Jahreszins, den der Kreditsachbearbeiter der Flop-Bank anhand dieser Daten errechnet?

b) Anton Schlau erklärt, dass dies nicht stimmen kann, da bei der Ausreichung des Kredits noch 17.125 EUR Gebühren anfallen. Der Kreditsachbearbeiter der Flop-Bank ist erstaunt und etwas hilflos. Hat Unternehmer Anton Schlau Recht? Wenn ja, wie verändert sich der effektive Jahreszins? (Berechnung!)

c) Anton Schlau beschließt, ein weiteres Angebot einzuholen. Er begibt sich zum Kreditinstitut auf der anderen Straßenseite. Die Günstig-Bank bietet folgende Konditionen an:

Angebot der Günstig-Bank	
Auszahlung:	1.030.000 EUR (103 %)
Gebühren bei der Auszahlung:	9.268 EUR
Zinssatz:	10 % auf den anfänglichen Nominalbetrag
Rückzahlung:	jährlich 500.000 EUR

Wegen der höheren Auszahlung und der niedrigeren Gebühren entscheidet sich Anton Schlau spontan für das Angebot der Günstig-Bank. War das wirklich schlau? Berechnen Sie dazu den effektiven Jahreszins der Günstig-Bank!

Lösung: [12]

Für alle weiteren Aufgabenteile gilt folgende Gleichung:

$$C_0 = E_0 - A_0 - \sum_{t=1}^{n} A_t \cdot (1+\hat{r})^{-t} \stackrel{!}{=} 0$$

Dabei gilt:

C_0: Kapitalwert der (Finanz-) Investition im Zeitpunkt t = 0;

E_0: Einzahlung (Auszahlungsbetrag des Kredits) im Zeitpunkt t = 0;

A_0: Auszahlungen im Zeitpunkt t = 0;

A_t: Auszahlungen der Periode t (Zinszahlungen sowie Tilgung);

t: Zeitindex (t = 1, 2);

n: Laufzeit des Kredits;

r: effektive Verzinsung.

Teilaufgabe a)

Daten der Aufgabenstellung:

E_0 = 1.000.000 EUR

A_1 = 100.000 EUR

A_2 = 1.100.000 EUR

n = 2 Jahre

Daraus ergibt sich folgende Gleichung:

$$C_0 = 1.000.000 \text{ EUR} - 100.000 \text{ EUR} \cdot (1+r)^{-1} - 1.100.000 \text{ EUR} \cdot (1+r)^{-2}$$

Der interne Zinsfuß lässt sich ermitteln, indem die Gleichung zunächst gleich 0 gesetzt wird.

$$C_0 \stackrel{!}{=} 0$$

In einem weiteren Schritt ist die Gleichung nach r aufzulösen. Da es sich um eine zweiperiodige Zahlungsreihe handelt, kann die p-q-Formel zur Ermittlung des Zinssatzes angewendet werden.

---

[12] Modifiziert entnommen aus *Adrian, Reinhold; Heidorn, Thomas*: Der Bankbetrieb – Lehrbuch und Aufgaben, 15. Aufl., Wiesbaden 2000, S. 70–72.

p-q-Formel: $x_{1/2} = -\frac{p}{2} \pm \sqrt{\left(\frac{p}{2}\right)^2 - q}$

$$C_0 \overset{!}{=} 0$$

$$0 = 1.000.000 - 100.000 \cdot (1+r)^{-1} - 1.100.000 \cdot (1+r)^{-2} \quad / \div 100.000$$

$$0 = 10 - (1+r)^{-1} - 11 \cdot (1+r)^{-2} \quad / \cdot (1+r)^2$$

$$0 = 10 \cdot (1+r)^2 - (1+r) - 11$$

$$0 = 10 + 20 \cdot r + 10 \cdot r^2 - 12 - r$$

$$0 = 10 \cdot r^2 + 19 \cdot r - 2 \quad / \div 10$$

$$0 = r^2 + 1{,}9 \cdot r - 0{,}2$$

mit p = 1,9 und q = – 0,2

$$x_{1/2} = -0{,}95 \pm \sqrt{(0{,}95)^2 - (-0{,}2)}$$

$$x_{1/2} = -0{,}95 \pm \sqrt{0{,}9025 + 0{,}2}$$

$$x_{1/2} = -0{,}95 \pm \sqrt{1{,}1025}$$

$$x_{1/2} = -0{,}95 \pm 1{,}05$$

$x_1 = -0{,}95 + 1{,}05 = 0{,}1 =$ **10 % p. a.**

$(x_2 = -0{,}95 - 1{,}05 = -2)$

Der effektive Zinssatz (interne Zinssatz), den der Kreditsachbearbeiter der Flop-Bank errechnet, liegt somit bei 10 % p. a.

Teilaufgabe b)

Daten der Aufgabenstellung:

E_0 = 1.000.000 EUR

A_0 = 17.125 EUR

A_1 = 100.000 EUR

A_2 = 1.100.000 EUR

n = 2 Jahre

Daraus ergibt sich folgende Gleichung:

$$C_0 = 1.000.000 \text{ EUR} - 17.125 \text{ EUR} - 100.000 \text{ EUR} \cdot (1+r)^{-1} - 1.100.000 \text{ EUR} \cdot (1+r)^{-2}$$

$$= \quad 982.875\text{ EUR} - 100.000\text{ EUR} \cdot (1+r)^{-1} - 1.100.000\text{ EUR} \cdot (1+r)^{-2}$$

Die Vorgehensweise bei der Ermittlung des internen Zinsfußes ist die gleiche wie in Teilaufgabe a).

$$C_0 \stackrel{!}{=} 0$$

$$0 = 982.875 - 100.000 \cdot (1+r)^{-1} - 1.100.000 \cdot (1+r)^{-2} \qquad / \cdot (1+r)^2$$

$$0 = 982.875 \cdot (1+r)^2 - 100.000 \cdot (1+r) - 1.100.000 \qquad / \div 982.875$$

$$0 = (1+r)^2 - 0{,}101742 \cdot (1+r) - 1{,}119166$$

$$0 = 1 + 2 \cdot r + r^2 - 0{,}101742 - 0{,}101742 \cdot r - 1{,}119166$$

$$0 = r^2 + 1{,}898258 \cdot r - 0{,}220908$$

mit $p = 1{,}898258$ und $q = -\,0{,}220908$

$$x_{1/2} = -\frac{1{,}898258}{2} \pm \sqrt{\left(\frac{1{,}898258}{2}\right)^2 - (-0{,}220908)}$$

$$= -\,0{,}949129 \pm \sqrt{0{,}900846 + 0{,}220908}$$

$$= -\,0{,}949129 \pm \sqrt{1{,}121754}$$

$$= -\,0{,}949129 \pm 1{,}059129$$

$$x_1 = -\,0{,}949129 + 1{,}059129 = 0{,}11 = \mathbf{11\ \%\ p.\,a.}$$

$$(x_2 = -\,0{,}949129 - 1{,}059129 = -2{,}008258\,)$$

Der effektive Zinssatz (interne Zinsfuß) liegt bei 11 % p. a. Somit hat der Unternehmer Anton Schlau Recht. Durch die anfallenden Gebühren steigt der effektive Zinssatz.

Teilaufgabe c)

Daten der Aufgabenstellung:

E_0 = 1.030.000 EUR

A_0 = 9.268 EUR

A_1 = 100.000 EUR (Zinsen = 10 % auf 1.000.000 EUR)
+ 500.000 EUR (Tilgung = 1.000.000 EUR ÷ 2) = 600.000 EUR

A_2 = 100.000 EUR (Zinsen = 10 % auf 1.000.000 EUR)
+ 500.000 EUR (Tilgung = 1.000.000 EUR ÷ 2) = 600.000 EUR

Daraus ergibt sich folgende Gleichung:

$$C_0 = 1.030.000 \text{ EUR} - 9.268 \text{ EUR} - 600.000 \text{ EUR} \cdot (1+r)^{-1} - 600.000 \text{ EUR} \cdot (1+r)^{-2}$$

$$= 1.020.732 \text{ EUR} - 600.000 \text{ EUR} \cdot (1+r)^{-1} - 600.000 \text{ EUR} \cdot (1+r)^{-2}$$

Die Vorgehensweise ist die gleiche wie in den beiden vorangegangenen Teilaufgaben.

$$C_0 \overset{!}{=} 0$$

$$0 = 1.020.732 - 600.000 \cdot (1+r)^{-1} - 600.000 \cdot (1+r)^{-2} \quad / \div 600.000$$

$$0 = 1{,}70122 - (1+r)^{-1} - (1+r)^{-2} \quad / \cdot (1+r)^2$$

$$0 = 1{,}70122 \cdot (1+r)^2 - (1+r) - 1$$

$$0 = 1{,}70122 + 3{,}40244 \cdot r + 1{,}70122 \cdot r^2 - 1 - r - 1$$

$$0 = 1{,}70122\, r^2 + 2{,}40244 \cdot r - 0{,}29878 \quad / \div 1{,}70122$$

$$0 = r^2 + 1{,}412187 \cdot r - 0{,}175627$$

mit $p = 1{,}412187$ und $q = -\,0{,}175627$

$$x_{1/2} = -\frac{1{,}412187}{2} \pm \sqrt{\left(\frac{1{,}412187}{2}\right)^2 - (-0{,}175627)}$$

$$= -0{,}706094 \pm \sqrt{0{,}498568 + 0{,}175627}$$

$$= -0{,}706094 \pm \sqrt{0{,}674195}$$

$$= -0{,}706094 \pm 0{,}821094$$

$$x_1 = -0{,}706094 + 0{,}821094 = 0{,}115 = \mathbf{11{,}5\ \%\ p.\ a.}$$

$$(x_2 = -0{,}706094 - 0{,}821094 = -1{,}527188)$$

Die Entscheidung des Unternehmers Anton Schlau war nicht schlau. Das Kreditangebot der Flop-Bank ist um 0,5 % - Punkte günstiger als das Angebot der Günstig-Bank.

Aufgabe 3.14: Finanzierungshilfen

Erläutern Sie den Begriff der Finanzierungshilfen und arbeiten Sie den Unterschied zwischen direkten und indirekten Finanzierungshilfen heraus!

Lösung:

Finanzierungshilfen zählen zu den speziellen **Kapitallenkungsmaßnahmen** in einer Volkswirtschaft. Sie liegen vor, wenn die **öffentliche Hand** bestimmten Unternehmen oder Wirtschaftszweigen (Branchen) eine **Hilfestellung bei der Finanzierung** leistet. Voraussetzung für die Gewährung einer Finanzierungshilfe ist, dass bei den betroffenen Unternehmen oder Wirtschaftszweigen die Bedingungen vorliegen, die dem Zweck der betreffenden Finanzierungshilfe entsprechen.

Grundsätzlich können direkte und indirekte Finanzierungshilfen unterschieden werden. Während **indirekte Finanzierungshilfen** über das Steuersystem zum Tragen kommen, also nur wirksam werden, wenn von dem Begünstigten positive Einkünfte erzielt werden, führen **direkte Finanzierungshilfen** zu einer Bereitstellung von Liquidität in der Form von Eigen- oder Fremdkapital. Direkte Finanzierungshilfen können aber auch in der Form von Bürgschaften gewährt werden, welche wiederum notwendige Voraussetzung für die Bereitstellung von Liquidität Dritter sein können.

Aufgabe 3.15: Begriffe „Securitization“ und „Disintermediation“

Erklären Sie die Begriffe „Securitization“ und „Disintermediation“!

Lösung:

Securitization ist die **wertpapiermäßige Verbriefung von Kreditbeziehungen**. Damit lösen Wertpapiere die buchmäßigen Bankkredite ab, d. h., es findet eine Substitution von Bankkrediten durch handelbare Wertpapiere statt, die insbesondere von Kapitalsammelstellen und Nichtbanken erworben werden können.

Unter **Disintermediation** versteht man die mit der Securitization einhergehende **Eliminierung (Zurückdrängung) der Mittlerfunktion**, indem durch direkte Kreditbeziehungen zwischen Investoren und Kapitalnachfragern die Kreditinstitute und ihre Transformationsfunktion umgangen werden.

3.4 Die kurzfristige Kreditfinanzierung

Aufgabe 3.16: Lieferantenkredit

a) Was versteht man unter einem Lieferantenkredit?

b) Welche Vorteile eines Lieferantenkredits können seine Inanspruchnahme rechtfertigen? Wo liegen die Nachteile des Lieferantenkredits?

Lösung:

Teilaufgabe a)

Unter einem Lieferantenkredit wird die Gewährung von Zahlungszielen verstanden, d. h., im Kaufvertrag wird eine Verzögerung der Zahlung an den Lieferanten vereinbart. Hierdurch kommt es zu einer kurzfristigen Kreditbeziehung, die jedoch nicht mit einem Zufluss liquider Mittel verbunden ist. Der Lieferantenkredit gehört damit zu den Warenkrediten.

Teilaufgabe b)

Vorteile:

- schnelle und formlose Kreditgewährung in Höhe des durch den vereinbarten Kaufpreis bestimmten Kapitalbedarfs;
- Unabhängigkeit von Kreditinstituten;
- geringere Kreditsicherheiten als bei Banken.

Nachteile:

- vergleichsweise hohe Kosten des Lieferantenkredits;
- die wirtschaftliche Abhängigkeit von einem Lieferanten.

Aufgabe 3.17: Verwendungsmöglichkeiten eines Wechsels

Welche grundsätzlichen Möglichkeiten besitzt ein Wechselnehmer hinsichtlich der Verwendung eines Wechsels?

Lösung:

Verwendungsmöglichkeiten eines Wechsels:

- Aufbewahrung im Portefeuille und Vorlage an den Bezogenen am Verfalltag zur Zahlung,

- Begleichung eigener Verbindlichkeiten (Schulden) durch Weitergabe des Wechsels an einen Gläubiger,
- Beschaffung von Bargeld durch Veräußerung vor dem Verfalltag an eine Bank (sog. Diskontierung).

Aufgabe 3.18: Lombardkredit [13]

Im Umlaufvermögen eines Unternehmens befinden sich Wertpapiere und Waren in folgender Größenordnung:

- Aktien: 200.000 EUR
- Bundesanleihen: 500.000 EUR
- Waren: 800.000 EUR

Welches kurzfristige Liquiditätsvolumen könnte sich über eine Lombardierung ergeben?

Lösung:

Folgende in der Praxis üblicherweise angewandte Beleihungsgrenzen[14] sind hinsichtlich des möglichen kurzfristigen Kreditvolumens zu beachten:

- Aktien: 200.000 EUR · 60 % = 120.000 EUR
- Bundesanleihen: 500.000 EUR · 80 % = 400.000 EUR
- Waren: 800.000 EUR · 50 % = 400.000 EUR

$\sum$ 920.000 EUR

Über die Verpfändung der Wertpapiere und Waren könnte kurzfristig ein **zusätzliches Liquiditätsvolumen** in Höhe von **920.000 EUR** geschaffen werden.

---

[13] Modifiziert entnommen aus *Olfert, Klaus; Reichel, Christopher*: Finanzierung, 14. Aufl., Ludwigshafen am Rhein 2008, S. 487 und S. 544.

[14] Vgl. zu den Beleihungsgrenzen *Bieg, Hartmut; Kußmaul, Heinz*: Finanzierung, 2. Aufl., München 2009, S. 198.

Aufgabe 3.19: Merkmale von echten und unechten Pensionsgeschäften

Erarbeiten Sie anhand folgender Systematik die besonderen Merkmale von echten und unechten Pensionsgeschäften!

	echtes Pensionsgeschäft	unechtes Pensionsgeschäft
Pflicht oder Recht des Pensions*nehmers* zur *Rückgabe* der Vermögensgegenstände		
Pflicht des Pensions*gebers* zur *Rücknahme* der Vermögensgegenstände		
Zeitpunkt der Rückübertragung der Vermögensgegenstände		
Art der Gegenleistung		
Höhe der Gegenleistung		
Art der Vermögensgegenstände bei der Rückübertragung		
Vertragspartner: – Pensionsgeber – Pensionsnehmer		

Lösung:

	echtes Pensionsgeschäft	unechtes Pensionsgeschäft
Pflicht oder Recht des Pensions*nehmers* zur *Rückgabe* der Vermögensgegenstände	unbedingte Rückgabe*pflicht*	selbstbestimmbares Rückgabe*recht*
Pflicht des Pensions*gebers* zur *Rücknahme* der Vermögensgegenstände	unbedingte Rücknahme*pflicht*	bedingte Rücknahme*pflicht* (fremdbestimmt)
Zeitpunkt der Rückübertragung der Vermögensgegenstände	bereits bei Vertragsabschluss vereinbart oder …	
	… vom *Pensionsgeber* noch zu bestimmen	… vom *Pensionsnehmer* noch zu bestimmen
Art der Gegenleistung	Zahlungsmittel (kein Tausch)	
Höhe der Gegenleistung	bei Vertragsabschluss vereinbart	
Art der Vermögensgegenstände bei der Rückübertragung	entweder dieselben oder gleichartige Vermögensgegenstände	
Vertragspartner: – Pensionsgeber – Pensionsnehmer	 entweder Banken oder Nichtbanken entweder Banken oder Nichtbanken	

Abbildung 5: Die Merkmale von Pensionsgeschäften gemäß § 340b Abs. 1 bis Abs. 3 HGB[15]

Aufgabe 3.20: Systematisierung „Geldkredit“ und „Kreditleihe“

Kennzeichnen Sie den Unterschied zwischen einem „Geldkredit“ und einer „Kreditleihe“! Nennen Sie die jeweils typischen Arten!

Lösung:

„Geldkredit“ = Die Bank stellt einem Kunden über einen Darlehensvertrag unmittelbar Geldmittel zur Verfügung. Typische Arten: Kontokorrentkredit, Diskontkredit, Lombardkredit.

---

[15] Modifiziert entnommen aus *Waschbusch, Gerd*: Die handelsrechtliche Jahresabschlusspolitik der Universalaktienbanken – Ziele – Daten – Instrumente, Stuttgart 1992, S. 280.

„Kreditleihe" = Die Bank stellt einem Kunden ihre Bonität (Kreditwürdigkeit) zur Verfügung. Typische Arten: Akzeptkredit, Avalkredit.

Aufgabe 3.21: Wechseldiskontkredit[16]

Als Ergebnis eines Exportgeschäfts reicht die LAA Handelsgesellschaft mbH ihrer Hausbank, der Alwa Außenhandelsbank AG, am 09.04.2010 einen auf einen US-amerikanischen Importeur gezogenen Wechsel über 250.000 USD, fällig am 30.06.2010 in New York, zum Diskont ein. Die Gutschrift des Diskonterlöses soll auf dem in EUR geführten Konto der LAA Handelsgesellschaft mbH erfolgen. Die Alwa Außenhandelsbank AG berechnet einen Diskontsatz in Höhe von 5 % p. a. nach der Methode 365/360. Der Wechselkurs beträgt 1,3266 USD/EUR, wobei die diskontierende Bank zusätzlich eine Marge in Höhe von 0,0015 USD/EUR einbehält. Die sogenannten Respekttage für den Einzug des Wechsels belaufen sich auf 5 Tage. Als Abwicklungsprovision zuzüglich Courtage werden 1,75 ‰ vom Wechselbetrag (bezogen auf den EUR-Gegenwert) vereinbart. Als Spesen werden 5 EUR einbehalten. Wie hoch ist die Gutschrift auf dem in EUR geführten Konto der LAA Handelsgesellschaft mbH?

Lösung:

- Umrechnung des Wechselbetrags in Höhe von 250.000 USD in EUR:

  250.000 USD ÷ (1,3266 USD/EUR + 0,0015 USD/EUR)

  = 250.000 USD ÷ 1,3281 USD/EUR = **188.238,84 EUR**

- Berechnung der Zinstage (nach der 365 Tage-Methode):

  Die Zinstage ergeben sich aus der Laufzeit des Wechsels zuzüglich der Respekttage. Die Respekttage betragen in diesem Beispiel 5 Tage.

  Der Wechsel läuft vom 09.04.2010 bis zum 30.06.2010; in Tagen beträgt die Laufzeit dann 82 Tage (April = 21 Tage, Mai = 31 Tage, Juni = 30 Tage). Zuzüglich der 5 Respekttage ergeben sich **87 Zinstage**.

- Berechnung der Zinszahl:

  Die Zinszahl errechnet sich nach folgender Formel:

---

16 Geringfügig modifiziert entnommen aus *Waschbusch, Gerd*: Kurzfristige Außenhandelsfinanzierung, in: Fallstudien zum Internationalen Management – Grundlagen – Praxiserfahrungen – Perspektiven, hrsg. von *Joachim Zentes*, *Bernhard Swoboda* und *Dirk Morschett*, 3. Aufl., Wiesbaden 2008, S. 86.

$$\text{Zinszahl} = \frac{\text{Wechselbetrag} \cdot \text{Zinstage}}{100}$$

$$= \frac{188.238{,}84 \ \text{EUR} \cdot 87}{100}$$

$$= \mathbf{163.767{,}79\ EUR}$$

- Berechnung des Diskontbetrags (der Diskontzinsen):

  Der Diskontbetrag ergibt sich aus der Formel:

$$\text{Diskontbetrag} = \frac{\text{Zinszahl} \cdot \text{Diskontsatz} \cdot 100}{360}$$

$$= \frac{163.767{,}79 \ \text{EUR} \cdot 0{,}05 \cdot 100}{360}$$

$$= \mathbf{2.274{,}55\ EUR}$$

- Gutschrift auf dem Euro-Konto des Wechseleinreichers:

Wechselbetrag in EUR		188.238,84 EUR
– Diskontbetrag	–	2.274,55 EUR
– Abwicklungsprovision zuzüglich Courtage in Höhe von 1,75 ‰ vom Wechselbetrag (EUR-Gegenwert)	–	329,42 EUR
– Spesen	–	5,00 EUR
EUR-Gutschrift	=	**185.629,87 EUR**

Aufgabe 3.22: Abwicklung einer Importzahlung mit Bankakzept[17]

Die LAA Handelsgesellschaft mbH kauft von dem französischen Hersteller Odeur S. A. mit Sitz in Grasse Parfüm zum Kaufpreis von 50.000 EUR. Die LAA Handelsgesellschaft mbH wünscht ein Zahlungsziel von 90 Tagen. Der französische Hersteller ist jedoch weder dazu bereit, dieses Zahlungsziel gegen offene Rechnung zu gewähren, noch eine Wechselziehung auf die LAA Handelsgesellschaft mbH zu akzeptieren. In beiden Fällen würde die Odeur

[17] Entnommen aus *Waschbusch, Gerd*: Kurzfristige Außenhandelsfinanzierung, in: Fallstudien zum Internationalen Management – Grundlagen – Praxiserfahrungen – Perspektiven, hrsg. von *Joachim Zentes, Bernhard Swoboda* und *Dirk Morschett*, 3. Aufl., Wiesbaden 2008, S. 86.

S. A. das Delkredererisiko tragen. Bei Einräumung des Zahlungsziels gegen offene Rechnung würde der Odeur S. A. außerdem die Möglichkeit der zinsgünstigen Refinanzierung fehlen, die bei einer Wechselziehung grundsätzlich gegeben ist. Die LAA Handelsgesellschaft mbH, die ihrerseits auf das Zahlungsziel nicht verzichten will, bietet daraufhin der Odeur S. A. an, das Akzept ihrer Hausbank, der Alwa Außenhandelsbank AG, beizubringen. Beschreiben sie anhand dieser Fallgestaltung die Abwicklung einer Importzahlung mit Bankakzept! Gehen Sie dabei insbesondere auf die Situation der Odeur S. A. ein!

Lösung:

Der deutsche Importeur, die LAA Handelsgesellschaft mbH, hat zunächst die Ziehung des Bankakzepts mit ihrer Hausbank, der Alwa Außenhandelsbank AG, zu vereinbaren (Beantragung eines Akzeptkredits). Nach erteilter Kreditzusage zieht die LAA Handelsgesellschaft mbH einen Wechsel über 50.000 EUR auf die Alwa Außenhandelsbank AG. Ausstellerin dieses Wechsels ist die LAA Handelsgesellschaft mbH, Bezogene ist die Alwa Außenhandelsbank AG. Zugleich mit ihrer Akzeptleistung belastet die Alwa Außenhandelsbank AG das Akzeptkreditkonto der LAA Handelsgesellschaft mbH, um damit der Kreditleihe an die LAA Handelsgesellschaft mbH Rechnung zu tragen. Wechselbegünstigte eines solchen Bankakzepts ist kraft Ordervermerk die LAA Handelsgesellschaft mbH selbst (dokumentiert mit der Formulierung „an eigene Order"). Als Folge dieses Ordervermerks steht ausschließlich der LAA Handelsgesellschaft mbH das Recht zu, die Wechselrechte auf Dritte zu übertragen, d. h. das erste Indossament auf dem Wechsel anzubringen. Der von der Alwa Außenhandelsbank AG akzeptierte Wechsel wird der LAA Handelsgesellschaft mbH ausgehändigt, die ihn mit einem Indossament versieht und zahlungshalber im Gegenzug zu den empfangenen Waren der Odeur S. A. übersendet. Das zahlungshalber empfangene Bankakzept sichert die Odeur S. A. vor dem Delkredererisiko aus der Geschäftsverbindung mit der LAA Handelsgesellschaft mbH, da die Akzeptbank unabhängig von der Zahlungsfähigkeit der LAA Handelsgesellschaft mbH an die Odeur S. A. bzw. an jeden gutgläubigen Dritten, der das Bankakzept rechtens in Händen hält, zahlen muss. Als Restrisiko verbleibt aus Sicht der Odeur S. A. das Garantendelkredererisiko, d. h. das Risiko der Zahlungsunfähigkeit der Akzeptbank. Sollte der eher außergewöhnliche Fall eintreten, dass die Akzeptbank nicht in der Lage ist, zu zahlen, so bleibt der Odeur S. A. immer noch das Recht auf Rückgriff (Regress) auf den Wechselaussteller, also die LAA Handelsgesellschaft mbH. Das empfangene Bankakzept kann die Odeur S. A. entweder ihrer Bank zum Diskont einreichen, im eigenen Bestand behalten und kurz vor Verfall ihrer Bank zum Inkasso des Wechselbetrags übergeben oder an einen Vorlieferanten zahlungshalber weitergeben.

4 Ausgewählte Sonderformen der Außenfinanzierung

4.1 Das Leasing

Aufgabe 4.1: Systematisierungskriterien für Leasing-Verträge

Nennen Sie verschiedene Kriterien, nach denen Leasing-Verträge systematisiert werden können!

Lösung:

Systematisierung der Leasing-Verträge nach

1. dem Verpflichtungscharakter des Leasing-Vertrags
   - Operate-/Finance-Leasing
   - Teilamortisations-/Vollamortisations-Leasing
   - Verträge mit und ohne Option des Leasing-Nehmers auf Mietverlängerung oder Erwerb des Leasing-Objekts
2. der Art des Leasing-Gegenstands
   - Konsumgüter-/Investitionsgüter-Leasing
   - Mobilien-/Immobilien-Leasing
   - Equipment-/Plant-Leasing
3. der Stellung des Leasing-Gebers
   - direktes Leasing
   - indirektes Leasing

Abbildung 6: Systematisierungskriterien für Leasing-Verträge[18]

Aufgabe 4.2: Unterschiede zwischen Operate-Leasing- und Finance-Leasing-Verträgen

Erläutern Sie anhand der Kriterien „Vertragscharakter", „Kündbarkeit", „Investitionsrisiko", „Leasing-Gegenstände" sowie „steuerbilanzielle Aktivie-

---

[18] Geringfügig modifiziert entnommen aus *Bieg, Hartmut; Kußmaul, Heinz*: Finanzierung, 2. Aufl., München 2009, S. 240.

rung des Leasing-Gegenstands" die Unterschiede zwischen einem Operate-Leasing- und einem Finance-Leasing-Vertrag!

Lösung:

	Operate-Leasing-Vertrag	Finance-Leasing-Vertrag
Vertragscharakter	normaler Mietvertrag (§§ 535–580a BGB)	unterschiedlich
Kündbarkeit	jederzeit von beiden Vertragsparteien	nicht während der Grundmietzeit (Zeitraum, während dessen der Leasing-Vertrag unkündbar ist)
Investitionsrisiko	beim Leasing-Geber, da der Leasing-Nehmer jederzeit kündigen kann	beim Leasing-Nehmer, da dieser während der Grundmietzeit alle Kosten des Leasing-Gebers einschließlich des Gewinnzuschlags deckt
Leasing-Gegenstände	allgemein verwendbare („gängige") Güter (z. B. Pkw), da der Leasing-Nehmer jederzeit kündigen kann	alle Güter, z. B. auch Spezialmaschinen, eigens erstellte Gebäude
(steuerbilanzielle) Aktivierung des Leasing-Gegenstands	i. d. R. beim Leasing-Geber	abhängig von der Vertragsgestaltung und deren wirtschaftlichen Folgen

Abbildung 7: Unterschiede zwischen einem Operate-Leasing- und einem Finance-Leasing-Vertrag [19]

Aufgabe 4.3: Risiken des Leasing-Nehmers beim Abschluss eines Operate-Leasing- bzw. Finance-Leasing-Vertrags

Erläutern Sie aus Sicht des Leasing-Nehmers die unterschiedlichen Risiken, die mit dem Abschluss eines Operate-Leasing- bzw. Finance-Leasing-Vertrags verbunden sind!

---

[19] Geringfügig modifiziert entnommen aus *Bieg, Hartmut*: Leasing als Sonderform der Außenfinanzierung, in: Der Steuerberater 1997, S. 427.

Lösung:

Das **Risiko des Leasing-Nehmers beim Abschluss eines Operate-Leasing-Vertrags** beschränkt sich auf die **Entrichtung der Mietzahlungen bis zum Zeitpunkt der nächstmöglichen Kündigung**. Alle anderen Risiken, insbesondere das Investitionsrisiko, liegen beim Leasing-Geber.

Bei einem **Finance-Leasing-Vertrag** liegen dagegen **alle Risiken** – insbesondere auch das Investitionsrisiko – **beim Leasing-Nehmer**. Er kann den Vertrag nur lösen, nachdem er während der Grundmietzeit alle Kosten des Leasing-Gegenstands übernommen und einschließlich des Gewinnzuschlags in Form der Leasing-Raten und/oder als Sonderzahlung dem Leasing-Geber vergütet hat. Darüber hinaus trägt der Leasing-Nehmer bei einem Finance-Leasing-Vertrag auch alle anderen Kosten wie beispielsweise für Versicherung, Wartung und Reparaturen.

Aufgabe 4.4: Finanzierung über ein Bankdarlehen oder mittels Finance-Leasing

Die Centurio AG plant, eine neue Maschine mit einer betriebsgewöhnlichen Nutzungsdauer von 5 Jahren für den Produktionsbereich anzuschaffen. Die Anschaffungskosten betragen 100.000 EUR. Die Unternehmensleitung hat noch nicht entschieden, ob die Maschine über ein Bankdarlehen oder mittels Leasing zu finanzieren ist.

Bankdarlehen:

Das Bankdarlehen hat eine Laufzeit von 5 Jahren und ist in 5 Teilzahlungen (je 10.000 EUR in t = 1 bis t = 4 und 60.000 EUR in t = 5) jeweils am Jahresende zu tilgen. Die Zinsen in Höhe von 10 % p. a. auf die jeweilige Restschuld sind ebenfalls jährlich (nachschüssig) zu zahlen.

Leasing:

Der Leasing-Vertrag sieht eine Grundmietzeit von 4 Jahren mit Leasing-Raten in Höhe von 30.000 EUR p. a. vor. Der Vertrag bietet dem Leasing-Nehmer zudem die Möglichkeit zur Mietverlängerung um ein Jahr bei 20.000 EUR Anschlussmiete. Diese Möglichkeit soll von der Centurio AG genutzt werden. Die Leasing-Raten, die alle Kosten des Leasing-Gebers einschließlich des Gewinnzuschlags decken, sind stets im Voraus – zu Beginn eines Jahres – zu entrichten. Hinzu kommt eine einmalige Abschlussgebühr zu Beginn der Vertragslaufzeit in Höhe von 3 % der Anschaffungskosten des geleasten Gegenstands.

Die durch die Investition erreichbaren einzahlungswirksamen Bruttoerträge (nachschüssig) werden für die Investitionsdauer wie folgt geschätzt:

1. Jahr: 50.000 EUR 2. Jahr: 60.000 EUR 3. Jahr: 60.000 EUR

4. Jahr: 60.000 EUR 5. Jahr: 70.000 EUR

Unterstellen Sie einen Kalkulationszinssatz vor Steuern in Höhe von 12 % p. a.!

a) Für welche Alternative (Bankdarlehen oder Leasing) sollte sich die Centurio AG entscheiden, wenn keine Steuern zu zahlen wären?

b) Ist der geleaste Gegenstand steuerrechtlich dem Leasing-Geber oder dem Leasing-Nehmer zuzurechnen?

c) Wie fällt die Entscheidung aus, wenn entsprechend dem Rechtsstand des Jahres 2010 folgende Ertragsteuern berücksichtigt werden:

   - Körperschaftsteuer (Steuersatz: 15 %),
   - Solidaritätszuschlag (5,5 % der Körperschaftsteuer)
   - Gewerbeertragsteuer mit einer Steuermesszahl von 3,5 % und einem gewerbesteuerlichen Hebesatz von 400 %?

   Gehen Sie dabei davon aus, dass die Maschine linear abgeschrieben wird!

Lösung:

Teilaufgabe a)

- Es erfolgt aus Sicht des Leasing-Nehmers ein Vergleich der Vorteilhaftigkeit zwischen fremdfinanziertem Kauf einerseits und Leasing andererseits (und zwar zunächst ohne Berücksichtigung von Steuern).
- Im Prinzip handelt es sich bei diesem Vergleich um nichts anderes als um eine Kapitalwertberechnung im Rahmen der Investitionsrechnung unter Zugrundelegung eines Kalkulationszinssatzes in Höhe von i = 12 % p. a. Der gegenüber dem Kreditzins (laut Aufgabenstellung 10 % p. a.) höhere Kalkulationszinssatz lässt sich zum einen damit begründen, dass der Fremdkapitalzins um einen Risikozuschlag erhöht wird. Zum anderen kann sich der Kalkulationszinssatz aber auch – dem Opportunitätsgedanken folgend – an der Rendite einer alternativen Finanzanlage orientieren.
- Bei der Durchführung des Vergleichs sind die z. T. unterschiedlichen Zahlungstermine der beiden Alternativen (Kreditfinanzierung nachschüssig, Leasing vorschüssig) derart zu berücksichtigen, dass die vorschüssigen Zahlungen im Bereich des Leasing als nachschüssige Zahlungen der jeweiligen Vorperiode gelten.

- Obwohl man Investitionszahlungen, die bei beiden Finanzierungsalternativen gleichermaßen anfallen (im vorliegenden Beispiel die einzahlungswirksamen Bruttoerträge), weglassen kann, werden sie im Folgenden aus didaktischen Überlegungen in die Berechnungen mit einbezogen.

Zum Aufbau des Tableaus der Zahlungsströme vergleiche die Ausführungen auf Seite 87.

Berechnung der Kapitalwerte der beiden Alternativen:

$$\begin{aligned} C_0 \text{ (Bankdarlehen)} &= 0 \text{ EUR} + \frac{30.000 \text{ EUR}}{1{,}12^1} + \frac{41.000 \text{ EUR}}{1{,}12^2} \\ &\quad + \frac{42.000 \text{ EUR}}{1{,}12^3} + \frac{43.000 \text{ EUR}}{1{,}12^4} + \frac{4.000 \text{ EUR}}{1{,}12^5} \\ &= 0 \text{ EUR} + 26.785{,}71 \text{ EUR} + 32.684{,}95 \text{ EUR} \\ &\quad + 29.894{,}77 \text{ EUR} + 27.327{,}28 \text{ EUR} + 2.269{,}71 \text{ EUR} \\ &= \mathbf{118.962{,}42 \text{ EUR}} \end{aligned}$$

$$\begin{aligned} C_0 \text{ (Leasing)} &= -33.000 \text{ EUR} + \frac{20.000 \text{ EUR}}{1{,}12^1} + \frac{30.000 \text{ EUR}}{1{,}12^2} \\ &\quad + \frac{30.000 \text{ EUR}}{1{,}12^3} + \frac{40.000 \text{ EUR}}{1{,}12^4} + \frac{70.000 \text{ EUR}}{1{,}12^5} \\ &= -33.000 \text{ EUR} + 17.857{,}14 \text{ EUR} + 23.915{,}82 \text{ EUR} \\ &\quad + 21.353{,}41 \text{ EUR} + 25.420{,}72 \text{ EUR} + 39.719{,}88 \text{ EUR} \\ &= \mathbf{95.266{,}97 \text{ EUR}} \end{aligned}$$

Fazit:

Es wird diejenige Alternative mit dem höchsten positiven Kapitalwert gewählt. Es erfolgt somit eine Finanzierung der Maschine über das Bankdarlehen.

Tableau der Zahlungsströme (alle Angaben in EUR):

Periode	BANKDARLEHEN					LEASING			
t	Einzahlungen = Kreditaufnahme bzw. Bruttoerträge	Auszahlungen			Saldo = Einzahlungsüberschuss	Einzahlungen = Bruttoerträge (nachschüssig)	Auszahlungen (vorschüssig)	Auszahlungen (nachschüssig der Vorperiode)	Saldo = Einzahlungsüberschuss (nachschüssig)
		Kaufbetrag	Tilgung	Zinsen					
	(1)	(2)	(3)	(4)	(5) = (1) − [(2) + (3) + 4)]	(6)	(7)	(8)	(9) = (6) − (8)
0	100.000	100.000	---	---	0	---	---	33.000	− 33.000
1	50.000	---	10.000	10.000	30.000	50.000	30.000 + 3.000 [1]	30.000	20.000
2	60.000	---	10.000	9.000	41.000	60.000	30.000	30.000	30.000
3	60.000	---	10.000	8.000	42.000	60.000	30.000	30.000	30.000
4	60.000	---	10.000	7.000	43.000	60.000	30.000	20.000	40.000
5	70.000	---	60.000	6.000	4.000	70.000	20.000	---	70.000

[1] 3 % von 100.000 EUR (= einmalige Abschlussgebühr)

Teilaufgabe b)

Laut Aufgabenstellung handelt es sich um einen auf Vollamortisationsbasis beruhenden Finance-Leasing-Vertrag über ein bewegliches abnutzbares Wirtschaftsgut in Verbindung mit einem Mietverlängerungsoptionsrecht des Leasing-Nehmers.

Die steuerrechtliche Zurechnung des Leasing-Gegenstands folgt dem wirtschaftlichen Eigentum. Der Leasing-Geber ist bzw. bleibt nur dann wirtschaftlicher Eigentümer, wenn die folgenden Kriterien (1) und (2) erfüllt sind:

(1) Zurechnung des Leasing-Gegenstands zum Leasing-Geber, falls die Grundmietzeit ≥ 40 % **und** ≤ 90 % der betriebsgewöhnlichen Nutzungsdauer ist (zum Leasing-Nehmer, falls die Grundmietzeit < 40 % oder > 90 % der betriebsgewöhnlichen Nutzungsdauer ist):

- betriebsgewöhnliche Nutzungsdauer der Maschine = 5 Jahre
- Grundmietzeit = 4 Jahre

$$\Rightarrow \quad \frac{\text{Grundmietzeit}}{\text{betriebsgewöhnliche Nutzungsdauer}} = \frac{4}{5} = 0{,}8$$

⇒ Grundmietzeit = 80 % der betriebsgewöhnlichen Nutzungsdauer

⇒ Zurechnung des wirtschaftlichen Eigentums des Leasing-Gegenstands zum Leasing-Geber, da

$$40\,\% \leq \frac{\text{Grundmietzeit}}{\text{betriebsgewöhnliche Nutzungsdauer}} \text{ (hier 80 \%)} \leq 90\,\%.$$

(2) Zurechnung des Leasing-Gegenstands zum Leasing-Geber, falls die Anschlussmiete größer als der Wertverzehr bzw. gleich dem Wertverzehr des Leasing-Objekts im Jahr der Anschlussmiete ist (zum Leasing-Nehmer, wenn Anschlussmiete < Wertverzehr). Der Wertverzehr wird ermittelt als Quotient aus dem Restbuchwert (RBW) bei linearer Abschreibung bzw. aus dem niedrigeren gemeinen Wert [20] am Ende der Grundmietzeit und der Restnutzungsdauer:

[20] Gemäß § 9 Abs. 2 Satz 1 BewG handelt es sich beim gemeinen Wert um den Preis, der im gewöhnlichen Geschäftsverkehr nach der Beschaffenheit des Gutes bei der Veräußerung zu erzielen wäre.

$$\text{Anschlussmiete} \geq \underbrace{\frac{\text{RBW bei linearer Abschreibung (bzw. gemeiner Wert) am Ende der Grundmietzeit}}{\text{Restnutzungsdauer}}}_{\text{Wertverzehr des Leasing-Objekts}}$$

Anschlussmiete = 20.000 EUR/Jahr

$$\text{Lineare Abschreibung} = \frac{\text{Anschaffungskosten}}{\text{Nutzungsdauer}}$$

$$= \frac{100.000 \text{ EUR}}{5 \text{ Jahre}} = 20.000 \frac{\text{EUR}}{\text{Jahr}}$$

$RBW_{t=4}$ bei linearer Abschreibung

= 100.000 EUR − 4 Jahre · 20.000 EUR/Jahr

= 100.000 EUR – 80.000 EUR = 20.000 EUR

Restnutzungsdauer = 1 Jahr

$$\Rightarrow \text{ Wertverzehr des Leasing-Objekts} = \frac{20.000 \text{ EUR}}{1 \text{ Jahr}} = 20.000 \text{ EUR/Jahr}$$

Annahme: Der gemeine Wert am Ende der Grundmietzeit ist größer als der $RBW_{t=4}$.

⇒ Zurechnung des wirtschaftlichen Eigentums des Leasing-Gegenstands zum Leasing-Geber, da die Anschlussmiete genau gleich dem Wertverzehr des letzten Jahres ist (20.000 EUR = 20.000 EUR).

Fazit:

Die Erfüllung beider Kriterien führt zu einer steuerbilanziellen Zurechnung des wirtschaftlichen Eigentums des Leasing-Gegenstands zum Leasing-Geber. Wäre nur eines dieser Kriterien nicht erfüllt gewesen, so würde das wirtschaftliche Eigentum des Leasing-Gegenstands steuerbilanziell dem Leasing-Nehmer zugerechnet werden. Im vorliegenden Fall aktiviert also der Leasing-Geber den Leasing-Gegenstand in seiner Steuerbilanz zu seinen Anschaffungs- bzw. Herstellungskosten und schreibt ihn nach einem zulässigen Verfahren planmäßig über die betriebsgewöhnliche Nutzungsdauer ab; die Abschreibungsbeträge stellen beim Leasing-Geber in voller Höhe Betriebsausgaben dar. Die eingehenden Leasing-Raten sind für ihn Betriebseinnahmen, für den zahlenden Leasing-Nehmer sind sie in vollem Umfang Betriebsausgaben.

Teilaufgabe c)

Vorbemerkungen:

Zur Komplexitätsreduktion werden nicht alle Steuerwirkungen berücksichtigt. Es soll genügen, nur die Ertragsteuern – Körperschaftsteuer (zzgl. Solidaritätszuschlag) und Gewerbeertragsteuer – genauer zu untersuchen. Probleme der Umsatzsteuer sind nicht zu betrachten. Annahmegemäß seien Fremdkapitalzinsen vollständig als Betriebsausgaben abzugsfähig.[21] Als Zahlungszeitpunkt der Steuern gilt das jeweilige Jahresende ihres Anfalls.

Änderungen gegenüber Teilaufgabe a):

1. Die Zahlungen sind um die Steuerzahlungen zu korrigieren.

$$\text{EZÜ}_{\text{nach Steuern}} = \text{Bruttoeinzahlungen} - \text{Auszahlungen}$$

Die Auszahlungen betreffen beim Kredit den Kaufbetrag und den Kapitaldienst und beim Leasing die Leasing-Raten und die Abschlussgebühr. Sie umfassen ferner die relevanten Steuern (Gewerbesteuer sowie Körperschaftsteuer zzgl. Solidaritätszuschlag).

2. Der Kalkulationszinssatz muss korrigiert werden.

vor Steuern: $i = 0{,}12$
nach Steuern: $i_s = ?$

zu 1.: Berücksichtigung der Steuerzahlungen in den Zahlungsreihen

Die Bemessungsgrundlage für die Ertragsteuern ergibt sich aus dem Bruttoertrag abzüglich der steuerlich wirksamen Betriebsausgaben (Abschreibungen und Fremdkapitalzinsen bei fremdfinanziertem Kauf, Leasingrate und Abschlussgebühr bei der Inanspruchnahme von Leasing).

Berechnung der Steuersätze:

$$\begin{aligned}\text{Gewerbeertragsteuersatz} &= \text{Steuermesszahl} \cdot \text{Hebesatz} = m \cdot h \\ &= 3{,}5\,\% \cdot 400\,\% = 0{,}035 \cdot 4 = 0{,}14 = 14\,\%\end{aligned}$$

$$\text{SolZ} = \text{KSt} \cdot 5{,}5\,\%$$

$$\begin{aligned}\text{KSt} + \text{SolZ} = \text{KSt} + \text{KSt} \cdot 5{,}5\,\% &= \text{KSt} \cdot (1 + 5{,}5\,\%) \\ &= 0{,}15 \cdot 1{,}055 = 0{,}15825 = 15{,}825\,\%\end{aligned}$$

---

[21] Damit kommen – wegen der Unterstellung der jeweils greifenden Freigrenzen bzw. Freibeträge – weder die Zinsschranke noch die Hinzurechnung nach § 8 Nr. 1 GewStG zum Tragen.

Dabei gilt:

m : Steuermesszahl für den Gewerbeertrag (hier: m = 3,5 % gemäß § 11 Abs. 2 GewStG);

h : gewerbesteuerlicher Hebesatz (hier: h = 400 %);

KSt: Körperschaftsteuersatz (hier: KSt = 15 %);

SolZ: Solidaritätszuschlagssatz (hier: SolZ = 5,5 % der Körperschaftsteuer).

Bankdarlehen

- **Berechnung der Gewerbeertragsteuerzahlungen**

t = 1:

	Bruttoertrag		50.000 EUR
–	Abschreibungen[1]	–	20.000 EUR
–	FK-Zinsen	–	10.000 EUR
			20.000 EUR · 14 % = **2.800 EUR**

(Bruttoertrag – Abschreibungen – FK-Zinsen: Gewinn **vor** Ertragsteuern; 20.000 EUR: Gewerbeertrag)

[1] Abschreibung (linear): 100.000 EUR ÷ 5 Jahre = 20.000 EUR/Jahr

- Bei einer Finanzierung der Maschine mit einem Bankdarlehen erwirbt die Centurio AG die Maschine und muss sie aktivieren und damit abschreiben. Die Tilgung des Bankdarlehens stellt keine steuerlich wirksame Betriebsausgabe dar.
- Bei einem Leasing der Maschine erfolgt gemäß Teilaufgabe b) die Zurechnung des Leasing-Gegenstands beim Leasing-Geber; die Centurio AG als Leasing-Nehmer kann damit keine Abschreibungen verrechnen.

t = 2:

	Bruttoertrag		60.000 EUR
–	Abschreibungen	–	20.000 EUR
–	FK-Zinsen	–	9.000 EUR
		=	31.000 EUR · 14 % = **4.340 EUR**

t = 3:

	Bruttoertrag	60.000 EUR
–	Abschreibungen	– 20.000 EUR
–	FK-Zinsen	– 8.000 EUR
		= 32.000 EUR · 14 % = **4.480 EUR**

t = 4:

	Bruttoertrag	60.000 EUR
–	Abschreibungen	– 20.000 EUR
–	FK-Zinsen	– 7.000 EUR
		= 33.000 EUR · 14 % = **4.620 EUR**

t = 5:

	Bruttoertrag	70.000 EUR
–	Abschreibungen	– 20.000 EUR
–	FK-Zinsen	– 6.000 EUR
		= 44.000 EUR · 14 % = **6.160 EUR**

- **Berechnung der Körperschaftsteuerzahlungen, einschl. SolZ**

t = 1:

	Bruttoertrag	50.000 EUR
–	Abschreibungen	– 20.000 EUR
–	FK-Zinsen	– 10.000 EUR
		= 20.000 EUR · 15,825 % = **3.165,00 EUR**

t = 2:

	Bruttoertrag		60.000 EUR	
–	Abschreibungen	–	20.000 EUR	
–	FK-Zinsen	–	9.000 EUR	
		=	31.000 EUR	· 15,825 % = **4.905,75 EUR**

t = 3:

	Bruttoertrag		60.000 EUR	
–	Abschreibungen	–	20.000 EUR	
–	FK-Zinsen	–	8.000 EUR	
		=	32.000 EUR	· 15,825 % = **5.064,00 EUR**

t = 4:

	Bruttoertrag		60.000 EUR	
–	Abschreibungen	–	20.000 EUR	
–	FK-Zinsen	–	7.000 EUR	
		=	33.000 EUR	· 15,825 % = **5.222,25 EUR**

t = 5:

	Bruttoertrag		70.000 EUR	
–	Abschreibungen	–	20.000 EUR	
–	FK-Zinsen	–	6.000 EUR	
		=	44.000 EUR	· 15,825 % = **6.963,00 EUR**

Tableau der Zahlungsströme (alle Angaben in EUR):

Periode t (1)	BANKDARLEHEN			
	Einzahlungsüberschüsse <u>vor</u> Steuern (2)	Auszahlungen für GewESt (3)	Auszahlungen für KSt einschl. SolZ (4)	Einzahlungsüberschüsse <u>nach</u> Steuern (5) = (2) − (3) − (4)
0	0	0	0	0
1	30.000	2.800	3.165,00	24.035,00
2	41.000	4.340	4.905,75	31.754,25
3	42.000	4.480	5.064,00	32.456,00
4	43.000	4.620	5.222,25	33.157,75
5	4.000	6.160	6.963,00	− 9.123,00

Spalte (2): Ergebnisse aus Teilaufgabe a)

Leasing

- **Berechnung der Gewerbeertragsteuerzahlungen**

  Annahme:
  Es liegt ein ausreichend hoher Gewinn vor Steuern aus **anderen** Investitionen vor, d. h., es werden unabhängig von der betrachteten Investition Ertragsteuern gezahlt.

  Es erfolgt keine Abschreibung des Leasing-Gegenstands beim Leasing-Nehmer, da der Leasing-Gegenstand steuerbilanziell dem Leasing-Geber zugerechnet wird.

t = 0:

Bruttoertrag		0 EUR
− (Leasingrate + Abschlussgebühr)	−	33.000 EUR
	=	− 33.000 EUR · 14 % = **− 4.620 EUR** (GewESt-Ersparnis)

− 33.000 EUR: im vorliegenden Fall Minderung der gewerbesteuerlichen Bemessungsgrundlage (also des Gewerbeertrags)

14 %: Gewerbeertragsteuersatz

t = 1:

Bruttoertrag		50.000 EUR
− Leasingrate	−	30.000 EUR
	=	20.000 EUR · 14 % = **2.800 EUR**

t = 2 bis t = 3:

Bruttoertrag		60.000 EUR
− Leasingrate	−	30.000 EUR
	=	30.000 EUR · 14 % = **4.200 EUR**

t = 4:

Bruttoertrag		60.000 EUR
− Leasingrate	−	20.000 EUR
	=	40.000 EUR · 14 % = **5.600 EUR**

t = 5:

Bruttoertrag		70.000 EUR
− keine Auszahlungen	−	---
	=	70.000 EUR · 14 % = **9.800 EUR**

- **Berechnung der Körperschaftsteuerzahlungen, einschl. SolZ**

t = 0:

Bruttoertrag		0 EUR
− (Leasingrate + Abschlussgebühr)	−	33.000 EUR
	=	− 33.000 EUR · 15,825 % = **− 5.222,25 EUR** (KSt- und SolZ-Ersparnis)

(− 33.000 EUR: im vorliegenden Fall Minderung der körperschaftsteuerlichen Bemessungsgrundlage)

t = 1:

Bruttoertrag		50.000 EUR
− Leasingrate	−	30.000 EUR
	=	20.000 EUR · 15,825 % = **3.165,00 EUR**

t = 2 bis t = 3:

Bruttoertrag		60.000 EUR
− Leasingrate	−	30.000 EUR
	=	30.000 EUR · 15,825 % = **4.747,50 EUR**

t = 4:

Bruttoertrag		60.000 EUR
− Leasingrate	−	20.000 EUR
	=	40.000 EUR · 15,825 % = **6.330,00 EUR**

t = 5:

Bruttoertrag		70.000 EUR
− Leasingrate	−	---
	=	70.000 EUR · 15,825 % = **11.077,50 EUR**

Tableau der Zahlungsströme (alle Angaben in EUR):

Periode	LEASING			
t (1)	Einzahlungsüberschüsse vor Steuern (2)	GewESt-Ersparnis bzw. Auszahlungen für GewESt (3)	KSt- und SolZ-Ersparnis bzw. Auszahlungen für KSt einschl. SolZ (4)	Einzahlungsüberschüsse nach Steuern (5) = (2) − (3) − (4)
0	− 33.000	− 4.620	− 5.222,25	− 23.157,75
1	20.000	2.800	3.165,00	14.035,00
2	30.000	4.200	4.747,50	21.052,50
3	30.000	4.200	4.747,50	21.052,50
4	40.000	5.600	6.330,00	28.070,00
5	70.000	9.800	11.077,50	49.122,50

Ergebnisse aus Teilaufgabe a) (Spalte (2))

zu 2.: Korrektur des Kalkulationszinssatzes [22]

$i_s = i - i \cdot s_{er} = i \cdot (1 - s_{er})$

Dabei gilt:

i_s : Kalkulationszinssatz nach Steuern;

i : Kalkulationszinssatz vor Steuern;

s_{er} : Ertragsteuersatz.

Ertragsteuerzahlung pro 100 EUR:

14,000	EUR GewESt	⇒	14,000 %
15,825	EUR KSt, einschl. SolZ	⇒	15,825 %
29,825	EUR	s_{er} =	**29,825 %**

$$\Rightarrow s_{er} = \frac{29{,}825\ \text{EUR}}{100\ \text{EUR}} = \mathbf{29{,}825\ \%}$$

$$i_s = 0{,}12 \cdot (1 - 0{,}29825)$$

$$i_s = 0{,}08421 = 8{,}42\ \%\ \text{p. a.}$$

Berechnung der Kapitalwerte der beiden Finanzierungsalternativen auf Basis des korrigierten Kalkulationszinssatzes:

$$\begin{aligned} C_0\ (\text{Bankdarlehen}) &= 0 + \frac{24.035\ \text{EUR}}{1{,}0842^1} + \frac{31.754{,}25\ \text{EUR}}{1{,}0842^2} \\ &\quad + \frac{32.456\ \text{EUR}}{1{,}0842^3} + \frac{33.157{,}75\ \text{EUR}}{1{,}0842^4} + \frac{-9.123\ \text{EUR}}{1{,}0842^5} \\ &= 22.168{,}42\ \text{EUR} + 27.013{,}64\ \text{EUR} + 25.466{,}35\ \text{EUR} \\ &\quad + 23.996{,}47\ \text{EUR} - 6.089{,}63\ \text{EUR} \\ &= \mathbf{92.555{,}25\ EUR} \end{aligned}$$

[22] Die Höhe des Kalkulationszinssatzes orientiert sich an einer alternativen Kapitalanlagemöglichkeit oder Kapitalbeschaffungsmöglichkeit, deren Erträge/Aufwendungen ebenfalls der Besteuerung unterliegen bzw. den steuerpflichtigen Gewinn mindern.

$$C_0\ (\text{Leasing}) = -23.157{,}75\ \text{EUR} + \frac{14.035\ \text{EUR}}{1{,}0842^1} + \frac{21.052{,}50\ \text{EUR}}{1{,}0842^2}$$

$$+\frac{21.052{,}50\ \text{EUR}}{1{,}0842^3} + \frac{28.070\ \text{EUR}}{1{,}0842^4} + \frac{49.122{,}50\ \text{EUR}}{1{,}0842^5}$$

$$= -23.157{,}75\ \text{EUR} + 12.945{,}03\ \text{EUR} + 17.909{,}56\ \text{EUR}$$

$$+16.518{,}68\ \text{EUR} + 20.314{,}44\ \text{EUR} + 32.789{,}40\ \text{EUR}$$

$$= \mathbf{77.319{,}36\ EUR}$$

Fazit:

Es wird diejenige Alternative mit dem höchsten positiven Kapitalwert gewählt. Bei Berücksichtigung von Ertragsteuern erfolgt daher ebenfalls eine Finanzierung der Maschine über das Bankdarlehen. Im Vergleich zu Teilaufgabe a) ist allerdings der Vorsprung dieser Finanzierungsmaßnahme gegenüber der Finanzierung durch Leasing gesunken.

Aufgabe 4.5: Bilanzielle Abbildung eines Finance-Leasing-Vertrags[23]

Einem zwischen einer Leasing-Gesellschaft und einem Leasing-Nehmer zu Beginn des Wirtschaftsjahres abgeschlossenen Finance-Leasing-Vertrag (Vollamortisation) über ein bewegliches abnutzbares Wirtschaftsgut liegen folgende Daten zugrunde:

- Anschaffungspreis des Leasing-Objekts: 990.000 EUR
- Anschaffungsnebenkosten des Leasing-Gebers: 8.500 EUR
- zusätzliche Anschaffungsnebenkosten des Leasing-Nehmers: 21.500 EUR
- betriebsgewöhnliche Nutzungsdauer des Leasing-Objekts: n = 30 Jahre
- Grundmietzeit: t = 25 Jahre
- jährliche Leasing-Rate (nachschüssig zu zahlen): 110.000 EUR

Die Leasing-Rate enthält einen Zins- und Kostenanteil (inkl. Gewinnzuschlag) in Höhe von 10 % der jeweiligen Restschuld des Leasing-Nehmers während des ablaufenden Jahres.

---

[23] Geringfügig modifiziert entnommen aus *Waschbusch, Gerd*: Finanzierungs-Leasing-Verträge mit Vollamortisation über bewegliche Wirtschaftsgüter – Steuerrechtliche Zurechnungskriterien und Bilanzierungstechnik, in: AKADEMIE – Zeitschrift für Führungskräfte in Verwaltung und Wirtschaft 1996, S. 85–87.

Der Leasing-Nehmer hat gemäß Vertragsinhalt das Recht, nicht aber die Pflicht, das Leasing-Objekt am Ende der Grundmietzeit zum Preis von 100.000 EUR zu erwerben.

a) Wem ist das Leasing-Objekt (steuerrechtlich) zuzurechnen? Begründen Sie kurz Ihre Ansicht!

b) Mit welchen Wertansätzen steht das Leasing-Geschäft am Ende des vierten Jahres – unter der Annahme einer linearen Abschreibung des Leasing-Gegenstands – in der Bilanz des Leasing-Gebers und des Leasing-Nehmers? Wie hoch sind die Betriebsausgaben des Leasing-Nehmers sowie die Betriebseinnahmen des Leasing-Gebers aus dem Leasing-Geschäft am Ende des vierten Jahres?

Lösung:

Teilaufgabe a)

Laut Aufgabenstellung handelt es sich um einen auf Vollamortisationsbasis beruhenden Finance-Leasing-Vertrag über ein bewegliches abnutzbares Wirtschaftsgut in Verbindung mit einem Kaufoptionsrecht des Leasing-Nehmers.

Die steuerrechtliche Zurechnung des Leasing-Gegenstands folgt dem wirtschaftlichen Eigentum. Der Leasing-Geber ist bzw. bleibt nur dann wirtschaftlicher Eigentümer, wenn die folgenden Kriterien (1) und (2) erfüllt sind:

(1) Zurechnung des Leasing-Gegenstands zum Leasing-Geber, falls die Grundmietzeit ≥ 40 % **und** ≤ 90 % der betriebsgewöhnlichen Nutzungsdauer ist (zum Leasing-Nehmer, falls die Grundmietzeit < 40 % oder > 90 % der betriebsgewöhnlichen Nutzungsdauer ist):

- betriebsgewöhnliche Nutzungsdauer des Leasing-Objekts = 30 Jahre
- Grundmietzeit = 25 Jahre

$$\Rightarrow \quad \frac{\text{Grundmietzeit}}{\text{betriebsgewöhnliche Nutzungsdauer}} = \frac{25}{30} = 0{,}833\overline{3}$$

⇒ Grundmietzeit = $83{,}3\overline{3}\,\%$ der betriebsgewöhnlichen Nutzungsdauer

⇒ Zurechnung des wirtschaftlichen Eigentums des Leasing-Gegenstands zum Leasing-Geber, da 40 % ≤ Grundmietzeit (hier $83{,}3\overline{3}\,\%$) ≤ 90 %.

(2) Zurechnung des Leasing-Gegenstands zum Leasing-Geber, falls der vereinbarte Kaufpreis bei Ausübung der Option, also gegen Ende der Grundmietzeit (t = 25), größer oder gleich ist:

- dem Restbuchwert im Verkaufszeitpunkt, also gegen Ende der Grundmietzeit (berechnet nach der linearen Abschreibungsmethode gemäß den amtlichen AfA-Tabellen), **bzw.**
- dem gemeinen Wert im Verkaufszeitpunkt, sofern dieser niedriger ist als der Restbuchwert.

Kaufpreis gegen Ende der Grundmietzeit = 100.000 EUR

$$RBW_t \text{ bei linearer Abschreibung} = AK_{LG} - \frac{AK_{LG}}{n} \cdot t$$

Nebenrechnung:

Gesamte $AK_{LG} = AK_{LG} + ANK_{LG} = 990.000 \text{ EUR} + 8.500 \text{ EUR}$

$= 998.500 \text{ EUR}$

$$RBW_{t=25} = 998.500 \text{ EUR} - \frac{998.500 \text{ EUR}}{30 \text{ Jahre}} \cdot 25 \text{ Jahre}$$

$$= 998.500 \text{ EUR} - 832.083{,}33 \text{ EUR} = \mathbf{166.416{,}67\ EUR}$$

Annahme: Der gemeine Wert ist größer als der $RBW_{t=25}$.

⇒ Es erfolgt eine Zurechnung des wirtschaftlichen Eigentums des Leasing-Gegenstands zum Leasing-Nehmer, da der vereinbarte Kaufpreis gegen Ende der Grundmietzeit kleiner ist als der Restbuchwert gegen Ende der Grundmietzeit (100.000 EUR < 166.416,67 EUR).

Dabei gilt:

AK: Anschaffungskosten;

ANK: Anschaffungsnebenkosten;

LG: Leasinggeber;

LN: Leasingnehmer.

Fazit:

Da nicht beide Kriterien zu einer Zurechnung des wirtschaftlichen Eigentums des Leasing-Gegenstands zum Vermögen des Leasing-Gebers führen, erfolgt letztendlich steuerrechtlich eine Zurechnung des Leasing-Gegenstands zum Vermögen des Leasing-Nehmers. Er aktiviert den Leasing-Gegenstand zu **seinen** Anschaffungskosten und schreibt ihn auch erfolgswirksam ab. Gleichzeitig passiviert er eine Verbindlichkeit gegenüber dem Leasing-Geber in Höhe der Anschaffungskosten, die der Berechnung der Leasing-Raten zugrunde liegen, praktisch also in Höhe der Anschaffungskosten des Leasing-

Gebers. Aktivierte und passivierte Anschaffungskosten können somit im Betrag voneinander abweichen, wenn bestimmte Anschaffungsnebenkosten **nur** beim Leasing-Nehmer angefallen sind (z. B. für Transport und Montage).

Der Leasing-Geber aktiviert nicht den Leasing-Gegenstand, sondern eine Forderung an den Leasing-Nehmer in Höhe **seiner** Anschaffungskosten, also exakt im Betrag der vom Leasing-Nehmer passivierten Verbindlichkeit.

Jede Leasing-Rate muss nun in zwei Anteile aufgespalten werden:

1. in einen Zins- und Kostenanteil (inkl. Gewinnzuschlag) sowie
2. in einen Tilgungsanteil.

Der Tilgungsanteil wird beim Leasing-Nehmer erfolgsneutral ratierlich mit der Verbindlichkeit verrechnet und mindert – ebenfalls erfolgsneutral – beim Leasing-Geber die äquivalente Forderung. Der Zins- und Kostenanteil (inkl. Gewinnzuschlag) ist dagegen beiderseits erfolgswirksam zu verrechnen: als Betriebseinnahmen beim Leasing-Geber und als Betriebsausgaben beim Leasing-Nehmer. Bei Letzterem mindert sich der Periodenerfolg noch zusätzlich durch die Abschreibung des Leasing-Objekts.

Teilaufgabe b)

Betrachtung des Leasing-Nehmers:

Anschaffungskosten des Leasing-Gegenstands beim Leasing-Nehmer (AK_{LN})

= Anschaffungspreis + ANK_{LG} + ANK_{LN}

= 990.000 EUR + 8.500 EUR + 21.500 EUR = **1.020.000 EUR**

Abschreibungsbetrag pro Jahr bei linearer Abschreibung

$$= \frac{AK_{LN}}{n} = \frac{1.020.000\text{ EUR}}{30\text{ Jahre}} = \mathbf{34.000\text{ EUR/Jahr}}$$

Höhe der Verbindlichkeit (Anfangsschuld) des Leasing-Nehmers gegenüber dem Leasing-Geber

= Anschaffungskosten des Leasing-Gegenstands beim Leasing-Geber (AK_{LG})

= Anschaffungspreis + ANK_{LG}

= 990.000 EUR + 8.500 EUR = **998.500 EUR**

Tilgungsanteil$_t$ an der Leasing-Rate

$$= \quad \text{Leasing-Rate}_t - \overbrace{\left(0{,}1 \cdot \text{Anfangsschuld bzw. Restschuld}_{\,t-1}\right)}^{\text{Zins- und Kostenanteil}}$$

Für t = 1: Tilgungsanteil$_1$ $= 110.000 \text{ EUR} - \overbrace{\left(0{,}1 \cdot 998.500 \text{ EUR}\right)}^{\text{Zins- und Kostenanteil}}$

= 110.000 EUR – 99.850 EUR

= **10.150,00 EUR**[24]

Für t = 2: Tilgungsanteil$_2$ $= 110.000 \text{ EUR} - \left(0{,}1 \cdot 988.350 \text{ EUR}\right)$

= 110.000 EUR – 98.835 EUR

= **11.165,00 EUR**

Für t = 3: Tilgungsanteil$_3$ $= 110.000 \text{ EUR} - \left(0{,}1 \cdot 977.185 \text{ EUR}\right)$

= 110.000 EUR – 97.718,50 EUR

= **12.281,50 EUR**

Für t = 4: Tilgungsanteil$_4$ $= 110.000 \text{ EUR} - \left(0{,}1 \cdot 964.903{,}50 \text{ EUR}\right)$

= 110.000 EUR – 96.490,35 EUR

= **13.509,65 EUR**

Zins- und Kostenanteil$_t$ (inkl. Gewinnzuschlag) an der Leasing-Rate

= Leasing-Rate$_t$ – Tilgungsanteil$_t$

Für t = 1: Zins- und Kostenanteil$_1$ (inkl. Gewinnzuschlag)

= 110.000 EUR – 10.150,00 EUR = **99.850,00 EUR**

Für t = 2: Zins- und Kostenanteil$_2$ (inkl. Gewinnzuschlag)

= 110.000 EUR – 11.165,00 EUR = **98.835,00 EUR**

Für t = 3: Zins- und Kostenanteil$_3$ (inkl. Gewinnzuschlag)

= 110.000 EUR – 12.281,50 EUR = **97.718,50 EUR**

Für t = 4: Zins- und Kostenanteil$_4$ (inkl. Gewinnzuschlag)

= 110.000 EUR – 13.509,65 EUR = **96.490,35 EUR**

---

[24] Restschuld am Ende der Periode 1 = 998.500 EUR – 10.150 EUR = 988.350 EUR

Leasing-Nehmer (alle Angaben in EUR)

	Leasing-Gegenstand			Leasing-Rate			Verbindlichkeit			Betriebs-ausgaben
t	AK_{LN}	Abschrei-bung	RBW	Tilgungs-anteil	Zins- und Kosten-anteil	Summe (7) = (5) + (6)	Anfangs-schuld = AK_{LG}	Tilgung	Rest-schuld	Summe (11) = (3) + (6)
(1)	(2)	(3)	(4)	(5)	(6)	(7)	(8)	(9) = (5)	(10)	(11)
0	1.020.000	---	---	---	---	---	998.500	---	---	---
1	---	34.000	986.000	10.150,00	99.850,00	110.000	---	10.150,00	988.350,00	133.850,00
2	---	34.000	952.000	11.165,00	98.835,00	110.000	---	11.165,00	977.185,00	132.835,00
3	---	34.000	918.000	12.281,50	97.718,50	110.000	---	12.281,50	964.903,50	131.718,50
4	---	**34.000**	**884.000**	13.509,65	**96.490,35**	110.000	---	13.509,65	**951.393,85**	**130.490,35**
.	.	.	.	.	.	.	.	.	.	.
.	.	.	.	.	.	.	.	.	.	.
.	.	.	.	.	.	.	.	.	.	.

RBW_4 = 1.020.000 − 4 · Abschreibung/Jahr
= 1.020.000 − 4 · 34.000
= **884.000**
(RBW des Leasing-Gegenstands Ende t = 4)

Betriebsausgaben des Leasing-Nehmers in t = 4
(34.000 + 96.490,35 = 130.490,35)

998.500,00
− 10.150,00
− 11.165,00
− 12.281,50
− 13.509,65
(Tilgungen)
951.393,85
(RBW der Verbindlichkeit des Leasing-Nehmers Ende t = 4)

Betrachtung des Leasing-Gebers:

Höhe der Anfangsforderung des Leasing-Gebers gegenüber dem Leasing-Nehmer = AK_{LG} = 990.000 EUR + 8.500 EUR = **998.500 EUR**

Leasing-Geber (alle Angaben in EUR)

	Forderung			Betriebseinnahmen	Leasing-Rate
t	Anfangsforderung = AK_{LG}	Tilgung	Restforderung	= der jeweilige Zins- und Kostenanteil an der Leasing-Rate	(6) = (3) + (5)
(1)	(2)	(3)	(4)	(5)	(6)
0	998.500	---	998.500,00	---	---
1	---	10.150,00	988.350,00	99.850,00	110.000
2	---	11.165,00	977.185,00	98.835,00	110.000
3	---	12.281,50	964.903,50	97.718,50	110.000
4	---	13.509,65	**951.393,85**	**96.490,35**	110.000
.	.	.	.	.	.
.	.	.	.	.	.
.	.	.	.	.	.
			↓ RBW der Forderung des Leasing-Gebers Ende t = 4	↓ Betriebseinnahmen des Leasing-Gebers in t = 4	

Aufgabe 4.6: Finanzierung über ein Bankdarlehen oder mittels Finance-Leasing

Die Hütten AG entscheidet sich Anfang des Jahres t_1 für die Anschaffung einer Maschine mit einer betriebsgewöhnlichen Nutzungsdauer von 8 Jahren. Die Anschaffungskosten betragen 200.000 EUR. Unklarheit besteht nur noch darüber, ob die Maschine über ein Bankdarlehen oder mittels Leasing zu finanzieren ist.

Das Bankdarlehen hat eine Laufzeit von 8 Jahren und ist in 8 gleichen Teilzahlungen jeweils am Jahresende zu tilgen. Die Zinsen in Höhe von 8 % p. a. auf die jeweilige Restschuld sind ebenfalls jährlich (nachschüssig) zu zahlen.

Die Laufzeit des Leasing-Vertrags – es handelt sich um einen Finance-Leasing-Vertrag auf Vollamortisationsbasis – beträgt 8 Jahre. Davon entfallen 6 Jahre auf die Grundmietzeit. Während dieser Grundmietzeit sind Leasing-Raten in Höhe von 25,4 % p. a. bezogen auf die Anschaffungskosten des geleasten Gegenstands nachschüssig zu zahlen. Nach der Grundmietzeit besteht die Möglichkeit zur Mietverlängerung. In diesem Fall betragen die nachschüssig zu zahlenden Leasing-Raten nur noch 13 % p. a. bezogen auf die Anschaffungskosten des geleasten Gegenstands. Hinzu kommt eine einmalige Abschlussgebühr für den Leasing-Vertrag in Höhe von 4.000 EUR (zahlbar am Ende des ersten Jahres nach Abschluss des Leasing-Vertrags).

Die durch die Investition erreichbaren einzahlungswirksamen Bruttoerträge (nachschüssig) werden für die Investitionsdauer wie folgt geschätzt:

1. Jahr: 100.000 EUR,	5. Jahr: 140.000 EUR,
2. Jahr: 120.000 EUR,	6. Jahr: 150.000 EUR,
3. Jahr: 120.000 EUR,	7. Jahr: 170.000 EUR,
4. Jahr: 120.000 EUR,	8. Jahr: 160.000 EUR.

a) Wem ist der Leasing-Gegenstand steuerrechtlich zuzurechnen? Begründen Sie kurz Ihre Ansicht!

b) Für welche Alternative (Bankdarlehen oder Leasing) sollte sich auf der Grundlage des Rechtsstandes des Jahres 2010 die Hütten AG unter Berücksichtigung der nachschüssig anfallenden Steuerzahlungen entscheiden? Der Gewerbesteuerhebesatz der Gemeinde, in welcher der Firmensitz der Hütten AG liegt, beträgt 400 %. Gehen Sie zudem davon aus, dass die Maschine im Falle des Kaufes mit 20 % p. a. geometrisch-degressiv (§ 7 Abs. 2 EStG) abgeschrieben wird. Von der Möglichkeit des Wechsels zur linearen Abschreibung (§ 7 Abs. 3 Satz 1 EStG) soll Gebrauch gemacht werden. Legen Sie Ihren Berechnungen einen Kalkulationszinssatz nach Steuern in Höhe von 6 % p. a. zugrunde. Runden Sie die Beträge jeweils auf volle EUR auf oder ab. Vom Solidaritätszuschlag wird in dieser Aufgabe abgesehen.

Lösung:

Teilaufgabe a)

Laut Aufgabenstellung handelt es sich um einen auf Vollamortisationsbasis beruhenden Finance-Leasing-Vertrag über ein bewegliches abnutzbares Wirtschaftsgut mit Mietverlängerungsoptionsrecht des Leasing-Nehmers.

Die steuerrechtliche Zurechnung des Leasing-Gegenstands folgt dem wirtschaftlichen Eigentum. Der Leasing-Geber ist bzw. bleibt nur dann wirtschaftlicher Eigentümer, wenn die folgenden Kriterien (1) und (2) erfüllt sind:

(1) Zurechnung des Leasing-Gegenstands zum Leasing-Geber, falls die Grundmietzeit $\geq$ 40 % **und** $\leq$ 90 % der betriebsgewöhnlichen Nutzungsdauer ist (zum Leasing-Nehmer, falls die Grundmietzeit $<$ 40 % oder $>$ 90 % der betriebsgewöhnlichen Nutzungsdauer ist):

- betriebsgewöhnliche Nutzungsdauer des Leasing-Objekts = 8 Jahre
- Grundmietzeit = 6 Jahre

$$\Rightarrow \quad \frac{\text{Grundmietzeit}}{\text{betriebsgewöhnliche Nutzungsdauer}} = \frac{6}{8} = 0{,}75$$

⇒ Grundmietzeit = 75 % der betriebsgewöhnlichen Nutzungsdauer

⇒ Zurechnung des wirtschaftlichen Eigentums des Leasing-Gegenstands zum Leasing-Geber, da

$$40\,\% \leq \frac{\text{Grundmietzeit}}{\text{betriebsgewöhnliche Nutzungsdauer}} \text{ (hier 75 \%)} \leq 90\,\%.$$

(2) Zurechnung des Leasing-Gegenstands zum Leasing-Geber, falls die Anschlussmiete größer als der Wertverzehr bzw. gleich dem Wertverzehr des Leasing-Objekts im Jahr der Anschlussmiete ist (zum Leasing-Nehmer, wenn Anschlussmiete < Wertverzehr). Der Wertverzehr wird ermittelt als Quotient aus dem Restbuchwert (RBW) bei linearer Abschreibung bzw. aus dem niedrigeren gemeinen Wert am Ende der Grundmietzeit und der Restnutzungsdauer:

$$\text{Anschlussmiete} \geq \underbrace{\frac{\text{RBW bei linearer Abschreibung (bzw. gemeiner Wert) am Ende der Grundmietzeit}}{\text{Restnutzungsdauer}}}_{\text{Wertverzehr des Leasing-Objekts}}$$

Anschlussmiete = 200.000 EUR · 13 % p. a. = 26.000 EUR/Jahr

$$RBW_t \text{ bei linearer Abschreibung} = AK_{LG} - \frac{AK_{LG}}{n} \cdot t$$

$$RBW_{t=6} = 200.000\text{ EUR} - \frac{200.000\text{ EUR}}{8\text{ Jahre}} \cdot 6\text{ Jahre}$$
$$= 200.000\text{ EUR} - 150.000\text{ EUR} = \mathbf{50.000\ EUR}$$

Annahme: Der gemeine Wert ist größer als der $RBW_{t=6}$.

Restnutzungsdauer = 2 Jahre

$$\Rightarrow \text{ Wertverzehr des Leasing-Objekts } = \frac{50.000\text{ EUR}}{2\text{ Jahre}} = 25.000\text{ EUR/Jahr}$$

⇒ Zurechnung des wirtschaftlichen Eigentums des Leasing-Gegenstands zum Leasing-Geber, da Anschlussmiete (26.000 EUR/Jahr) > Wertverzehr (25.000 EUR/Jahr).

Fazit: Beide Kriterien führen zu einer steuerrechtlichen Zurechnung des wirtschaftlichen Eigentums des Leasing-Gegenstands zum Leasing-Geber.

Teilaufgabe b)

alle Angaben in EUR (gerundet)

	fremdfinanzierter Kauf (Bankdarlehen)									
Jahresende	Bruttoerträge	AfA	FK-Tilgung	FK-Zinsen	Zwischensumme (stpfl. Einkommen)	GewESt	KSt	Nettoerträge	Barwertfaktoren bei i_s = 6 % p. a.	Barwert der Nettoerträge
(1)	(2)	(3)	(4)	(5)	(6) = (2) – (3) – (5)	(7) 14 % von (6)	(8) 15 % von (6)	(9) = (2) – (4) – (5) – (7) – (8)	(10)	(11) = (9) · (10)
1	100.000	40.000	25.000	16.000	44.000	6.160	6.600	46.240	0,943396	43.623
2	120.000	32.000	25.000	14.000	74.000	10.360	11.100	59.540	0,889996	52.990
3	120.000	25.600	25.000	12.000	82.400	11.536	12.360	59.104	0,839619	49.625
4	120.000	20.480	25.000	10.000	89.520	12.533	13.428	59.039	0,792094	46.764
5	140.000	20.480	25.000	8.000	111.520	15.613	16.728	74.659	0,747258	55.790
6	150.000	20.480	25.000	6.000	123.520	17.293	18.528	83.179	0,704961	58.638
7	170.000	20.480	25.000	4.000	145.520	20.373	21.828	98.799	0,665057	65.707
8	160.000	20.480	25.000	2.000	137.520	19.253	20.628	93.119	0,627412	58.424
Σ	1.080.000	200.000	200.000	72.000	808.000	113.121	121.200	573.679	--	**C_0 = 431.561**

Berechnung der Gewerbeertragsteuern (GewESt)

Nebenrechnung:

Gewerbeertragsteuersatz $= m \cdot h = 0{,}035 \cdot 4{,}000 = 0{,}14 = 14\ \%$

Dabei gilt:

m : Steuermesszahl für den Gewerbeertrag (hier: m = 3,5 % gemäß § 11 Abs. 2 GewStG);

h : gewerbesteuerlicher Hebesatz (hier: h = 400 %).

Annahmegemäß sind Fremdkapitalzinsen vollständig abzugsfähig.

GewESt = (Bruttoerträge – AfA – FK-Zinsen) · Gewerbeertragsteuersatz

t_1: GewESt = (100.000 EUR − 40.000 EUR − 16.000 EUR) · 0,14
= 44.000 EUR · 0,14 = **6.160,00 EUR**

t_2: GewESt = (120.000 EUR − 32.000 EUR − 14.000 EUR) · 0,14
= 74.000 EUR · 0,14 = **10.360,00 EUR**

t_3: GewESt = (120.000 EUR − 25.600 EUR − 12.000 EUR) · 0,14
= 82.400 EUR · 0,14 = **11.536,00 EUR**

t_4: GewESt = (120.000 EUR − 20.480 EUR − 10.000 EUR) · 0,14
= 89.520 EUR · 0,14 = **12.532,80 EUR ≈ 12.533 EUR**

t_5: GewESt = (140.000 EUR − 20.480 EUR − 8.000 EUR) · 0,14
= 111.520 EUR · 0,14 = **15.612,80 EUR ≈ 15.613 EUR**

t_6: GewESt = (150.000 EUR − 20.480 EUR − 6.000 EUR) · 0,14
= 123.520 EUR · 0,14 = **17.292,80 EUR ≈ 17.293 EUR**

t_7: GewESt = (170.000 EUR − 20.480 EUR − 4.000 EUR) · 0,14
= 145.520 EUR · 0,14 = **20.372,80 EUR ≈ 20.373 EUR**

t_8: GewESt = (160.000 EUR − 20.480 EUR − 2.000 EUR) · 0,14
= 137.520 EUR · 0,14 = **19.252,80 EUR ≈ 19.253 EUR**

alle Angaben in EUR (gerundet)

Leasing								
Jahresende	Bruttoerträge	Leasingrate	Zwischensumme (stpfl. Einkommen)	GewESt	KSt	Nettoerträge	Barwertfaktoren bei $i_s = 6\,\%$ p. a.	Barwert der Nettoerträge
(1)	(2)	(3)	(4) = (2) – (3)	(5) = (4) · 0,14	(6) = (4) · 0,15	(7) = (4) – (5) – (6)	(8)	(9) = (7) · (8)
1	100.000	54.800	45.200	6.328	6.780	32.092	0,943396	30.275
2	120.000	50.800	69.200	9.688	10.380	49.132	0,889996	43.727
3	120.000	50.800	69.200	9.688	10.380	49.132	0,839619	41.252
4	120.000	50.800	69.200	9.688	10.380	49.132	0,792094	38.917
5	140.000	50.800	89.200	12.488	13.380	63.332	0,747258	47.325
6	150.000	50.800	99.200	13.888	14.880	70.432	0,704961	49.652
7	170.000	26.000	144.000	20.160	21.600	102.240	0,665057	67.995
8	160.000	26.000	134.000	18.760	20.100	95.140	0,627412	59.692
Σ	1.080.000	360.800	719.200	100.688	107.880	510.632	--	**C_0 = 378.835**

Ergebnis: Leasing ist ungünstiger als fremdfinanzierter Kauf.

4.2 Die Ausgabe von Genussrechten

Aufgabe 4.7: Wesensmerkmale von Genussrechten

Nennen Sie die für die Qualifikation eines als Genussrecht ausgestalteten Finanzinstruments erforderlichen Wesensmerkmale!

Lösung:

Für die Qualifikation als **Genussrecht** sind folgende **Wesensmerkmale** entscheidend:

- Genussrechte stellen Gläubigerrechte (schuldrechtliche Ansprüche) gegenüber dem einräumenden Unternehmen dar, die um Komponenten der üblichen Vermögensrechte von Anteilseignern (z. B. Anspruch auf Beteiligung am Gewinn und/oder am Liquidationserlös sowie das Bezugsrecht) erweitert sind;
- Genussrechte beinhalten grundsätzlich keine Verwaltungsrechte wie beispielsweise Stimm- oder Kontrollrechte; den Inhabern von Genussrechten steht allerdings ein allgemeiner Auskunftsanspruch zu (eventuell auch Teilnahme- und Fragerechte in der Haupt- oder Gesellschafterversammlung des die Genussrechte ausgebenden Unternehmens);
- bei Genussrechten muss es sich um größere Emissionen gleichartiger Rechte handeln (massenweise Begebung von Genussrechten).

Aufgabe 4.8: Ausstattungsmerkmale von Genussrechten

Geben Sie einen Überblick über mögliche Ausstattungsmerkmale von Genussrechten!

Lösung:

mögliche Ausstattungsmerkmale	Ausprägungsbeispiele
Laufzeit	– keine Befristung; – wenn befristet, in der Regel mindestens fünf Jahre.
Verzinsung/Ausschüttung (Gewinnbeteiligung)	– ergebnisabhängige „Verzinsung“ (gekoppelt an Jahresüberschuss, Bilanzgewinn, Dividendenhöhe, Rentabilitätskennzahlen etc.); mit/ohne Mindestverzinsung in % vom Nennwert; mit/ohne Nachholung in Verlustjahren.

mögliche Ausstattungsmerkmale	**Ausprägungsbeispiele**
Rang des Ausschüttungsanspruchs	– Vorrang vor den Ansprüchen der Aktionäre/Gesellschafter; – kein Vorrang vor den Ansprüchen zukünftiger Genussrechtsinhaber.
Verlustbeteiligung	– keine; – Teilnahme am laufenden Verlust durch eine Verminderung des Rückzahlungsanspruches (gekoppelt an negative Rentabilitätskennzahlen, an Verhältnis Rückzahlungsanspruch zu Eigenkapital oder uneingeschränkt nach Verrechnung von Kapital- und Gewinnrücklagen) mit anschließender prioritätischer oder anteilsmäßiger Wiederauffüllung im Fall zukünftiger Gewinne; – im Fall von Kapitalherabsetzungen durch Herabsetzung des Genussrechtskapitals im gleichen Verhältnis.
Beteiligung am Liquidationsüberschuss	– bei gleichzeitiger Gewinnbeteiligung steuerschädlich; – bei Vereinbarung: in jedem Fall Nachrangigkeit im Verhältnis zu allen anderen Gläubigern; gegenüber Gesellschaftern Vorrang, Gleichrang oder Nachrang denkbar.
Kündigungsrechte	– keine; – für Emittent und/oder Inhaber; auch unterschiedlich ausgestaltete Kündigungsrechte möglich; – in der Regel mit ein- oder mehrjährigen Kündigungsfristen mit/ohne mehrjährige(n) Kündigungssperrfristen; – in mehrjährigen regelmäßigen Abständen; – für Emittenten bei Wegfall der steuerlichen Qualifizierung als Fremdkapital.
Rückzahlung	– zum Nennwert; – bei börsennotierten Genussscheinen zum Börsenwert; – zum Durchschnitt der Ausgabekurse; – nach Abzug eventueller Verlustbeteiligungen.
Wandlungs- bzw. anhängende Optionsrechte	– keine; – Wandlungsrechte des Emittenten und/oder des Inhabers in Aktien anstelle oder zusätzlich zur Rückzahlung unter vorheriger Festlegung des Wandlungsverhältnisses, der Zuzahlung und des Wandlungspreises; – je Genussrecht eine bestimmte Anzahl von Optionsrechten, die zum Bezug einer bestimmten Anzahl von Aktien des Emittenten zu einem bestimmten Optionspreis berechtigen.

mögliche Ausstattungsmerkmale	Ausprägungsbeispiele
Bezugsrechte auf neue Genussrechte (Verwässerungsschutz)	– gesetzlich nur für die Aktionäre, nicht jedoch für bisherige Genussrechtsinhaber vorgeschrieben; – für bisherige Genussrechtsinhaber vorbehaltlich eines entsprechenden Beschlusses der Hauptversammlung mit/ohne Ausgleichszahlung, falls die Hauptversammlung anders entscheidet.
Verbriefung	– möglich.
Börsennotierung	– keine Börsennotierung; – Börsennotierung im Freiverkehr oder am Regulierten Markt.

Abbildung 8: Mögliche Ausstattungsmerkmale von Genussrechten [25]

Aufgabe 4.9: Vorteile von Genussrechten aus Sicht des Emittenten

Welche Gründe sprechen aus Sicht des emittierenden Unternehmens für die Ausgabe von Genussrechten?

Lösung:

Für die **Ausgabe von Genussrechten** sprechen aus Sicht des emittierenden Unternehmens folgende **Gründe**:

- Die Ausgabe von Genussrechten ist an keine bestimmte Rechtsform gebunden. Somit können auch ursprünglich nicht-emissionsfähige Unternehmen den organisierten Kapitalmarkt in Anspruch nehmen.
- Genussscheine sind grundsätzlich börsenfähig. Damit kann ein breites Anlegerpublikum erreicht werden.
- Der Gesamtnennbetrag der Genussrechte ist nicht begrenzt.
- Als bedeutendster Grund kann die freie Gestaltbarkeit des Inhalts und der Haftung des Genussrechtskapitals bezeichnet werden. Aufgrund der fehlenden gesetzlichen Definition können Genussrechte so ausgestaltet werden, dass sie steuerrechtlich zwar Fremdkapital und damit eine kostengünstige Finanzierungsart darstellen, durch eine entsprechende Gewinn-

---

[25] Geringfügig modifiziert entnommen aus *Bieg, Hartmut; Kußmaul, Heinz*: Finanzierung, 2. Aufl., München 2009, S. 230.

und Verlustbeteiligung sowie Laufzeitvereinbarung wirtschaftlich betrachtet aber als Eigenkapital zu qualifizieren sind.

- Genussrechte verbriefen grundsätzlich keinerlei Mitspracherechte. Damit bleiben zum einen die Beteiligungsverhältnisse unverändert, zum anderen können die Genussrechtsinhaber i. d. R. keinen Einfluss auf die Unternehmensleitung nehmen. Das Genussrechtskapital kann demnach die Vorteile von Fremd- und Eigenkapital verbinden.

5 Eine Systematisierung der Konditionenvereinbarungen in der Außenfinanzierung

5.1 Die Kapitalgeber und Kapitalnehmer

Aufgabe 5.1: Zusammenspiel von Kapitalgebern und Kapitalnehmern

Erläutern Sie das Zusammenspiel von Kapitalgebern und Kapitalnehmern!

Lösung:

Bei jedem Finanzierungsinstrument gibt es einen Kapitalgeber und einen Kapitalnehmer. Sie vereinbaren die dem Finanzkontrakt zugrunde liegenden Konditionen. Der (potenzielle) Kapitalgeber sucht eine Anlagemöglichkeit; umgekehrt bietet der (potenzielle) Kapitalnehmer eine Anlagemöglichkeit. (Potenzieller) Kapitalgeber und (potenzieller) Kapitalnehmer werden den Finanzkontrakt allerdings nur dann abschließen und somit den Kapitalaustausch vornehmen, wenn sie sich über die Konditionen der Kapitalhingabe einig geworden sind. Insofern stellt jedes Finanzierungsinstrument sowohl eine Kapitalbeschaffungsmöglichkeit für die Kapitalnehmer als auch eine Kapitalanlagemöglichkeit für die Kapitalgeber dar.

Aufgabe 5.2: Systematisierung der Kapitalgeber und Kapitalnehmer

Nach welchen Gesichtspunkten lassen sich Kapitalgeber und Kapitalnehmer systematisieren? Geben Sie einen Überblick!

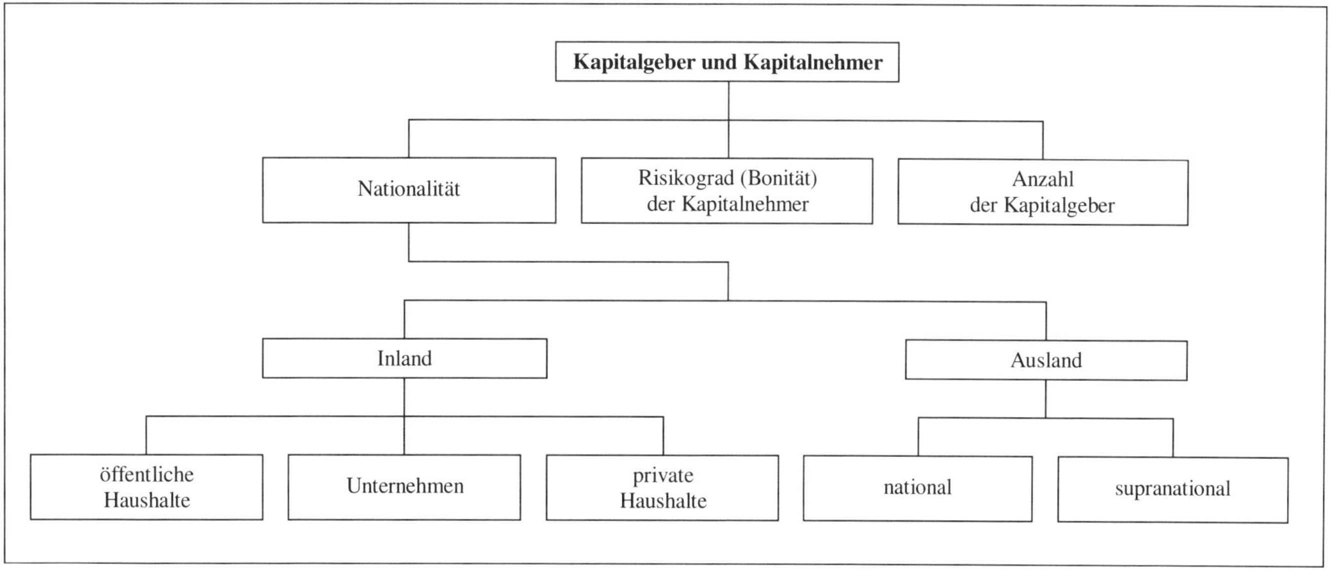

Abbildung 9: Systematisierung der Kapitalgeber und Kapitalnehmer[26]

[26] Geringfügig modifiziert entnommen aus *Bieg, Hartmut; Kußmaul, Heinz*: Finanzierung, 2. Aufl., München 2009, S. 332.

5.2 Die möglichen Bereiche von Konditionenvereinbarungen

Aufgabe 5.3: Systematisierung der Konditionenvereinbarungen

Finanzierungsinstrumente sind das Ergebnis von Konditionenvereinbarungen zwischen Kapitalgebern und Kapitalnehmern. Unabhängig davon, ob Eigenkapitaltitel, Fremdkapitaltitel, Mischformen oder deren Derivate vorliegen, kann eine Zerlegung in einzelne Konditionenelemente erfolgen.

a) Systematisieren Sie die zwischen Kapitalgebern und Kapitalnehmern möglichen Konditionenvereinbarungen nach dem Zeitpunkt der Konditionenfestlegung, dem Bindungsgrad der Konditionenvereinbarung sowie der Art der Konditionen!

   (Hinweis: Es wird hier nur eine grobe Strukturierung der zwischen Kapitalgebern und Kapitalnehmern möglichen Konditionenvereinbarungen verlangt; eine weitergehende Systematisierung der einzelnen Teilbereiche ist nicht notwendig.)

b) Entwerfen Sie eine detaillierte Systematik für die Bemessung der Kapitalhingabe, -rückgabe und -entgeltung!

Lösung:

Teilaufgabe a)

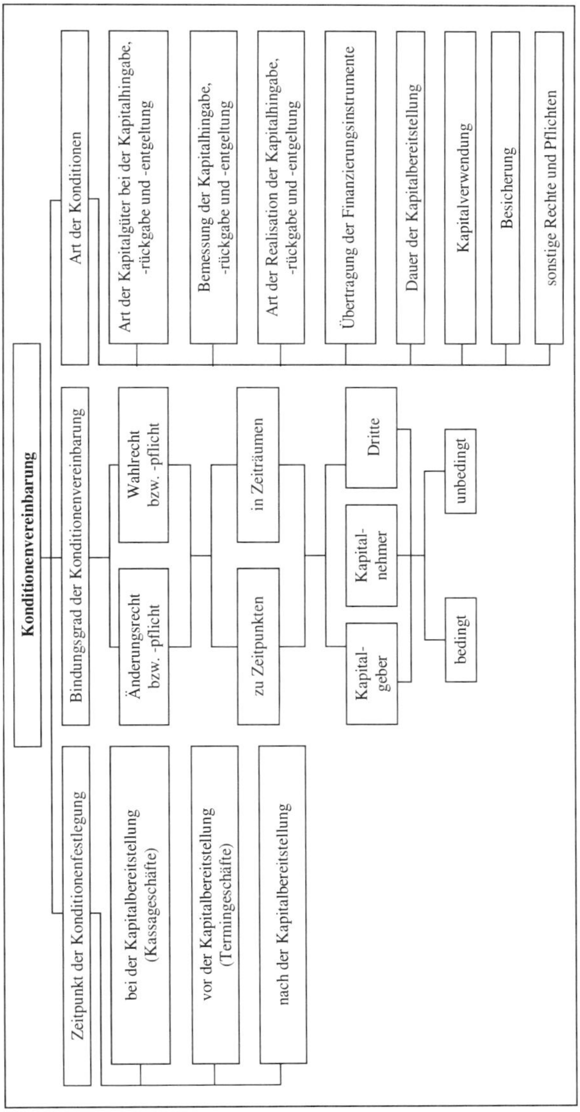

Abbildung 10: Systematisierung der Konditionenvereinbarungen[27]

---

[27] Geringfügig modifiziert entnommen aus *Bieg, Hartmut; Kußmaul, Heinz*: Finanzierung, 2. Aufl., München 2009, S. 335.

Teilaufgabe b)

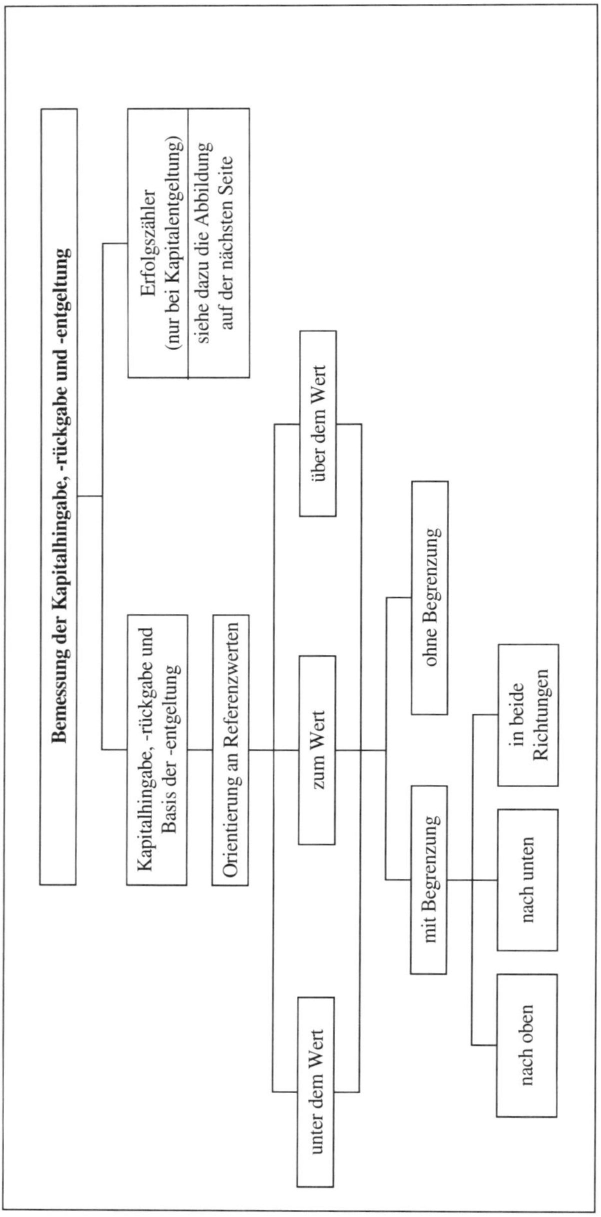

Abbildung 11: Systematisierung der Bemessung der Kapitalhingabe, -rückgabe und -entgeltung[28]

---

[28] Geringfügig modifiziert entnommen aus *Bieg, Hartmut; Kußmaul, Heinz*: Finanzierung, 2. Aufl., München 2009, S. 341.

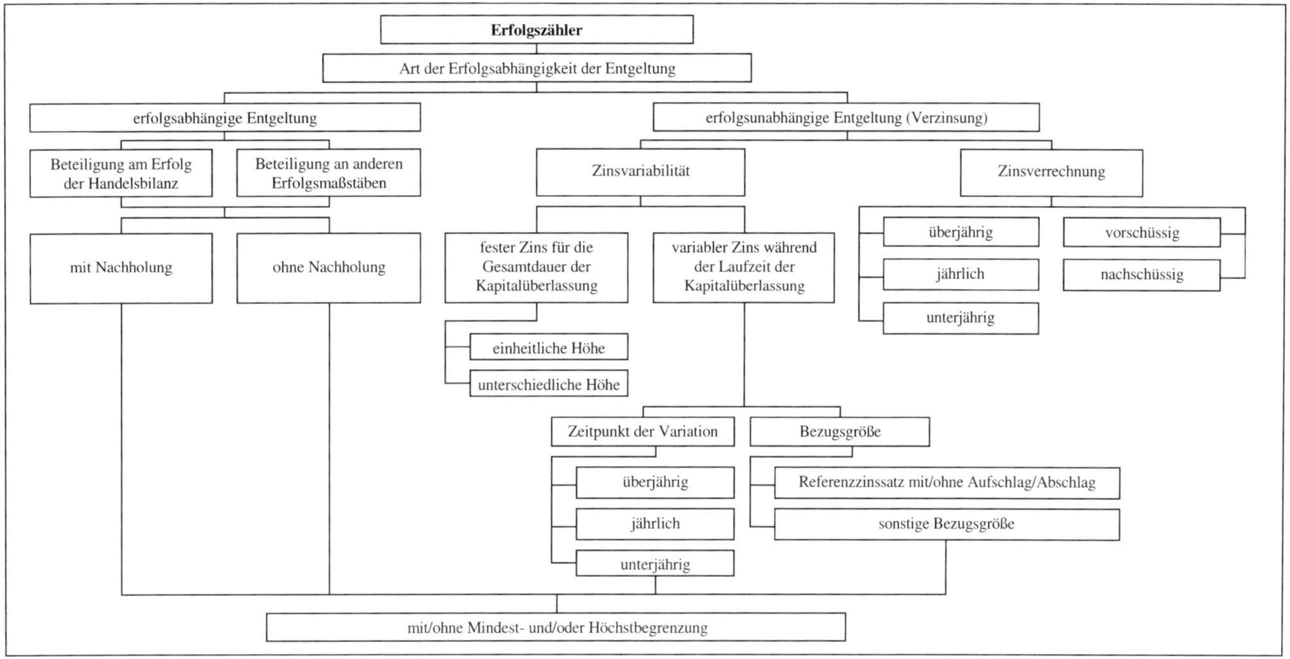

Abbildung 12: Systematisierung der Bemessung der Kapitalhingabe, -rückgabe und -entgeltung (Fortsetzung)[29]

---

[29] Entnommen aus *Bieg, Hartmut; Kußmaul, Heinz*: Finanzierung, 2. Aufl., München 2009, S. 342.

Aufgabe 5.4: Begriff „Finanzmarkt“

Kennzeichnen Sie den Begriff „Finanzmarkt“!

Lösung:

Der **Finanzmarkt** ist der **Ort, an dem sich Angebot und Nachfrage nach Finanzierungsinstrumenten treffen**. Hier begegnen sich Wirtschaftssubjekte, die entweder freie Gelder anlegen (Kapitalgeber) oder finanzielle Mittel aufnehmen möchten (Kapitalnehmer). Sie treten hierbei durch den Aufbau von Eigentums- und/oder Schuldverhältnissen in Kontakt zueinander. Auf dem Finanzmarkt bilden sich zudem die Preise für Finanzkontrakte.

Aufgabe 5.5: Unterschied zwischen einem Primär- und einem Sekundärmarkt

Erläutern Sie den Unterschied zwischen einem Primärmarkt und einem Sekundärmarkt!

Lösung:

Primärmarkt = Markt, auf dem sich der Erstabsatz eines neu emittierten Finanzierungsinstruments vollzieht.

Sekundärmarkt = Markt, auf dem die Weiterveräußerung eines bereits emittierten Finanzierungsinstruments stattfindet.

Aufgabe 5.6: Begriff „Perpetuals“

Was versteht man unter „Perpetuals“?

Lösung:

Perpetuals sind Anleihen, bei denen der Kapitalgeber von dem Schuldnerunternehmen unbefristet, also „ewig“, regelmäßige Zinszahlungen erhält, ohne dass eine Tilgung der Anleihe vorgesehen ist. Der Gläubiger der Anleihe hat u. U. aber auch das Recht, die Anleihe zu bestimmten Terminen zu kündigen.

6 Das Börsenwesen

6.1 Grundlagen

Aufgabe 6.1: Begriff „Börse“

Was versteht man unter einer Börse?

Lösung:

Unter einer **Börse** versteht man einen **hochgradig organisierten** sowie **zeitlich und örtlich zentralisierten Markt** für fungible (vertretbare) Sachen oder Rechte. Sachen oder Rechte sind dann vertretbar (fungibel), wenn sie im Verkehr üblicherweise nach Zahl, Maß oder Gewicht bestimmt werden.

Aufgabe 6.2: Börsenarten

Wie lassen sich Börsen klassifizieren?

Lösung:

Börsen lassen sich nach der **Art der gehandelten Gegenstände** (Handelsobjekte) sowie nach dem **Zeitpunkt der Erfüllung der abgeschlossenen Geschäfte** wie folgt klassifizieren:

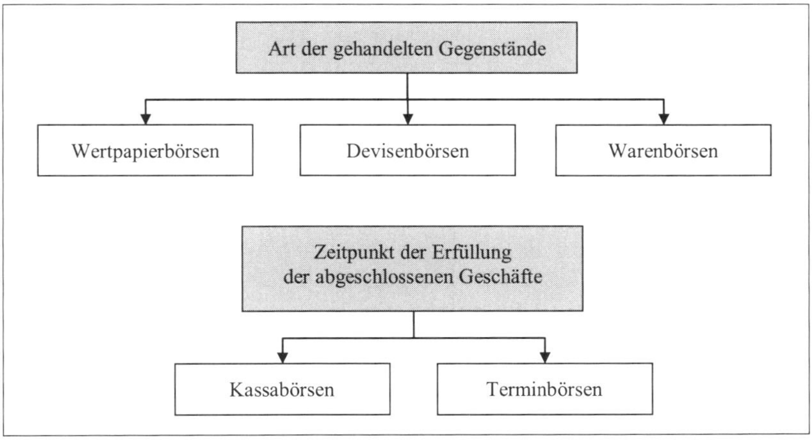

Abbildung 13: Börsenarten

Aufgabe 6.3: Unterschied zwischen einer Kassabörse und einer Terminbörse

Erläutern Sie den grundlegenden Unterschied zwischen einer Kassabörse und einer Terminbörse!

Lösung:

An **Kassabörsen** stehen bei Abschluss eines Geschäfts der Zeitpunkt der Konditionenfestlegung (Vertragsabschluss) und der Zeitpunkt der Vertragserfüllung (Lieferung und Bezahlung) in einem unmittelbaren zeitlichen Zusammenhang. Dagegen erfolgt die Vertragserfüllung von an **Terminbörsen** abgeschlossenen Geschäften erst zu einem bei Vertragsabschluss festgelegten späteren Zeitpunkt. Von daher wird auch von Kassa- bzw. Termingeschäften gesprochen.

Aufgabe 6.4: Volkswirtschaftliche Funktionen der Wertpapierbörsen

Erläutern Sie wichtige volkswirtschaftliche Funktionen, die Wertpapierbörsen erfüllen!

Lösung:

Wertpapierbörsen erfüllen insb. folgende **volkswirtschaftliche Funktionen:**

- Wertpapierbörsen nehmen eine **Finanzierungsfunktion für Investitionen** wahr, indem Kapitalgeber Mittel in Form von Eigen- und Fremdkapital zur Verfügung stellen. Das Kapital soll hierbei über Wertpapierbörsen in diejenigen Investitionen gelenkt werden, die am renditestärksten eingeschätzt werden (**Selektionsfunktion**).
- Eine jederzeitige Veräußerungsmöglichkeit von Wertpapieren über die Wertpapierbörsen stellt sicher, dass die unterschiedlichen Interessen von Kapitalnehmern und Kapitalgebern hinsichtlich der Kapitalverfügungsdauer bzw. der Kapitalüberlassungsdauer in Einklang gebracht werden können (**Fristentransformationsfunktion**).
- Große Kapitalbeträge, welche die Kapital suchenden Unternehmen für ihre Investitionen benötigen, lassen sich über die Ausgabe sehr vieler Wertpapiere zu vergleichsweise niedrigen Emissionskursen (Kapitalbeträgen) aufnehmen (**Losgrößentransformationsfunktion**).

6.2 Die geografische Verteilung des Börsenhandels

Aufgabe 6.5: Börsenstruktur in Deutschland

Geben Sie einen Überblick über die Börsenstruktur in Deutschland!

Lösung:

- Kassahandel mit Wertpapieren:

  7 Börsenplätze, 7 Regionalbörsen: Berlin, Düsseldorf, Frankfurt am Main, Hamburg, Hannover, München, Stuttgart;

- Terminhandel mit Finanzderivaten:

  vollelektronische Terminbörse Eurex (European Exchange) [30];

- Kassahandel mit Waren:

  nur regionale Bedeutung (z. B. Köln, Krefeld, Mannheim, Karlsruhe, Stuttgart);

- Terminhandel mit Waren:

  WTB (Warenterminbörse) Hannover;

- Kassa- und Terminhandel für Elektrizität, EU-Emissionsrechte, Kohle, Erdgas etc.:

  EEX (European Energy Exchange) Leipzig.

6.3 Die Börsenaufsicht

Aufgabe 6.6: Bedeutung der Börsenaufsicht

Worin liegt die Bedeutung der Börsenaufsicht?

Lösung:

Die Börsenaufsicht hat sicherzustellen, dass Wertpapierbörsen ihre wichtigen volkswirtschaftlichen Funktionen erfüllen können. Zu diesem Zweck ist es notwendig, dass die potenziellen Anleger Vertrauen in eine faire Abwicklung ihrer Börsenaufträge haben und nicht wegen unfairer Praktiken vor einem En-

---

[30] Betreiber sind die Deutsche Börse AG und SIX Swiss Exchange.

gagement an den Wertpapierbörsen zurückschrecken. Es muss daher seitens der Börsenaufsicht gewährleistet sein, dass alle Anleger gleich behandelt werden, gegen die Verwendung von (Insider-)Informationen geschützt sind und dass Manipulationen der Börsenkurse ausgeschlossen sind. Die Schaffung derartiger staatlicher bzw. institutioneller Rahmenbedingungen trägt entscheidend zur Reputation und somit zur – vor allem auch internationalen – Wettbewerbsfähigkeit und Attraktivität eines Finanzplatzes bei.

6.4 Die Organisation von Börsen

Aufgabe 6.7: Aufgaben eines Börsenträgers

Welche Aufgaben obliegen dem Träger einer Börse?

Lösung:

Die **Aufgabe eines Börsenträgers** liegt zum einen in der **Bereitstellung von Mitteln und Ressourcen**, damit der Börsenhandel überhaupt stattfinden kann (Schaffung der materiellen Voraussetzungen für die Existenz einer Börse). Zum anderen besitzt ein Börsenträger Verwaltungs- und Organisationskompetenzen, die ihn in die Lage versetzen, den organisatorischen Rahmen für den Börsenhandel zu schaffen. Er ist somit zuständig für den **Aufbau einer Börsenverwaltung** sowie für die **personelle und sachliche Ausstattung einer Börse**.

6.5 Die Organisation des Börsenhandels

Aufgabe 6.8: Zugänge zum Kapitalmarkt

Unternehmen stehen verschiedene Zugangsmöglichkeiten zum Kapitalmarkt zur Verfügung. Erläutern Sie kurz und stellen Sie grafisch dar,

a) welche Zugänge zum Kapitalmarkt bestehen und

b) wie sich ein Zugang an der Frankfurter Wertpapierbörse (FWB) mittels der Deutschen Börse AG vollziehen kann!

Lösung:

Teilaufgabe a)

Börsenwillige und -fähige Unternehmen können in Europa zwischen zwei Zugängen zum Kapitalmarkt wählen: den EU-Regulated Markets oder den Regulated Unofficial Markets, also den von den Börsen selbst regulierten Märkten. Letztgenannte sind keine amtlichen, sondern privatrechtliche Börsensegmente und können unter den Voraussetzungen des § 48 BörsG in Deutschland in Form des Freiverkehrs zugelassen werden.

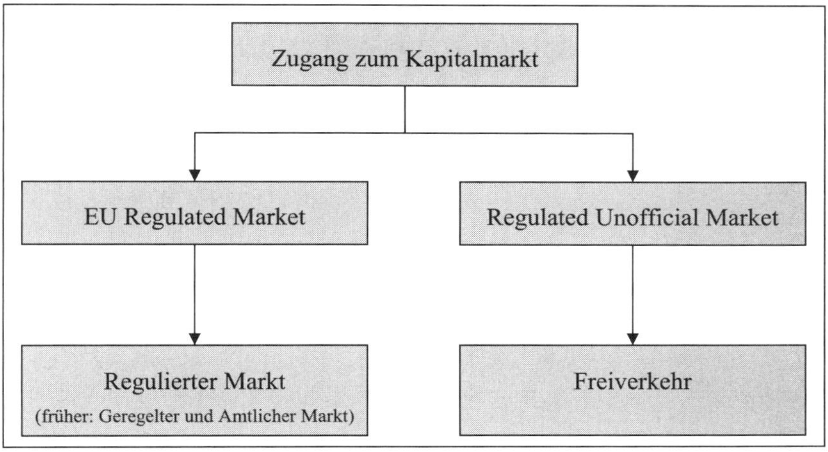

Abbildung 14: Zugänge zum Kapitalmarkt

Teilaufgabe b)

Unternehmen können im Rahmen des Going Public an der Frankfurter Wertpapierbörse zwischen vier Transparenz-Levels wählen:

1. Gesellschaften, die die hohen Transparenzanforderungen des Regulierten Markts erfüllen, werden bei einem Going Public über die Frankfurter Wertpapierbörse direkt in den General Standard einbezogen.

   ⇒ General Standard = Regulierter Markt

2. Wenn neben den Transparenzanforderungen des Regulierten Markts bestimmte zusätzliche Transparenzanforderungen eingehalten werden, kann ein Aufstieg in den Prime Standard erfolgen.

   ⇒ Prime Standard = Regulierter Markt + zusätzliche Transparenzanforderungen

3. Unternehmen, die der Öffentlichkeit nur wenige Informationen (geringe Transparenzanforderungen) zur Verfügung stellen möchten, können eine Notierungsaufnahme im Open Market [31], also dem Freiverkehr der Frankfurter Wertpapierbörse, anstreben.

   ⇒ Open Market = Freiverkehr (an jeder Börse individuell gestaltbar)

4. Gesellschaften, die beabsichtigen, (potenziellen) Investoren mehr Informationen zur Verfügung zu stellen, aber dennoch hinter den Transparenzanforderungen des Regulierten Markts zurückbleiben möchten, können einen Börsengang im Entry Standard durchführen.

   ⇒ Entry Standard = Freiverkehr + zusätzliche Transparenzanforderungen

Emittenten haben die Wahl zwischen ...		
zwei **Zugängen** zum Kapitalmarkt:	EU Regulated Market	Regulated Unofficial Market
zwei **Marktsegmenten**:	Regulierter Markt (seit 01.11.2007)	Freiverkehr (Open Market)
und vier **Transparenz-Levels** (Deutsche Börse Primärmarktsegmente):	Prime Standard (Teilbereich) General Standard	Entry Standard (Teilbereich) First/Second Quotation Board

Abbildung 15: Zugänge zum Kapitalmarkt am Beispiel der FWB [32]

Aufgabe 6.9: Voraussetzungen der Zulassung zum Börsenhandel im Regulierten Markt

Welche wesentlichen Voraussetzungen müssen erfüllt sein, damit Wertpapiere zum Börsenhandel im Regulierten Markt zugelassen werden?

---

[31] Unternehmen, die ihre erste Notierungsaufnahme im Open Market vollziehen, werden in das sog. First Quotation Board aufgenommen. In das sog. Second Quotation Board werden Gesellschaften einbezogen, die bereits an einem anderen inländischen oder ausländischen Börsenplatz zugelassen sind und zusätzlich eine Notierung im Open Market anstreben.

[32] Geringfügig modifiziert entnommen aus *Waschbusch, Gerd; Staub, Nadine; Horváth, Thomas*: Mittelstandsfinanzierung: Der Entry Standard – Das Börseneinstiegssegment für mittelständische Unternehmen, in: Der Steuerberater 2009, S. 228.

Lösung:

Folgende wesentlichen **Voraussetzungen** müssen erfüllt sein, damit Wertpapiere **zum Börsenhandel im Regulierten Markt** zugelassen werden:

- Der Wertpapieremittent muss die Zulassung von Wertpapieren zum Börsenhandel im Regulierten Markt zusammen mit einem Kreditinstitut, einem Finanzdienstleistungsinstitut oder einem Unternehmen, das nach § 53 Abs. 1 Satz 1 KWG oder § 53b Abs. 1 Satz 1 KWG tätig ist, beantragen. Ferner müssen die den Wertpapieremittenten begleitenden Unternehmen
  - selbst an einer inländischen Wertpapierbörse zum Handel zugelassen sein und
  - ein haftendes Eigenkapital in Höhe von 730.000 EUR nachweisen.

  Ist der Wertpapieremittent ein Institut (oder ein Unternehmen i. S. d. § 32 Abs. 2 Satz 1 BörsG) und erfüllt er diese Voraussetzungen selbst, kann er den Zulassungsantrag alleine stellen.
- Ein Börsenzulassungsprospekt muss über die tatsächlichen und rechtlichen Verhältnisse, die für die Beurteilung der zuzulassenden Wertpapiere wesentlich sind, Auskunft geben.
- Das Börsenzulassungsprospekt ist nach Prüfung und Billigung durch die zuständige Zulassungsstelle der Börse zu veröffentlichen.
- Der Gesamtkurswert der zuzulassenden Aktien muss mindestens 1.250.000 EUR bzw. der Gesamtnennwert anderer Wertpapiere mindestens 250.000 EUR betragen (§ 2 BörsZulV).
- Der Antrag auf Zulassung von Aktien muss sich grundsätzlich auf alle Aktien derselben Gattung beziehen (§ 7 BörsZulV).
- Der Wertpapieremittent muss mindestens drei Jahre lang als Unternehmen bestanden und seine handelsrechtlichen Jahresabschlüsse für die drei dem Zulassungsantrag vorangegangenen Geschäftsjahre offen gelegt haben (§ 3 BörsZulV).
- Die Wertpapiere müssen frei handelbar sein, in einer den Bedürfnissen des Börsenhandels Rechnung tragenden Stückelung emittiert werden und, sofern es sich um Aktien handelt, im Publikum breit gestreut werden. Aktien gelten i. d. R. dann als ausreichend gestreut, wenn mindestens 25 % des Gesamtnennbetrages, bei nennwertlosen Aktien der Stückzahl, der zuzulassenden Aktien vom Publikum erworben wurden (§ 7 BörsZulV).

Aufgabe 6.10: Abgrenzung der Marktsegmente an der Frankfurter Wertpapierbörse

Die Centurio AG möchte an der Frankfurter Wertpapierbörse vom General Standard in den Prime Standard wechseln. Wie unterscheiden sich diese Segmente und welche zusätzlichen Voraussetzungen muss das Unternehmen für einen Wechsel erfüllen? Stellen Sie ihr Ergebnis grafisch dar!

Lösung:

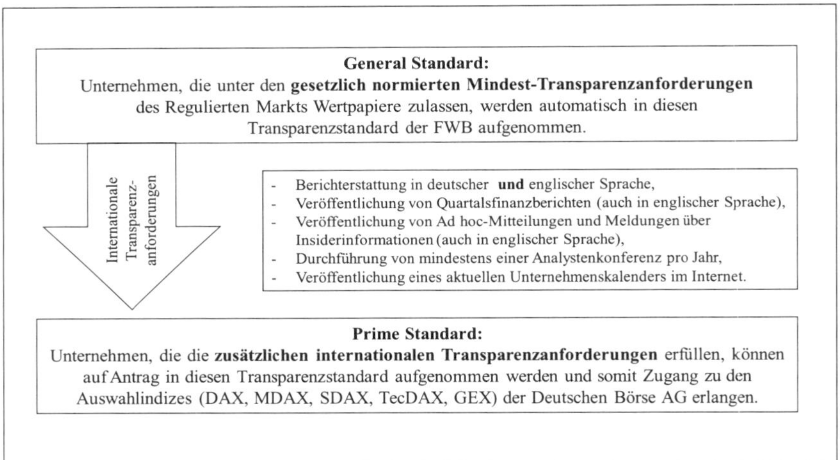

Abbildung 16: Marktsegmente an der FWB [33]

Aufgabe 6.11: Voraussetzungen der Zulassung zum Börsenhandel im Entry Standard

Mit dem Entry Standard hat die Deutsche Börse AG einen auf mittelständische Unternehmen zugeschnitten Kapitalmarktzugang geschaffen. Welche wesentlichen Voraussetzungen und Folgepflichten müssen Emittenten erfüllen, damit ihre Wertpapiere zum Handel in diesem Segment zugelassen werden?

---

[33] Entnommen aus *Waschbusch, Gerd; Staub, Nadine; Karmann, Oliver*: Die Zukunftsfähigkeit der kapitalmarktorientierten Mittelstandsfinanzierung über die Börse, in: FINANZ BETRIEB 2009, S. 693.

Lösung:

Damit die Aufnahme eines Unternehmens in den Entry Standard erfolgen kann, müssen zunächst die Einbeziehungsvoraussetzungen des Open Market erfüllt werden. Diese sind ausführlich in den Allgemeinen Geschäftsbedingungen der Deutschen Börse AG für den Freiverkehr an der Frankfurter Wertpapierbörse geregelt. **Wesentliche Einbeziehungskriterien** für die Notierungsaufnahme im Open Market sind:

- der schriftliche Antrag auf Einbeziehung des Emittenten durch den Handelsteilnehmer mit näheren Angaben über den Emittenten,
- die Einreichung eines von der Aufsichtsbehörde bewilligten Prospekts oder eines Exposés sowie
- der Nachweis, dass der Emittent über ein durch Bareinlage geleistetes Grundkapital i. H. v. 250.000 EUR verfügt.

Sind die Aktien zum Handel im Open Market einbezogen, kann der Handelsteilnehmer mit Einverständnis des jeweiligen Emittenten eine Einbeziehung der Wertpapiere in den Entry Standard beantragen, sofern die folgenden **zusätzlichen Voraussetzungen** erfüllt sind:

- die Einreichung eines für das der Antragstellung vorhergehenden Geschäftsjahr geprüften (Konzern-) Jahresabschlusses nebst Lagebericht des Emittenten nach den nationalen GAAP oder IFRS,
- das Vorliegen eines speziellen Vertrags mit einem Deutsche Börse Listing Partner,
- die Veröffentlichung eines Unternehmenskurzporträts des Emittenten auf dessen Homepage.

Wesentliche Folgepflichten der Einbeziehung sind u. a. die Pflicht:

- zur regelmäßigen Veröffentlichung und Aktualisierung der für die Zulassung zum Entry Standard notwendigen Unterlagen,
- zur Veröffentlichung von Tatsachen, die den Aktienkurs erheblich beeinflussen sowie eines aktuellen Unternehmenskalenders auf der Homepage des Emittenten.

Aufgabe 6.12: Bedeutung der Clearingstelle im Terminhandel

Welche Bedeutung kommt der Clearingstelle einer Terminbörse zu?

Lösung:

Bei einem **Handelssystem mit einer Clearingstelle** werden die Verträge zwischen den Marktpartnern nicht direkt abgeschlossen. Kommt es zu einem Geschäftsabschluss zwischen zwei Handelsteilnehmern, so tritt vielmehr die Clearingstelle als Vertragspartner zwischen den Käufer und Verkäufer des Kontrakts, so dass Rechte und Pflichten eines Handelsteilnehmers aus einem Termingeschäft nur gegenüber der Clearingstelle bestehen. Die Kontraktpartner bleiben dabei anonym. Die Clearingstelle wickelt die Geschäfte ab, sorgt für eine adäquate Besicherung, regelt gegebenenfalls die Lieferungs- und Ausgleichsverpflichtungen aus den Kontrakten und trägt so zur Senkung der Sach-, Verhandlungs- und Prüfungskosten der Kontraktpartner bei. Darüber hinaus spricht die Clearingstelle eine Erfüllungsgarantie für alle an der Terminbörse gehandelten Kontrakte aus, so dass die Marktteilnehmer praktisch keinem Erfüllungsrisiko ausgesetzt sind.

Aufgabe 6.13: Aktienindizes

a) Erläutern Sie die Unterschiede zwischen Auswahl- und All Share-Indizes und geben Sie jeweils ein Beispiel an!

b) Wodurch unterscheiden sich Kursindizes und Performance-Indizes?

Lösung:

Teilaufgabe a)

In einem **Auswahlindex** wird die Anzahl der zugehörigen Werte anhand verschiedener Kriterien wie z. B. Börsenumsatz und Marktkapitalisierung begrenzt, wodurch ein hoher Grad an Handelbarkeit sichergestellt werden soll. Zum bekanntesten deutschen Auswahlindex zählt der DAX. In einem **All Share-Index** ist dagegen die Anzahl der enthaltenen Werte im Vergleich zu einem Auswahlindex unbeschränkt. All Share-Indizes sind daher breiter angelegt und werden insbesondere von Kapitalanlagegesellschaften genutzt, die den Anlageerfolg ihrer Portfolios anhand der Entwicklung dieser Indizes messen. Ein bekannter deutscher All Share-Index ist der Prime All Share-Index, der alle im Prime Standard notierten Werte umfasst.

Teilaufgabe b)

Kursindizes stellen lediglich die um Bezugsrechtsabschläge und Aktienkapitalveränderungen bereinigten Kursveränderungen eines Aktienportfolios dar, während **Performance-Indizes** sämtliche Renditekomponenten, d. h. Kursveränderungen und Ausschüttungen – wie z. B. Dividenden- und Bonuszahlungen – berücksichtigen.

7 Derivative Finanzinstrumente

7.1 Systematisierung von Termingeschäften

Aufgabe 7.1: Verpflichtungscharakter eines Termingeschäfts

Hinsichtlich des Verpflichtungscharakters eines Termingeschäfts werden zwei Arten von Termingeschäften unterschieden. Erläutern Sie anhand je eines Beispiels die Unterschiede zwischen diesen beiden Arten von Termingeschäften!

Lösung:

Hinsichtlich des Verpflichtungscharakters eines Termingeschäfts bzw. der Verbindlichkeit der eingegangenen Rechtsposition kann zwischen unbedingten und bedingten Termingeschäften differenziert werden.

Bei einem **unbedingten Termingeschäft** sind beide Vertragspartner verpflichtet, die zum Zeitpunkt des Abschlusses des Termingeschäfts vereinbarten Leistungen zum festgelegten Zeitpunkt zu erbringen; unbedingte Termingeschäfte sind also durch eine unbedingte Erfüllungspflicht charakterisiert. Es besteht für keinen der beiden Vertragspartner ein Wahlrecht über die Erfüllung der eingegangenen Verpflichtungen. Zu den unbedingten Termingeschäften zählen Forwards, Futures und Swaps. So hat bei einem Devisenterminkauf über 1 Mio. USD einer der beiden Geschäftspartner zum vereinbarten Zeitpunkt (bspw. 01.07.2010) die 1 Mio. USD zu liefern, während der andere an diesem Termin den vereinbarten Kaufpreis (bspw. 1,46 USD/EUR) zu zahlen hat.

Ein **bedingtes Termingeschäft** ist dagegen dadurch gekennzeichnet, dass einem der beiden Vertragspartner das Recht zusteht, zwischen Erfüllung und Aufgabe des vereinbarten Geschäfts zu wählen. Entscheidet sich dieser Vertragspartner für die Erfüllung des Geschäfts, so hat der andere Vertragspartner die vereinbarten Leistungen zu erbringen. Zu den bedingten Termingeschäften zählen Options- und Prämiengeschäfte. So hat bei einer Kaufoption über 3 Mio. USD (europäische Option) einer der beiden Geschäftspartner zum vereinbarten Zeitpunkt (bspw. 01.09.2010) das Recht, 3 Mio. USD zum vereinbarten Kurs (bspw. 1,49 USD/EUR) zu kaufen, während der andere (Stillhalter) in diesem Fall verpflichtet ist, die 3 Mio. USD zu diesem Kurs zu liefern. Verzichtet der Optionsinhaber auf den Kauf der 3 Mio. USD (d. h., er lässt sein Optionsrecht verfallen), kann der Stillhalter nicht die Erfüllung dieses Geschäfts, also die Abnahme der 3 Mio. USD, verlangen.

7.2 Finanzmanagement mit Optionen

Aufgabe 7.2: Amerikanische versus europäische Optionen

Erläutern Sie den Unterschied zwischen einer amerikanischen und einer europäischen Option!

Lösung:

Amerikanische Option (american style option):

Eine Option, die **zu jedem Zeitpunkt** zwischen Kauf- und Verfallsdatum, d. h. jederzeit während der Laufzeit der Option, **ausgeübt** werden kann.

Europäische Option (european style option):

Eine Option, bei welcher der Inhaber sein Recht nur zu einem bestimmten Zeitpunkt, nämlich **am Ende** der festgelegten Laufzeit (Fälligkeitstermin), **ausüben** darf.

Aufgabe 7.3: Innerer Wert einer Option

Erläutern Sie den Begriff „innerer Wert" einer Option!

Lösung:

Der Preis, der beim Kauf einer Option zu entrichten ist (Optionspreis, Optionsprämie), lässt sich in zwei Komponenten, den inneren Wert und den Zeitwert, zerlegen.

Der **innere Wert (intrinsic value) einer Option** stellt den Gewinn (unter Vernachlässigung der Transaktionskosten) dar, den der Optionsinhaber bei sofortiger Ausübung der Option und gleichzeitigem Abschluss des entsprechenden Kompensationsgeschäfts (bei Kaufoptionen: Verkauf des Basiswertes; bei Verkaufsoptionen: Kauf des Basiswertes) erzielen würde. Somit bezeichnet der innere Wert einer Option die positive Differenz zwischen dem aktuellen Marktpreis des Basiswertes und dem vereinbarten Basispreis der Option.

Zu beachten ist, dass der innere Wert einer Option nicht negativ werden kann, da der Optionsinhaber von seinem Ausübungsrecht keinen Gebrauch machen wird, wenn die Preiskonstellation für ihn ungünstig sein sollte.

Eine Option weist einen inneren Wert auf, wenn bei einer Kaufoption (Call) der Basispreis unter dem aktuellen Marktpreis des Basiswertes liegt bzw. wenn bei einer Verkaufsoption (Put) der Basispreis über dem aktuellen Marktpreis des Basiswertes liegt. Notiert bei einer Kaufoption der Basiswert unter oder gleich dem vereinbarten Basispreis bzw. notiert bei einer Verkaufsoption der Basiswert über oder gleich dem vereinbarten Basispreis, so ist eine Ausübung der Option wirtschaftlich nicht sinnvoll und der innere Wert einer solchen Option ist null.

Aufgabe 7.4: Begriffsbestimmungen im Optionsgeschäft

Wann ist eine Option „in-the-money", „at-the-money" bzw. „out-of-the-money"?

Lösung:

Eine Option ist **„in-the-money" („im Geld")**, wenn sie einen inneren Wert besitzt. Eine Kaufoption (Call) besitzt einen (positiven) inneren Wert, wenn der aktuelle Marktpreis des Basiswertes über dem vereinbarten Basispreis der Option liegt. Eine Verkaufsoption (Put) hingegen besitzt einen (positiven) inneren Wert, wenn der aktuelle Marktpreis des Basiswertes unter dem vereinbarten Basispreis der Option liegt. Diese Preiskonstellation ist für den Inhaber der Kaufoption vorteilhaft, da er den Basiswert durch Ausübung der Option zum vereinbarten Basispreis vom Stillhalter beziehen und sofort zum (höheren) aktuellen Marktpreis veräußern kann. Für den Inhaber einer Verkaufsoption ist diese Preiskonstellation vorteilhaft, da er den dem Kontrakt zugrunde liegenden Basiswert zum (niedrigeren) Marktpreis erwerben und sofort an den Stillhalter zum Basispreis weiterverkaufen kann.

Eine Option ist **„at-the-money" („am Geld")**, wenn der vereinbarte Basispreis der Option dem aktuellen Marktpreis des Basiswertes entspricht. Der Inhaber einer Kaufoption ist hinsichtlich des Erwerbs des Basiswertes durch Ausübung der Option oder durch Kauf am Markt indifferent. Der Inhaber einer Verkaufsoption ist bezüglich des Verkaufs über den Markt oder durch Ausübung seines Optionsrechtes indifferent. Eine „at-the-money"-Option besitzt den Wert null.

Eine Kaufoption (Call) ist **„out-of-the-money" („aus dem Geld")**, wenn der aktuelle Marktpreis des Basiswertes unter dem Basispreis der Option liegt. Eine Verkaufsoption (Put) ist „out-of-the-money", wenn der Basispreis der Option unter dem aktuellen Marktpreis des Basiswertes liegt. Bei derartigen

Preiskonstellationen wäre eine Ausübung der Option mit gleichzeitigem Abschluss des entsprechenden Kompensationsgeschäfts für den Optionsinhaber mit einem Verlust verbunden. Der Inhaber einer Kaufoption würde den Basiswert durch Ausübung der Option teurer erwerben als bei einem Kauf des Basiswertes zum Marktpreis. Der Inhaber einer Verkaufsoption müsste den Basiswert am Markt zu einem Preis erwerben, der über dem bei Ausübung seines Optionsrechts vom Stillhalter zugesagten Basispreis läge. Der innere Wert der Option ist dann null.

Aufgabe 7.5: Charakterisierung von Optionsgeschäften

Vervollständigen Sie das nachstehende Tableau, indem Sie die entsprechenden Rechte bzw. Pflichten (Zeile 1 bzw. 2) nennen, die Gewinn- bzw. Verlustbedingung (Zeile 3 bzw. 5) als Relation „>" oder „<" angeben und die Formel für den absoluten Gewinn bzw. Verlust (Zeile 4 bzw. 6) eintragen! In den Zeilen 3 bis 6 sind Transaktionskosten zu vernachlässigen. Geben Sie in Zeile 4 bzw. 6 zusätzlich durch eine Kennzeichnung an, ob der Gewinn bzw. Verlust begrenzt oder unbegrenzt ist!

Verwenden Sie **ausschließlich** folgende Symbole:

KA: Kassakurs

BP: Basispreis

OP: Optionspreis

G: Gewinn

V: Verlust

begr.: begrenzt

unbegr.: unbegrenzt

Zeilen-nummer		Inhaber eines Call	Inhaber eines Put	Stillhalter eines Call	Stillhalter eines Put
1	Rechte				
2	Pflichten				
3	Gewinn entsteht, wenn				
4	Gewinn	G =	G =	G =	G =
	Gewinnchance	begr. / unbegr.	begr. / unbegr.	begr. / unbegr.	begr. / unbegr.
5	Verlust entsteht, wenn				
6	Verlust	V =	V =	V =	V =
	Verlustrisiko	begr. / unbegr.	begr. / unbegr.	begr. / unbegr.	begr. / unbegr.

Lösung:

Zeilen-nummer		Inhaber eines Call	Inhaber eines Put	Stillhalter eines Call	Stillhalter eines Put
1	Rechte	Kauf des Basiswertes zum Basispreis (Ausübungspreis)	Verkauf des Basiswertes zum Basispreis (Ausübungspreis)	Erhalt des Optionspreises (der Optionsprämie)	Erhalt des Optionspreises (der Optionsprämie)
2	Pflichten	Zahlung des Optionspreises (der Optionsprämie)	Zahlung des Optionspreises (der Optionsprämie)	Lieferung des Basiswertes zum Basispreis (Ausübungspreis)	Abnahme des Basiswertes zum Basispreis (Ausübungspreis)
3	Gewinn entsteht, wenn	KA > BP + OP	KA < BP – OP	KA < BP + OP	KA > BP – OP
4	Gewinn Gewinnchance	G = KA – (BP + OP) begr. / **unbegr.**	G = (BP – OP) – KA **begr.** / unbegr.	G = OP **begr.** / unbegr.	G = OP **begr.** / unbegr.
5	Verlust entsteht, wenn	KA < BP + OP	KA > BP – OP	KA > BP + OP	KA < BP – OP
6	Verlust Verlustrisiko	V = OP **begr.** / unbegr.	V = OP **begr.** / unbegr.	V = KA – (BP + OP) begr. / **unbegr.**	V = (BP – OP) – KA **begr.** / unbegr.

Aufgabe 7.6: Gewinn-/Verlustsituation für den Inhaber einer Kauf- bzw. Verkaufsoption[34]

Der Optionspreis (OP) zum Erwerb einer Kaufoption (Long Call) von Aktien einer Gesellschaft zum Basispreis (BP) von 600 EUR beträgt 45 EUR; für den Erwerb einer Verkaufsoption (Long Put) zum Basispreis (BP) von 650 EUR liegt der Optionspreis (OP) bei 28 EUR.

Hinweis: Es wird im Folgenden aus didaktischen Gründen davon ausgegangen, dass sich eine Option nur auf **eine** Aktie bezieht.

a) Der Inhaber einer Kaufoption (Long Call) beabsichtigt, die Aktie im Falle der Ausübung der Option sofort wieder über die Börse zu veräußern. Wie hoch muss die Aktie an diesem Tag mindestens notieren, damit das Gesamtgeschäft mit einem Gewinn abgeschlossen wird? Bis zu welcher Kursnotierung der Aktie wird der Inhaber unter der Prämisse der Verlustminimierung die Option am Verfalltag trotzdem ausüben?

b) Der Inhaber einer Verkaufsoption (Long Put) muss sich bei Ausübung der Option mit der Aktie erst eindecken. Welchen Kurs darf die Aktie nicht übersteigen, damit die Gesamttransaktion mit einem Gewinn abgeschlossen wird? Berechnen Sie auch für diesen Fall den Kurs, bei dem der Inhaber der Option diese trotz eines Verlusts gerade noch ausüben wird!

Begründen Sie jeweils Ihre Überlegungen und verdeutlichen Sie diese durch eine grafische Darstellung! Gehen Sie dabei von folgenden Transaktionskosten (TK) aus:

Transaktion	Transaktionskosten (TK)
Kauf bzw. Verkauf einer Option	• 0,64 EUR Grundgebühr • 0,5 % des Optionspreises
Ausübung einer Option	• 0,34 EUR Grundgebühr • 0,5 % des Basispreises
Kauf bzw. Verkauf von Aktien	• 1,1 % des Kurswertes der Aktie

Dabei gilt:

OP: Optionspreis;

BP: Basispreis;

KA_t: Börsenkurs der Aktie zum Erwerbs- bzw. Veräußerungszeitpunkt;

---

[34] Modifiziert entnommen aus *Bieg, Hartmut*: Bankbetriebslehre in Übungen, München 1992, S. 50–56.

TK_{OP}: Transaktionskosten beim Kauf bzw. Verkauf der Option;

TK_{BP}: Transaktionskosten bei Ausübung des Optionsrechtes;

TK_{KA}: Transaktionskosten beim Kauf bzw. Verkauf der Aktie.

Lösung:

Teilaufgabe a)

Der Inhaber einer Kaufoption (Long Call) wird diese mit **Gewinn** ausüben, wenn der Erlös aus der Veräußerung der Aktie (Börsenkurs der Aktie zum Veräußerungszeitpunkt (KA_t) – Transaktionskosten beim Verkauf der Aktie (TK_{KA})) die gesamten Aufwendungen zum Bezug der Aktie (Optionspreis (OP) + Basispreis (BP) + Transaktionskosten beim Kauf der Option (TK_{OP}) + Transaktionskosten bei Ausübung des Optionsrechtes (TK_{BP})) übersteigt. [35]

$KA_t - TK_{KA} > OP + BP + TK_{OP} + TK_{BP}$,

Dabei gilt:

$TK_{KA} = 0{,}011 \cdot KA_t$

$OP \quad = 45 \text{ EUR}$

$BP \quad = 600 \text{ EUR}$

$TK_{OP} = 0{,}005 \cdot OP + 0{,}64 \text{ EUR}$

$TK_{BP} = 0{,}005 \cdot BP + 0{,}34 \text{ EUR}$

$$
\begin{aligned}
& & KA_t - 0{,}011 \cdot KA_t &> OP + BP + 0{,}005 \cdot OP + 0{,}64 \text{ EUR} \\
& & & \quad + 0{,}005 \cdot BP + 0{,}34 \text{ EUR} \\
&\Leftrightarrow & 0{,}989 \cdot KA_t &> 45 \text{ EUR} + 600 \text{ EUR} + 0{,}005 \cdot 45 \text{ EUR} \\
& & & \quad + 0{,}64 \text{ EUR} + 0{,}005 \cdot 600 \text{ EUR} + 0{,}34 \text{ EUR} \\
&\Leftrightarrow & 0{,}989 \cdot KA_t &> 45 \text{ EUR} + 600 \text{ EUR} + 0{,}225 \text{ EUR} + 0{,}64 \text{ EUR} \\
& & & \quad + 3 \text{ EUR} + 0{,}34 \text{ EUR} \\
&\Leftrightarrow & 0{,}989 \cdot KA_t &> 649{,}21 \text{ EUR} \\
&\Leftrightarrow & \mathbf{KA_t} &> \mathbf{656{,}43 \text{ EUR}}
\end{aligned}
$$

---

[35] Der Inhaber einer Kaufoption kann auch einen Gewinn durch Veräußerung seines Optionsrechts am Sekundärmarkt erzielen, wenn der Optionspreis zum Veräußerungszeitpunkt denjenigen beim Erwerb der Option sowie die Transaktionskosten beim Kauf und Verkauf der Option übersteigt. Hiervon ist in der Aufgabenstellung jedoch nicht auszugehen.

Der Inhaber einer Kaufoption wird diese auch unter Inkaufnahme eines **Verlustes** ausüben, wenn der Erlös aus der Veräußerung der Aktie (Börsenkurs der Aktie zum Veräußerungszeitpunkt (KA_t) – Transaktionskosten beim Verkauf der Aktie (TK_{KA})) den Basispreis (BP) sowie die Transaktionskosten bei der Ausübung des Optionsrechtes (TK_{BP}) übersteigt. Sein Verlust wird dadurch minimiert, dass ein Teil des Optionspreises (OP) und der beim Erwerb der Option angefallenen Transaktionskosten (TK_{OP}) abgedeckt wird; bei Nichtausübung wäre ansonsten der Gesamtbetrag verloren. [36]

$$
\begin{aligned}
& & KA_t - TK_{KA} &> BP + TK_{BP} \\
&\Leftrightarrow & KA_t - 0{,}011 \cdot KA_t &> BP + 0{,}005 \cdot BP + 0{,}34\ \text{EUR} \\
&\Leftrightarrow & 0{,}989 \cdot KA_t &> 600\ \text{EUR} + 0{,}005 \cdot 600\ \text{EUR} + 0{,}34\ \text{EUR} \\
&\Leftrightarrow & 0{,}989 \cdot KA_t &> 600\ \text{EUR} + 3\ \text{EUR} + 0{,}34\ \text{EUR} \\
&\Leftrightarrow & 0{,}989 \cdot KA_t &> 603{,}34\ \text{EUR} \\
&\Leftrightarrow & \mathbf{KA_t} &> \mathbf{610{,}05\ EUR}
\end{aligned}
$$

Zusammenfassung der Ergebnisse:

KA_t	$>$		656,43 EUR	Ausübung der Option mit Gewinn
KA_t	$=$		656,43 EUR	Gewinn-/Verlustneutralität, d. h. Ausübung mit Gewinn/Verlust = 0
610,05 EUR	$<$	KA_t $<$	656,43 EUR	Ausübung der Option mit Verlust (Verlustminimierung)
KA_t	$=$		610,05 EUR	Indifferenz hinsichtlich der Ausübung, Verlust = OP + TK_{OP}
KA_t	$<$		610,05 EUR	Option wird nicht ausgeübt, Verlust = OP + TK_{OP}

[36] Der Inhaber einer Kaufoption kann seinen Verlust auch durch eine Veräußerung des Optionsrechts auf dem Sekundärmarkt minimieren, wenn der Optionspreis zum Veräußerungszeitpunkt neben den Transaktionskosten bei der Veräußerung auch einen Teil des bei dem Erwerb der Option gezahlten Optionspreises und der dabei angefallenen Transaktionskosten abdeckt.

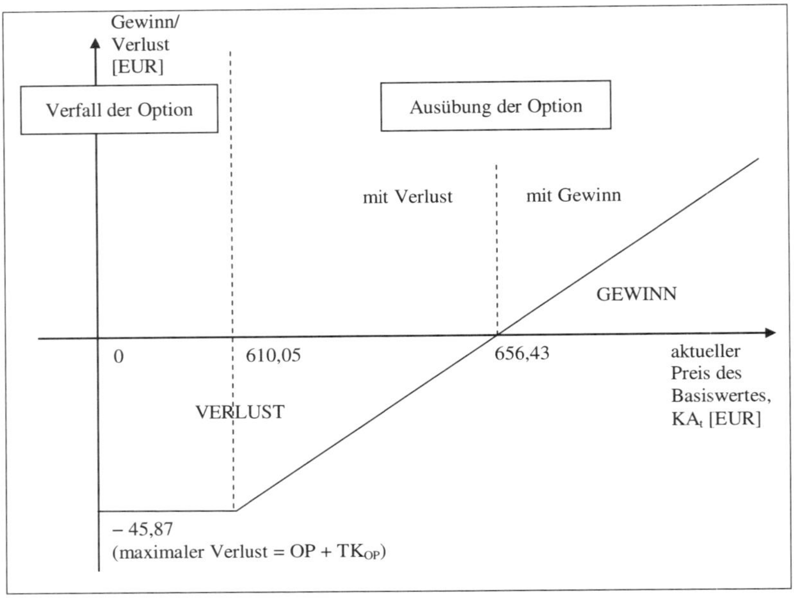

Abbildung 17: Gewinn-/Verlustsituation für den Inhaber einer Kaufoption

Teilaufgabe b)

Der Inhaber einer Verkaufsoption (Long Put) wird diese mit **Gewinn** ausüben, wenn der Erlös bei der Ausübung der Option (Basispreis (BP) – Transaktionskosten bei Ausübung des Optionsrechtes (TK_{BP})) die gesamten Aufwendungen (Börsenkurs der Aktie zum Zeitpunkt des Kaufs (KA_t) [37] + Optionspreis (OP) + Transaktionskosten beim Kauf der Aktie (TK_{KA}) + Transaktionskosten beim Kauf der Option (TK_{OP})) übersteigt.

$BP - TK_{BP} > KA_t + OP + TK_{KA} + TK_{OP}$,

Dabei gilt:

$BP = 650$ EUR

$TK_{BP} = 0{,}005 \cdot BP + 0{,}34$ EUR

$OP = 28$ EUR

$TK_{KA} = 0{,}011 \cdot KA_t$

$TK_{OP} = 0{,}005 \cdot OP + 0{,}64$ EUR

[37] Es wird hier eine Eindeckung zum gleichen Termin, an dem die Verkaufsoption ausgeübt wird, angenommen.

$$
\begin{aligned}
650\text{ EUR} - (0{,}005 \cdot 650\text{ EUR} + 0{,}34\text{ EUR}) &> KA_t + 28\text{ EUR} + 0{,}011 \cdot KA_t \\
&\quad + 0{,}005 \cdot 28\text{ EUR} + 0{,}64\text{ EUR} \\
\Leftrightarrow \quad 650\text{ EUR} - 3{,}25\text{ EUR} - 0{,}34\text{ EUR} &> KA_t + 28\text{ EUR} + 0{,}011 \cdot KA_t \\
&\quad + 0{,}14\text{ EUR} + 0{,}64\text{ EUR} \\
\Leftrightarrow \quad 646{,}41\text{ EUR} &> 1{,}011 \cdot KA_t + 28{,}78\text{ EUR} \\
\Leftrightarrow \quad -1{,}011\ KA_t &> -617{,}63\text{ EUR} \\
\Leftrightarrow \quad \mathbf{KA_t} &< \mathbf{610{,}91\ EUR}
\end{aligned}
$$

Der Inhaber einer Verkaufsoption wird diese auch unter Inkaufnahme eines **Verlustes** ausüben, wenn der Erlös bei der Ausübung der Option (Basispreis (BP) – Transaktionskosten bei Ausübung des Optionsrechtes (TK_{BP})) die Aufwendungen zum Bezug der Aktie (Börsenkurs der Aktie zum Zeitpunkt des Kaufs (KA_t) einschließlich der hierauf anfallenden Transaktionskosten (TK_{KA})) übersteigt. Eine Verlustminimierung wird aus den gleichen Gründen wie bei Teilaufgabe a) – teilweise Abdeckung der Aufwendungen aus Optionspreis (OP) und den beim Erwerb der Option angefallenen Transaktionskosten (TK_{OP}) – erreicht.

$$
\begin{aligned}
BP - TK_{BP} &> KA_t + TK_{KA} \\
\Leftrightarrow \quad 650\text{ EUR} - (0{,}005 \cdot 650\text{ EUR} + 0{,}34\text{ EUR}) &> KA_t + 0{,}011 \cdot KA_t \\
\Leftrightarrow \quad 650\text{ EUR} - 3{,}25\text{ EUR} - 0{,}34\text{ EUR} &> 1{,}011 \cdot KA_t \\
\Leftrightarrow \quad 646{,}41\text{ EUR} &> 1{,}011 \cdot KA_t \\
\Leftrightarrow \quad \mathbf{KA_t} &< \mathbf{639{,}38\ EUR}
\end{aligned}
$$

Zusammenfassung der Ergebnisse:

KA_t	$<$			610,91 EUR	Ausübung der Option mit Gewinn
KA_t	$=$			610,91 EUR	Gewinn-/Verlustneutralität, d. h. Ausübung mit Gewinn/Verlust = 0
610,91 EUR	$<$	KA_t	$<$	639,38 EUR	Ausübung der Option mit Verlust (Verlustminimierung)
KA_t	$=$			639,38 EUR	Indifferenz hinsichtlich der Ausübung, Verlust = OP + TK_{OP}
KA_t	$>$			639,38 EUR	Option wird nicht ausgeübt, Verlust = OP + TK_{OP}

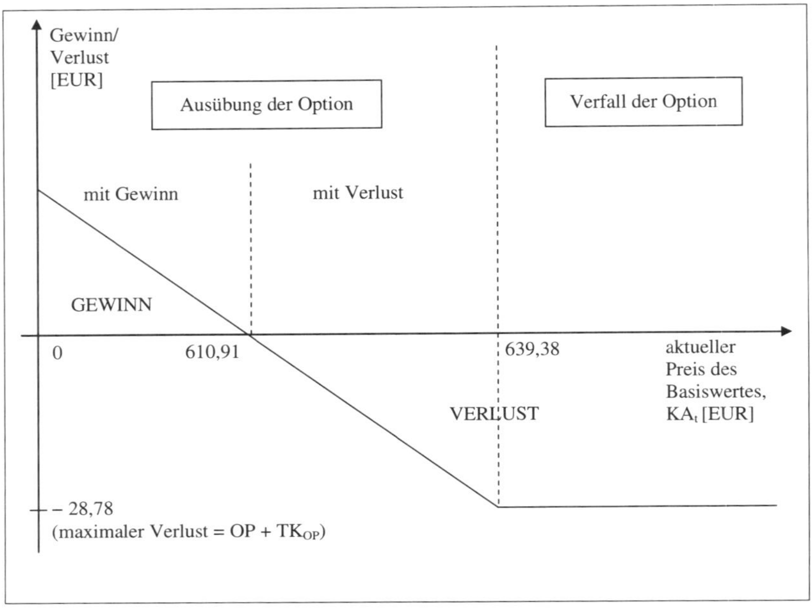

Abbildung 18: Gewinn-/Verlustsituation für den Inhaber einer Verkaufsoption

Aufgabe 7.7: Zinsoptionsscheine

Ein Unternehmen erwartet am 30.09.2010 einen Mittelzufluss aus dem Verkauf einer Beteiligung in Höhe von 10 Mio. EUR. Diese Mittel sollen dann in langfristige festverzinsliche Wertpapiere mit einer Laufzeit von 8 Jahren angelegt werden. **Derzeit** (15.02.2010) liegt das Marktzinsniveau für derartige Papiere bei 5 % p. a. Da die Geschäftsleitung von einem Sinken der Zinsen am Kapitalmarkt ausgeht, zieht sie in Erwägung, die geplante Anlage der erwarteten Mittel durch den **Kauf von Zinsoptionsscheinen** abzusichern. Am Markt werden derzeit folgende Zinsoptionsscheine (letzter Ausübungstag 30.09.2010) angeboten:

Kaufoption (Call):

bezogen auf eine 6 %-ige Bundesanleihe von 2008, endfällig am 30.09.2018

Jeder Zinsoptionsschein berechtigt den Inhaber, vom Optionsschuldner (Stillhalter) die Zahlung eines Differenzbetrags zu verlangen; dieser ist die in EUR ausgedrückte Differenz, um die der am Ausübungstag festgestellte amtliche

Einheitskurs der Anleihe den Basiskurs von 104 % bezogen auf 100 EUR Nennwert der Anleihe **überschreitet**.

Der Optionspreis beträgt 2,80 EUR je Zinsoptionsschein.

Verkaufsoption (Put):

bezogen auf eine 6 %-ige Bundesanleihe von 2008, endfällig am 30.09.2018

Jeder Zinsoptionsschein berechtigt den Inhaber, vom Optionsschuldner (Stillhalter) die Zahlung eines Differenzbetrags zu verlangen; dieser ist die in EUR ausgedrückte Differenz, um die der am Ausübungstag festgestellte amtliche Einheitskurs der Anleihe den Basiskurs von 104 % bezogen auf 100 EUR Nennwert der Anleihe **unterschreitet**.

Der Optionspreis beträgt 2,50 EUR je Zinsoptionsschein.

Beim Erwerb eines Zinsoptionsscheins (Call oder Put) fallen Spesen in Höhe von 1,05 % des jeweiligen Optionspreises an. Sonstige Transaktionskosten sind nicht zu berücksichtigen.

a) Mit welcher zukünftigen Zinsentwicklung rechnet der Erwerber einer Kaufoption (Käufer eines Call), mit welcher derjenige einer Verkaufsoption (Käufer eines Put)? Begründen Sie Ihre Antwort!

b) Wie hoch muss die Bundesanleihe am Ausübungstag der Option mindestens notieren, so dass der Erwerber einer Kaufoption (Käufer eines Call) insgesamt einen Gewinn realisiert? Bei welcher Kursnotierung wird er die Option trotz eines Verlustes ausüben? Begründen Sie Ihre Antwort!

c) Welche Kursnotierung der Bundesanleihe darf am Ausübungstag der Option nicht überschritten werden, so dass der Erwerber einer Verkaufsoption (Käufer eines Put) insgesamt einen Gewinn realisiert? Bei welcher Kursnotierung wird er die Option trotz eines Verlustes ausüben? Begründen Sie Ihre Antwort!

d) Nehmen Sie an, das Unternehmen habe zur Absicherung der geplanten Anlage 100.000 Zinsoptionsscheine zu den oben genannten Konditionen erworben. Das Marktzinsniveau für 8-jährige Anleihen betrage am 30.09.2010 nur noch 3,50 % p. a. Der Kassakurs der 6 %-igen Bundesanleihe entspreche ferner dem Barwert der zukünftigen Zahlungen (die Zinsen werden jährlich nachschüssig gezahlt).

   (1) Berechnen Sie den Gewinn, den das Unternehmen bei Ausübung der Optionen am 30.09.2010 realisieren kann!

   (2) Nehmen Sie an, die Geschäftsleitung strebe für die geplante Anlage der 10 Mio. EUR unter Berücksichtigung des Erfolgs aus der Absicherung durch den Kauf der Zinsoptionsscheine am 15.02.2010 eine

Mindestverzinsung in Höhe von 4,60 % p. a. an. Überprüfen Sie, ob dieses Ziel durch den Kauf der Zinsoptionsscheine erreicht wurde! Gehen Sie dabei davon aus, dass der Kauf der Zinsoptionsscheine durch eine Kreditaufnahme (Laufzeit: 15.02.2010 bis 30.09.2010; Zinssatz 4,60 % p. a.) finanziert wurde und dass am 30.09.2010 die dann zur Verfügung stehenden 10 Mio. EUR (unter Annahme beliebiger Teilbarkeit der Anleihestücke) in festverzinsliche Wertpapiere mit einer Restlaufzeit von 8 Jahren und einem Marktzinsniveau von 3,50 % p. a. angelegt werden. Bestimmen Sie – unter Vernachlässigung sonstiger Transaktionskosten – Richtung und Umfang (Barwert) der Zielabweichung zum 30.09.2010!

Verwenden Sie bei Ihren Berechnungen folgende Zinsfaktoren (jeweils für 8 Jahre):

Zinssatz \ Faktor	Rentenbarwertfaktor	Abzinsungsfaktor
3,50 % p. a.	6,8740	0,7594
4,60 % p. a.	6,5690	0,6978
5,00 % p. a.	6,4632	0,6768

Lösung:

Verwenden Sie für Ihre Berechnungen folgende Symbole:

KA_t: Kassakurs der Anleihe am Ausübungstag;

BP: Basispreis;

OP: Optionspreis;

Sp: Spesen;

C_0: Barwert/Kapitalwert der 6 %-igen Bundesanleihe pro 100 EUR Nennwert;

RBF: Rentenbarwertfaktor; $RBF\ (i/n) = \frac{(1+i)^n - 1}{i \cdot (1+i)^n}$;

ABF: Abzinsungsfaktor; $ABF\ (i/t) = (1+i)^{-t}$;

i: Kalkulationszinssatz;

n: Gesamtlaufzeit;

t: Zeitindex (t = 1, 2, …, n).

Teilaufgabe a)

Der **Erwerber einer Kaufoption (= Käufer eines Call)** rechnet mit fallenden Marktzinsen. Bei einem sinkenden Marktzinsniveau steigt der Kurs der 6 %-igen Bundesanleihe von 2008. Je weiter der Kassakurs (= Barwert) der Anleihe am Ausübungstag über dem Basispreis von 104 % liegt, desto höher ist die Differenzzahlung:

Ausgleichszahlung = Kassakurs der Anleihe am Ausübungstag (KA_t)
./. Basispreis (BP)

Der **Erwerber einer Verkaufsoption (= Käufer eines Put)** rechnet mit steigenden Marktzinsen. Mit einem steigenden Marktzinsniveau geht ein Kursverfall der 6 %-igen Bundesanleihe von 2008 einher. Je weiter der Kassakurs (= Barwert) der Anleihe am Ausübungstag unter dem Basispreis von 104 % liegt, desto höher ist die Differenzzahlung:

Ausgleichszahlung = Basispreis (BP)
./. Kassakurs der Anleihe am Ausübungstag (KA_t)

Teilaufgabe b)

Der **Erwerber einer Kaufoption (= Käufer eines Call)** realisiert einen Gewinn, wenn die Ausgleichszahlung (= KA_t – BP) größer als der Optionspreis (OP) zzgl. Spesen (Sp) ist, wenn also gilt:

$$KA_t - BP > OP + Sp$$

$$\Leftrightarrow KA_t - 104 \text{ EUR} > 2{,}80 \text{ EUR} + \underbrace{2{,}80 \text{ EUR} \cdot 1{,}05\ \%}_{0{,}03 \text{ EUR}}$$

$$\Leftrightarrow KA_t > 2{,}80 \text{ EUR} + 0{,}03 \text{ EUR} + 104 \text{ EUR}$$

$$\Leftrightarrow KA_t > 106{,}83 \text{ EUR}$$

Notiert die Bundesanleihe am Ausübungstag der Option höher als 106,83 EUR, realisiert der Erwerber einer Kaufoption einen Gewinn.

Der Erwerber wird aber die Kaufoption trotz eines Verlustes ausüben, sofern der Kurs der Bundesanleihe noch über 104 % liegt, da auf diese Weise zumindest ein Teil des ansonsten gänzlich verlorenen Optionspreises und der beim Erwerb der Kaufoption angefallenen Spesen abgedeckt wird.

Bei Nicht-Ausübung der Kaufoption:

Verlust von OP und Spesen: 2,83 EUR/Schein

Bei Ausübung der Kaufoption und einem Kurs der Bundesanleihe von z. B. 106 EUR/Schein:

	Gewinn aus der Ausübung	2,00 EUR/Schein	(= 106 EUR/Schein – 104 EUR/Schein)
–	Verlust von OP und Spesen	– 2,83 EUR/Schein	
=	Verlust insgesamt	– 0,83 EUR/Schein	

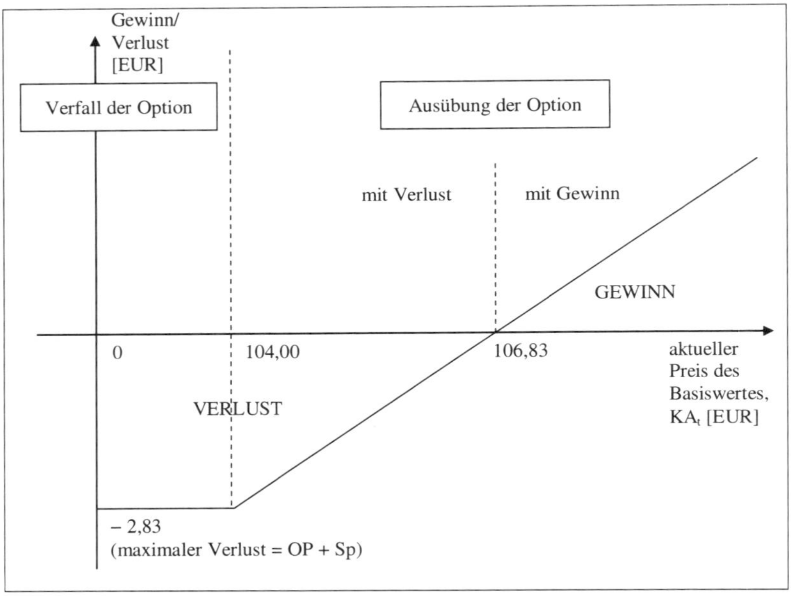

Abbildung 19: Gewinn-/Verlustsituation für den Inhaber einer Kaufoption

Zusammenfassung der Ergebnisse:

KA_t	>			106,83 EUR	Ausübung der Kaufoption mit Gewinn
KA_t	=			106,83 EUR	Gewinn-/Verlustneutralität, d. h. Ausübung mit Gewinn/Verlust = 0
104 EUR	<	KA_t	<	106,83 EUR	Ausübung der Kaufoption mit Verlust (Verlustminimierung)

KA_t	=	104,00 EUR	Indifferenz hinsichtlich der Ausübung der Kaufoption, Verlust = OP + Sp
KA_t	<	104,00 EUR	Kaufoption gelangt nicht zur Ausübung, Verlust = OP + Sp

Teilaufgabe c)

Der **Erwerber einer Verkaufsoption (= Käufer eines Put)** realisiert einen Gewinn, wenn die Ausgleichszahlung (= BP – KA_t) größer als der Optionspreis (OP) zzgl. Spesen (Sp) ist, wenn also gilt:

$$BP - KA_t > OP + Sp$$

$$\Leftrightarrow 104 \text{ EUR} - KA_t > 2{,}50 \text{ EUR} + \underbrace{2{,}50 \text{ EUR} \cdot 1{,}05\ \%}_{0{,}03 \text{ EUR}}$$

$$\Leftrightarrow KA_t < -2{,}50 \text{ EUR} - 0{,}03 \text{ EUR} + 104 \text{ EUR}$$

$$\Leftrightarrow KA_t < 101{,}47 \text{ EUR}$$

Wird die Kursnotierung von 101,47 EUR am Ausübungstag der Option unterschritten, realisiert der Erwerber einer Verkaufsoption insgesamt einen Gewinn.

Der Erwerber wird aber die Verkaufsoption trotz eines Verlustes ausüben, sofern der Kurs der Bundesanleihe noch unter 104 % liegt, da auf diese Weise zumindest ein Teil des ansonsten gänzlich verlorenen Optionspreises und der beim Erwerb der Verkaufsoption angefallenen Spesen abgedeckt wird.

Bei Nicht-Ausübung der Verkaufsoption:

Verlust von OP und Spesen: 2,53 EUR/Schein

Bei Ausübung der Verkaufsoption und einem Kurs der Bundesanleihe von z. B. 103 EUR/Schein:

	Gewinn aus der Ausübung	1,00 EUR/Schein	(= 104 EUR/Schein – 103 EUR/Schein)
–	Verlust von OP und Spesen	– 2,53 EUR/Schein	
=	Verlust insgesamt	– 1,53 EUR/Schein	

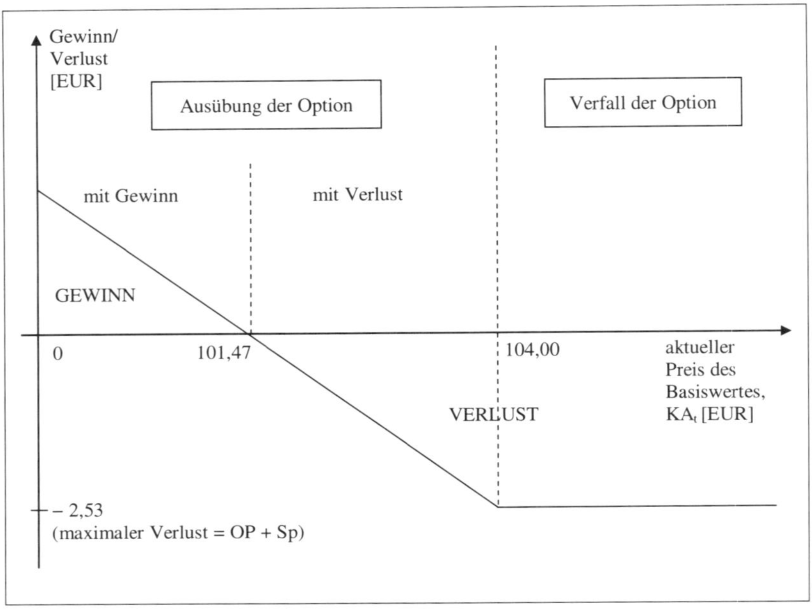

Abbildung 20: Gewinn-/Verlustsituation für den Inhaber einer Verkaufsoption

Zusammenfassung der Ergebnisse:

KA_t	$<$		101,47 EUR	Ausübung der Verkaufsoption mit Gewinn
KA_t	$=$		101,47 EUR	Gewinn-/Verlustneutralität, d. h. Ausübung mit Gewinn/Verlust = 0
101,47 EUR	$<$	KA_t $<$	104,00 EUR	Ausübung der Verkaufsoption mit Verlust (Verlustminimierung)
KA_t	$=$		104,00 EUR	Indifferenz hinsichtlich der Ausübung der Verkaufsoption, Verlust = OP + Sp
KA_t	$>$		104,00 EUR	Verkaufsoption gelangt nicht zur Ausübung, Verlust = OP + Sp

Teilaufgabe d)

(1) Gewinn bei Ausübung der Kaufoptionen

Da das Unternehmen von sinkenden Marktzinsen und damit von steigenden Wertpapierkursen ausgeht, handelt es sich bei dem Kauf der 100.000 Zinsoptionsscheine um Kaufoptionen.

Gewinn je Zinsoptionsschein = $KA_t - BP - (OP + Sp)$

KA_t = Barwert der 6 %-igen Bundesanleihe pro 100 EUR Nennwert (gesuchte Größe)

BP = 104 EUR/Stück

OP = 2,80 EUR/Stück

Sp = 0,03 EUR/Stück

Aus der 6 %-igen Bundesanleihe, die in 8 Jahren fällig ist (Restlaufzeit: 2010 bis 2018), fließen Zinsen in Höhe von 6 % bezogen auf den Nennwert von 100 EUR ($6\,\% \cdot 100\,\text{EUR} = 6\,\text{EUR}$) jährlich zu; am Ende der Laufzeit erfolgt die Rückzahlung des Nennwerts.

Damit berechnet sich der Barwert der 6 %-igen Bundesanleihe pro 100 EUR Nennwert wie folgt:

$$KA_0 = 6\,\text{EUR} \cdot \text{RBF}\,(3{,}50\,\%/8\,\text{Jahre}) + 100\,\text{EUR} \cdot \text{ABF}\,(3{,}50\,\%/8\,\text{Jahre})$$

$$= 6\,\text{EUR} \cdot 6{,}8740 + 100\,\text{EUR} \cdot 0{,}7594$$

$$= 41{,}24\,\text{EUR} + 75{,}94\,\text{EUR} = \mathbf{117{,}18\,EUR/Stück}$$

Gewinn je Zinsoptionsschein:

= 117,18 EUR – 104 EUR – (2,80 EUR + 0,03 EUR)

= **10,35 EUR/Stück**

Gesamtgewinn:

= 10,35 EUR/Stück · 100.000 Stück
= **1.035.000 EUR**

(2) Überprüfung der Zielerreichung

Um Richtung und Umfang der Zielabweichung am 30.09.2010 festzustellen, sind folgende Überlegungen anzustellen:

Wie viel Kapital muss am 30.09.2010 zu einem Marktzzinssatz von 3,50 % p. a. angelegt werden, um nach 8 Jahren denselben Betrag zu erhalten, wie

10 Mio. EUR angelegt am 30.09.2010 zu einem (gewünschten, angestrebten) Zinssatz von 4,60 % p. a. für 8 Jahre ergeben würden?

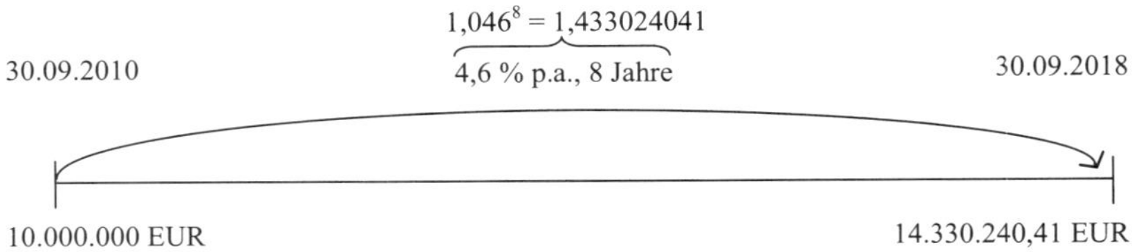

$$10.000.000\text{ EUR} \cdot 1{,}046^{8} = 14.330.240{,}41\text{ EUR}$$

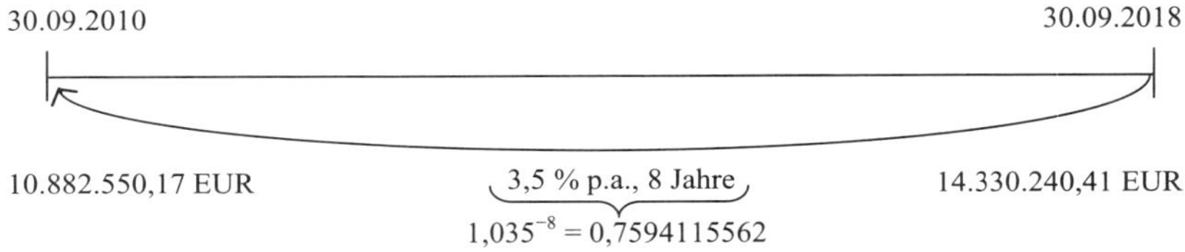

$$14.330.240{,}41\text{EUR} \cdot \frac{1}{1{,}035^{8}} = 10.882.550{,}17\text{ EUR}$$

Würden 10 Mio. EUR am 30.09.2010 zu 4,60 % p. a. 8 Jahre lang angelegt werden, so ergäbe sich ein Endwert von 14.330.240,41 EUR. Um diesen Endwert bei einem Zinsniveau von 3,50 % p. a. zu erzielen, müssen am 30.09.2010 10.882.550,17 EUR angelegt werden.

Am 30.09.2010 stehen dem Unternehmen folgende Mittel zur Verfügung:

10.000.000,00 EUR	aus dem Verkauf der Beteiligung
+ 1.318.000,00 EUR	aus der Ausübung der Zinsoptionsscheine (siehe Nebenrechnung Nr. 1)
– 291.136,25 EUR	aus der Kredittilgung (einschl. Zinsen) (siehe Nebenrechnung Nr. 2)
= 11.026.863,75 EUR	Gesamtmittel

Somit stehen dem Unternehmen genügend Mittel zur Verfügung, um – wenn diese Mittel zu 3,50 % p. a. für 8 Jahre angelegt werden – mindestens denselben Endwert zu erzielen, der sich ergäbe, wenn 10 Mio. EUR 8 Jahre lang zu 4,60 % p. a. angelegt würden. Das Ziel, eine Mindestverzinsung der

10 Mio. EUR in Höhe von 4,60 % p. a. zu erzielen, ist also erreicht worden. Die Zielabweichung beträgt:

	11.026.863,75 EUR	(tatsächliche Mittel)
	– 10.882.550,17 EUR	(benötigte Mittel)
=	**+ 144.313,58 EUR**	**(Zielabweichung)**

Nebenrechnungen:

1. Barwert der 6 %-igen Bundesanleihe pro 100 EUR Nennwert am 30.09.2010 (Zinsniveau: 3,50 % p. a.):

$$
\begin{aligned}
KA_0 &= 6\text{ EUR} \cdot \text{RBF } (3{,}50\,\%/8\text{ Jahre}) \\
&\quad + 100\text{ EUR} \cdot \text{ABF } (3{,}50\,\%/8\text{ Jahre}) \\
&= 6\text{ EUR} \cdot 6{,}8740 + 100\text{ EUR} \cdot 0{,}7594 \\
&= 41{,}24\text{ EUR} + 75{,}94\text{ EUR} \\
&= \mathbf{117{,}18\text{ EUR}}
\end{aligned}
$$

$\Rightarrow$ Zahlung je Optionsschein: 117,18 EUR − 104 EUR = 13,18 EUR

$\Rightarrow$ Einzahlung aus der Ausübung der Optionsscheine am 30.09.2010: 13,18 EUR/Stück · 100.000 Stück = **1.318.000 EUR**

2. Tilgungsbetrag des Darlehens (einschließlich Zinsen) für den Kauf der Zinsoptionsscheine:

$$
\underbrace{283.000\text{ EUR}}_{\underbrace{2{,}83 \cdot 100.000}_{\text{OP+Sp}}} \cdot \left(1 + 0{,}046 \cdot \frac{7{,}5\text{ Monate}}{12\text{ Monate}}\right) = 291.136{,}25\text{ EUR}
$$

Aufgabe 7.8: Gründe für den Abschluss eines Optionskontrakts

Erläutern Sie aus Sicht der beteiligten Vertragspartner die Gründe, die zu dem Abschluss eines Optionskontrakts führen!

Lösung:

Die Motive der Vertragspartner eines Optionskontrakts lassen sich in folgender Übersicht zusammenfassen:

Vertragspartner / Einsatzmöglichkeit	Käufer	Stillhalter
Absicherung	– eines Bestands (Käufer einer Verkaufsoption) – einer zukünftigen Anlage (Käufer einer Kaufoption)	–
Spekulation (d. h. es besteht keine tatsächliche Kauf-/Verkaufsabsicht bezüglich des Basiswertes)	auf veränderte Preise (steigende Preise bei Kaufoption, sinkende Preise bei Verkaufsoption)	auf unveränderte oder veränderte Preise (sinkende Preise bei Kaufoption, steigende Preise bei Verkaufsoption) (Ziel: Vereinnahmung der Optionsprämie)

Abbildung 21: Einsatzmöglichkeiten von Optionsgeschäften[38]

Aufgabe 7.9: Kurssicherung im Währungsbereich[39]

Die saarländische Winzergenossenschaft Weinanbau eG hat mit einem japanischen Handelshaus einen Vertrag über die Lieferung von 10.000 Flaschen Wein verschiedener Qualitäten und Jahrgänge abgeschlossen. Die Rechnung beläuft sich auf einen Betrag von insgesamt 4.375.000 JPY. Der aktuelle Kassakurs beträgt 138,20 JPY/EUR. Aufgrund der starken Wettbewerbsposition geht das japanische Handelshaus bei den Zahlungsbedingungen keine Kompromisse ein, sondern besteht auf einer 6-monatigen Zahlungsfrist und einer Fakturierung in JPY.

Da die saarländische Winzergenossenschaft nur relativ selten größere Mengen an Wein exportiert, verfügt sie nicht über ein institutionalisiertes Risikomanagement. Sie möchte die Forderung in JPY aber auf jeden Fall gegen Wechselkursschwankungen absichern und wendet sich diesbezüglich an ihre Hausbank. Dort werden der Weinanbau eG zwei Alternativen der Kurssicherung angeboten. Zum einen der Verkauf der JPY auf Termin in 6 Monaten zum

---

[38] Entnommen aus *Bieg, Hartmut*: Finanzmanagement mit Optionen, in: Der Steuerberater 1998, S. 24.

[39] Stark modifiziert entnommen aus *Havenstein, Moritz; Bastian, Jonas*: Risikomanagement im Außenhandel – Instrumente der Kurssicherung, in: Fallstudien zum Internationalen Management – Grundlagen – Praxiserfahrungen – Perspektiven, hrsg. von *Joachim Zentes, Bernhard Swoboda* und *Dirk Morschett,* 3. Aufl., Wiesbaden 2008, S. 63–73, hier S. 70–71.

Kurs von 142,40 JPY/EUR (unbedingtes Termingeschäft). Zum anderen der Kauf einer Putoption zu folgenden Bedingungen:

Laufzeit:	6 Monate, Ausübung nur am Ende der Laufzeit (European Style Option),
Strike Price:	140,80 JPY/EUR,
Optionsprämie:	3.070,91 EUR (Diese Prämie ist sofort fällig und müsste deswegen streng genommen um 6 Monate aufgezinst werden. Darauf soll hier aber verzichtet werden.)

Zeigen Sie in Abhängigkeit von den folgenden in 6 Monaten alternativ möglichen Kassakursen auf, ob die Weinanbau eG rückblickend mit dem Abschluss des Devisentermingeschäfts oder mit dem Kauf der Devisenoption ihre Erlöse maximiert hätte:

a) Kassakurs in 6 Monaten: 141,20 JPY/EUR,
b) Kassakurs in 6 Monaten: 139,00 JPY/EUR,
c) Kassakurs in 6 Monaten: 129,46 JPY/EUR,
d) Kassakurs in 6 Monaten: 128,00 JPY/EUR.

Lösung:

Vorbemerkungen:

Änderungen der Wechselkursrelation bis zum Zeitpunkt der Zahlung durch den Vertragspartner beinhalten ein Risiko für den (Lieferanten-) Kreditgeber. Eine Aufwertung des JPY bis zum Zahlungsziel würde im vorliegenden Fall dazu führen, dass die saarländische Winzergenossenschaft (nach Umtausch von JPY in EUR) einen niedrigeren Betrag vereinnahmt als bei sofortiger Zahlung im Zeitpunkt des Vertragsschlusses. Im umgekehrten Fall könnte die Winzergenossenschaft von einem fallenden JPY-Kurs profitieren. Laut Aufgabenstellung möchte sich die Winzergenossenschaft jedoch gegen Kursschwankungen (genauer: Aufwertung des JPY) absichern.

Teilaufgabe a)

Kassakurs in 6 Monaten: 141,20 JPY/EUR

Bei dem Devisentermingeschäft handelt es sich um ein unbedingtes Termingeschäft mit Erfüllungspflicht beider Vertragspartner:

Erlös aus dem Devisentermingeschäft:

$$\frac{4.375.000\,\text{JPY}}{142{,}40\,\text{JPY/EUR}} = \mathbf{30.723{,}31\ \ EUR}$$

Bei dem Devisenoptionsgeschäft handelt es sich um ein bedingtes Termingeschäft, das der Optionsinhaber nur dann ausüben wird, wenn der aktuelle Kassakurs zum Ausübungszeitpunkt höher als der vereinbarte Terminkurs (Strike Price) ist:

Erlös aus dem Devisenoptionsgeschäft:

Bei einem Kassakurs in 6 Monaten von 141,20 JPY/EUR wird die Verkaufsoption ausgeübt werden.

$$\frac{4.375.000\,\text{JPY}}{140{,}80\ \ \text{JPY/EUR}} - 3.070{,}91\,\text{EUR (Optionsprämie)}$$

$$= 31.072{,}44\,\text{EUR} - 3.070{,}91\,\text{EUR} = \mathbf{28.001{,}53\ \ EUR}$$

Fazit: Der Erlös aus dem Devisentermingeschäft ist höher.

Teilaufgabe b)

Kassakurs in 6 Monaten: 139,00 JPY/EUR

Erlös aus dem Devisentermingeschäft:

30.723,31 EUR

Erlös aus dem Devisenoptionsgeschäft:

Bei einem Kassakurs in 6 Monaten von 139,00 JPY/EUR wird die Verkaufsoption **nicht** ausgeübt werden, da die Weinanbau eG durch die Nichtausübung der Verkaufsoption von der für sie positiven Kassakursentwicklung profitieren kann. Die erhaltenen JPY werden also zum aktuellen Kassakurs von 139,00 JPY/EUR umgetauscht werden, d. h., es wird zum Verfall der Verkaufsoption kommen.

$$\frac{4.375.000\,\text{JPY}}{139{,}00\,\text{JPY/EUR}} - 3.070{,}91\,\text{EUR (Optionsprämie)}$$

$$= 31.474{,}82\,\text{EUR} - 3.070{,}91\,\text{EUR} = \mathbf{28.403{,}91\ \ EUR}$$

Fazit: Der Erlös aus dem Devisentermingeschäft ist auch hier höher.

Teilaufgabe c)

Kassakurs in 6 Monaten: 129,46 JPY/EUR

Erlös aus dem Devisentermingeschäft:

30.723,31 EUR

Erlös aus dem Devisenoptionsgeschäft:

Bei einem Kassakurs in 6 Monaten von 129,46 JPY/EUR wird die Verkaufsoption **nicht** ausgeübt werden (d. h. Verfall der Verkaufsoption). Stattdessen werden die JPY zum aktuellen Kassakurs umgetauscht werden.

$$\frac{4.375.000\,\text{JPY}}{129{,}46\,\text{JPY/EUR}} - 3.070{,}91\,\text{EUR (Optionsprämie)}$$

$$= 33.794{,}22\ \text{EUR} - 3.070{,}91\ \text{EUR} = \mathbf{30.723{,}31\ \ EUR}$$

Fazit: Der Erlös aus dem Devisentermingeschäft entspricht dem Erlös aus dem Devisenoptionsgeschäft.

Teilaufgabe d)

Kassakurs in 6 Monaten: 128,00 JPY/EUR

Erlös aus dem Devisentermingeschäft:

30.723,31 EUR

Erlös aus dem Devisenoptionsgeschäft:

Bei einem Kassakurs in 6 Monaten von 128,00 JPY/EUR wird auch hier die Verkaufsoption **nicht** ausgeübt werden (d. h. Verfall der Verkaufsoption). Stattdessen werden die JPY zum aktuellen Kassakurs umgetauscht werden.

$$\frac{4.375.000\,\text{JPY}}{128{,}00\,\text{JPY/EUR}} - 3.070{,}91\,\text{EUR (Optionsprämie)}$$

$$= 34.179{,}69\,\text{EUR} - 3.070{,}91\,\text{EUR} = \mathbf{31.108{,}78\ \ EUR}$$

Fazit: Der Erlös aus dem Devisenoptionsgeschäft ist hier, auch wenn es zum Verfall der Verkaufsoption kommt, höher.

7.3 Finanzmanagement mit Swaps

Aufgabe 7.10: Abschluss eines Zinsswap-Geschäfts

Das Unternehmen A möchte einen variabel verzinslichen Eurokredit in Höhe von 150 Mio. EUR in eine EUR-Festsatzverbindlichkeit mit einer Laufzeit von vier Jahren tauschen. Das Unternehmen B will für die gleiche Laufzeit und den gleichen Betrag eine aus einer Anleiheemission vorhandene EUR-Festsatzverbindlichkeit in eine variabel verzinsliche EUR-Verbindlichkeit umwandeln. Für die Unternehmen gelten folgende Finanzierungskonditionen:

in % p. a.	Unternehmen A	Unternehmen B
4-Jahres-Festsatz	7,75	6,25
4-Jahres-Kredit variabel	6-Monats-LIBOR + 1,0	6-Monats-LIBOR + 0,5

Unter Zugrundelegung dieser Finanzierungskonditionen bietet das Unternehmen B dem Unternehmen A an, für vier Jahre auf den Kapitalbetrag den 6-Monats-LIBOR zu vergüten, wenn das Unternehmen A die Festsatzzinsen von B trägt. In welcher Höhe verändert sich die jährliche Zinsbelastung beider Unternehmen durch diese Swapvereinbarung?

Lösung:

Mit Hilfe von Zinsswaps wird versucht, den Umstand, dass bestimmte Marktteilnehmer sich an den Finanzmärkten günstiger als andere refinanzieren können, zum Vorteil von beiden Parteien auszunutzen. Beim reinen Zinsswap tauschen zwei Partner Zinszahlungen in einer Währung, wobei die der Zinsberechnung zugrunde liegenden Kapitalbeträge nicht getauscht werden.

Unternehmen A verschuldet sich variabel: [%]

–	(6-Monats-LIBOR + 1,0)	Ausgangszinsen aus dem variabel verzinslichen Eurokredit
–	6,25	Ausgleichszahlung an B
+	6-Monats-LIBOR	Ausgleichszahlung von B
=	– 7,25	
+	7,75	Alternativkondition von A bei eigener festverzinslicher Verschuldung
=	0,50	Finanzierungsvorteil aus dem Zinsswap

Unternehmen B verschuldet sich fest: [%]

–	6,25	Ausgangszinsen aus der Festsatzverbindlichkeit
+	6,25	Ausgleichszahlung von A
–	6-Monats-LIBOR	Ausgleichszahlung an A
=	– 6-Monats-LIBOR	
+	(6-Monats-LIBOR + 0,5)	Alternativkondition von B bei eigener variabler Verschuldung
=	0,50	Finanzierungsvorteil aus dem Zinsswap

Beide Unternehmen können sich jeweils um 0,50 % p. a. günstiger finanzieren. Dies entspricht einem Betrag von 150 Mio. EUR · 0,50 % = **750.000 EUR p. a.**

Aufgabe 7.11: Abschluss eines Zinsswap-Geschäfts

Ein Industrieunternehmen A benötigt 300 Mio. EUR für 6 Jahre, wobei es an einer festen Verzinsung interessiert ist. Eine Bank B benötigt den gleichen Betrag in der gleichen Währung mit der gleichen Laufzeit, aber variabel verzinst. Bei einer Anleiheemission müssten von beiden Unternehmen auf dem Kapitalmarkt folgende Zinssätze gezahlt werden:

Alternativen / Unternehmen	Festzinsanleihe	Floating Rate Note
Industrieunternehmen A	10 %	EURIBOR + 1 %
Bank B	8 %	EURIBOR

Das Industrieunternehmen A und die Bank B vereinbaren bei dieser Konstellation die Durchführung eines Zinsswaps. Der sich dadurch ergebende Finanzierungsvorteil (Zinsnutzen, Arbitragepotenzial) wird im Verhältnis 40 % (für A) und 60 % (für B) aufgeteilt.

Stellen Sie die Transaktionen der Anleiheemissionen sowie des Zinsswaps in einem Schaubild grafisch dar und ermitteln Sie für beide Partner die jährliche Zinsersparnis (in EUR)!

Lösung:

Da Bank B aufgrund einer höheren Bonität niedrigere Festzinsen und niedrigere variable Zinsen als das Industrieunternehmen A vereinbaren kann, können sich beide Vertragspartner durch Abschluss eines Zinsswaps günstiger refinanzieren.

Das Industrieunternehmen A emittiert eine Floating Rate Note zu EURIBOR + 1 % und Bank B eine festverzinsliche Anleihe zu 8 %.

Neben diesen am Finanzmarkt abgeschlossenen Geschäften schließen das Industrieunternehmen A und die Bank B miteinander einen Zinsswapvertrag ab, in dem sich das Industrieunternehmen A beispielsweise verpflichtet, an die Bank B Festzinsen zu leisten, wohingegen sich die Bank B zu variablen Zinszahlungen an das Industrieunternehmen A verpflichtet (die Höhe der gegenseitig zu zahlenden Swap-Zinsen wird hierbei zwischen den Vertragspartnern frei vereinbart).

Ermittlung des Arbitragepotenzials des Zinsswaps:

Zinsdifferenz aus der variabel verzinslichen Mittelbeschaffung:

	Industrieunternehmen A		EURIBOR + 1 %
–	Bank B	–	EURIBOR
	Zinsvorteil der Bank B	=	1 %

Zinsdifferenz aus der fest verzinslichen Mittelbeschaffung:

	Industrieunternehmen A		10 %
–	Bank B	–	8 %
	Zinsvorteil der Bank B	=	2 %

Differenz der Zinsvorteile = 2 % – 1 % = 1 % (= Arbitragepotenzial)

Dieser Zinsvorteil in Höhe von 1 % ist entsprechend der Aufgabenstellung wie folgt aufzuteilen:

40 % für A = 0,4 %

60 % für B = 0,6 %

Die jährliche Zinsersparnis beträgt $0{,}4\,\% \cdot 300\text{ Mio. EUR} = 1{,}2\text{ Mio. EUR}$ für das Industrieunternehmen A und $0{,}6\,\% \cdot 300\text{ Mio. EUR} = 1{,}8\text{ Mio. EUR}$ für die Bank B.

Die von dem Industrieunternehmen A und der Bank B getätigten Emissionen sowie die anschließenden Swaptransaktionen lassen sich grafisch wie folgt veranschaulichen:

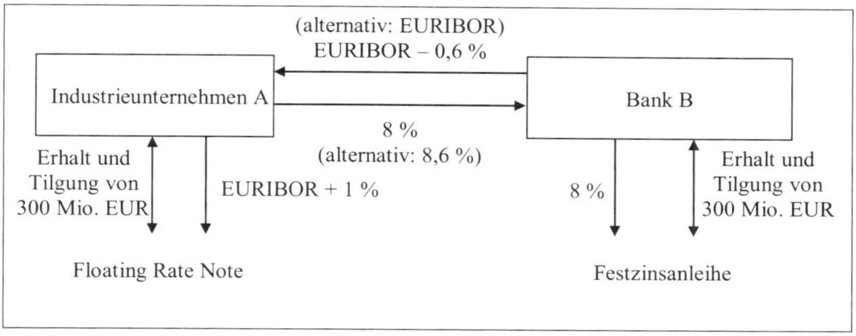

Abbildung 22: Beispiel eines Zinsswaps

Refinanzieren sich das Industrieunternehmen A und die Bank B am Finanzmarkt, ohne einen Zinsswap abzuschließen, so muss das Industrieunternehmen A Zinsen in Höhe von 10 % p. a. zahlen, während der Bank B Zinskosten in Höhe des EURIBOR entstehen.

Industrieunternehmen A

Zinsen **ohne Swap**

10 %		Zinsen aus der Festzinsanleihe

Zinsen **mit Swap**

	Alternative	
EURIBOR + 1 %	EURIBOR + 1 %	Zinsen aus der Floating Rate Note
+ 8 %	+ 8,6 %	Zinsen an Bank B
– (EURIBOR – 0,6 %)	– EURIBOR	Zinseinnahmen von Bank B
= 9,6 %	= 9,6 %	Zinsen mit Swap

⇒ **Zinsersparnis p. a. = 10 % – 9,6 % = 0,4 %**

Bank B

Zinsen **ohne Swap**

EURIBOR		Zinsen aus der Floating Rate Note

Zinsen **mit Swap**

	Alternative	
8 %	8 %	Zinsen aus der Festzinsanleihe
+ (EURIBOR – 0,6 %)	+ EURIBOR	Zinsen an Industrieunternehmen A
– 8 %	– 8,6 %	Zinseinnahmen von Industrieunternehmen A
= EURIBOR – 0,6 %	= EURIBOR – 0,6 %	Zinsen mit Swap

⇒ **Zinsersparnis p. a. = EURIBOR – (EURIBOR – 0,6 %) = 0,6 %**

Das Industrieunternehmen A kann die von der Bank B erhaltenen variablen Zinszahlungen zur Begleichung der Zinszahlungsverpflichtungen aus der Floating Rate Note verwenden; Bank B kann die von dem Industrieunternehmen A erhaltenen Festzinszahlungen zur Begleichung der Festzinszahlungsverpflichtungen verwenden. Da das Industrieunternehmen A an die Bank B feste Zinszahlungen zu leisten hat, wird aus der ursprünglich variabel verzinslichen Position des Industrieunternehmens A eine festverzinsliche Position. In gleicher Weise wird die ursprünglich festverzinsliche Finanzierung von der Bank B durch den Zinsswap in eine faktisch variabel verzinsliche Finanzierung transformiert.

Aufgabe 7.12: Abschluss eines Währungsswap-Geschäfts

Das deutsche Unternehmen D benötigt zur Finanzierung seiner Investitionen im SAAR-Land fest verzinsliche SAAR-Dollar. Es kann sich jedoch aufgrund seines geringen Bekanntheitsgrades am SAAR-Kapitalmarkt nur zu vergleichsweise ungünstigen Konditionen verschulden. Es findet sich ein Unternehmen S aus dem SAAR-Land, das Zugang zu günstigen SAAR-Geldern hat, seinerseits aber an einer vorteilhaften Finanzierung in EUR interessiert ist. Abgesehen von den entgegengesetzten Währungsbedürfnissen haben beide Unternehmen hinsichtlich der Volumina, der Laufzeit und der Zinsberechnungsbasis übereinstimmende Finanzierungsvorstellungen:

	Unternehmen D	Unternehmen S
Mittelbedarf (Kassakurs: 2,00 SAAR-Dollar/EUR)	200 Mio. SAAR-Dollar	100 Mio. EUR
Laufzeit	6 Jahre	6 Jahre
Art der Verbindlichkeit	endfälliges Festzinsdarlehen (jährliche nachschüssige Zinszahlungen zum gleichen Termin)	endfälliges Festzinsdarlehen (jährliche nachschüssige Zinszahlungen zum gleichen Termin)

Die Kosten der Mittelbeschaffung der beiden Unternehmen in EUR und in SAAR-Dollar stellen sich wie folgt dar:

	Mittelbeschaffung in EUR p. a.	Mittelbeschaffung in SAAR-Dollar p. a.
Unternehmen D Unternehmen S	5 % 8 %	11 % 9 %
Zinsdifferenz	3 %-Punkte	2 %-Punkte

a) Wie können die beiden Unternehmen ihre Standingvorteile bei der Mittelbeschaffung auf dem jeweiligen heimischen Finanzmarkt zum beiderseitigen Nutzen einsetzen? Erläutern Sie hierbei anhand obiger Angaben die drei Phasen eines Währungsswaps und stellen Sie diese grafisch dar!

b) Vergleichen Sie für beide Unternehmen die jährlichen Kosten einer Mittelaufnahme mit bzw. ohne eine Zusammenarbeit!

Lösung:

Teilaufgabe a)

Aufgrund von Standingvorteilen an den jeweiligen inländischen Finanzmärkten unterscheiden sich für die beiden Unternehmen die Zinskosten für eine Mittelaufnahme. Am deutschen Kapitalmarkt ist die Mittelbeschaffung für das deutsche Unternehmen D, am SAAR-Kapitalmarkt für das Unternehmen S aus dem SAAR-Land günstiger. Die relativen Zinsvorteile können nun durch den Abschluss eines Währungsswaps genutzt werden. Hierzu verschuldet sich zunächst jedes Unternehmen an seinem Heimatmarkt, die aufgenommenen Mittel werden dann zum aktuellen Kassakurs (hier: 2,00 SAAR-Dollar/EUR) getauscht, die entsprechenden Zinsverpflichtungen werden jährlich gegenseitig beglichen und schließlich werden am Laufzeitende die Kapitalbeträge zum ursprünglichen Kassakurs zurückgetauscht.

Die Durchführung eines einfachen Währungsswaps vollzieht sich somit in drei Phasen (vgl. *Abbildung 23*):

Phase 1 (Anfangstransaktion) – Austausch der Kapitalbeträge zum Kassakurs:

Das Unternehmen S aus dem SAAR-Land legt eine 9 %-ige Schuldverschreibung in Höhe von 200 Mio. SAAR-Dollar auf und leitet die Devisen an seinen deutschen Swappartner weiter. Das deutsche Unternehmen D gibt im Gegenzug EUR-Mittel aus einer 100 Mio. EUR-Anleihe-Emission zu 5 % an den Kontrahenten aus dem SAAR-Land weiter. Die Kapitalbeträge werden also mit einem Wechselkurs von 2,00 SAAR-Dollar/EUR geswapt.

Phase 2 (Zinstransaktionen) – Austausch der Zinszahlungen:

Die beiden Swappartner übernehmen gegenseitig die jeweiligen Zinsverpflichtungen aus den aufgenommenen Geldern. Das deutsche Unternehmen D zahlt jährlich 9 % von 200 Mio. SAAR-Dollar = 18 Mio. SAAR-Dollar; das Unternehmen S aus dem SAAR-Land zahlt jährlich 5 % von 100 Mio. EUR = 5 Mio. EUR.

Phase 3 (Schlusstransaktion) – Rücktausch der Kapitalbeträge zum ursprünglichen Kassakurs:

Bei Endfälligkeit des Swapvertrags kommt es zum Rücktausch der Valutabeträge zum ursprünglich vereinbarten Kurs von 2,00 SAAR-Dollar/EUR, mit denen beide Unternehmen die dann jeweils fällige Schuldverschreibung tilgen können.

Die *Abbildung* 24 auf Seite 164 verdeutlicht in einer Gesamtbetrachtung die Abwicklung des einfachen Währungsswaps laut Aufgabenstellung.

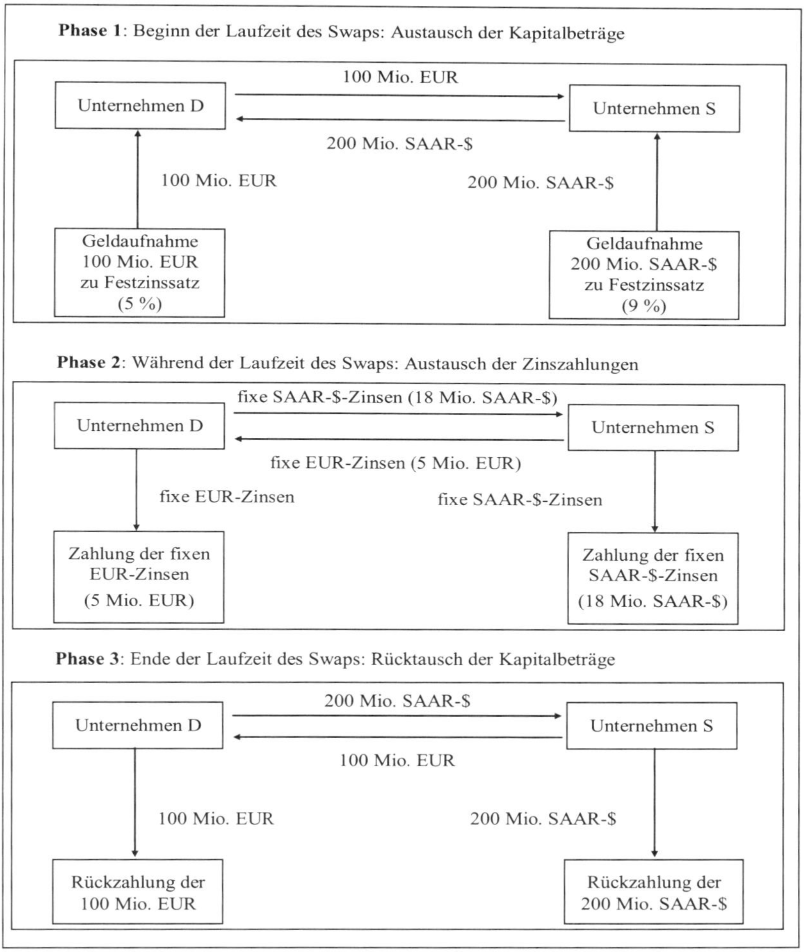

Abbildung 23: Die drei Phasen eines Währungsswaps[40]

[40] Modifiziert entnommen aus *Bieg, Hartmut*: Finanzmanagement mit Swaps, in: Der Steuerberater 1998, S. 67–68.

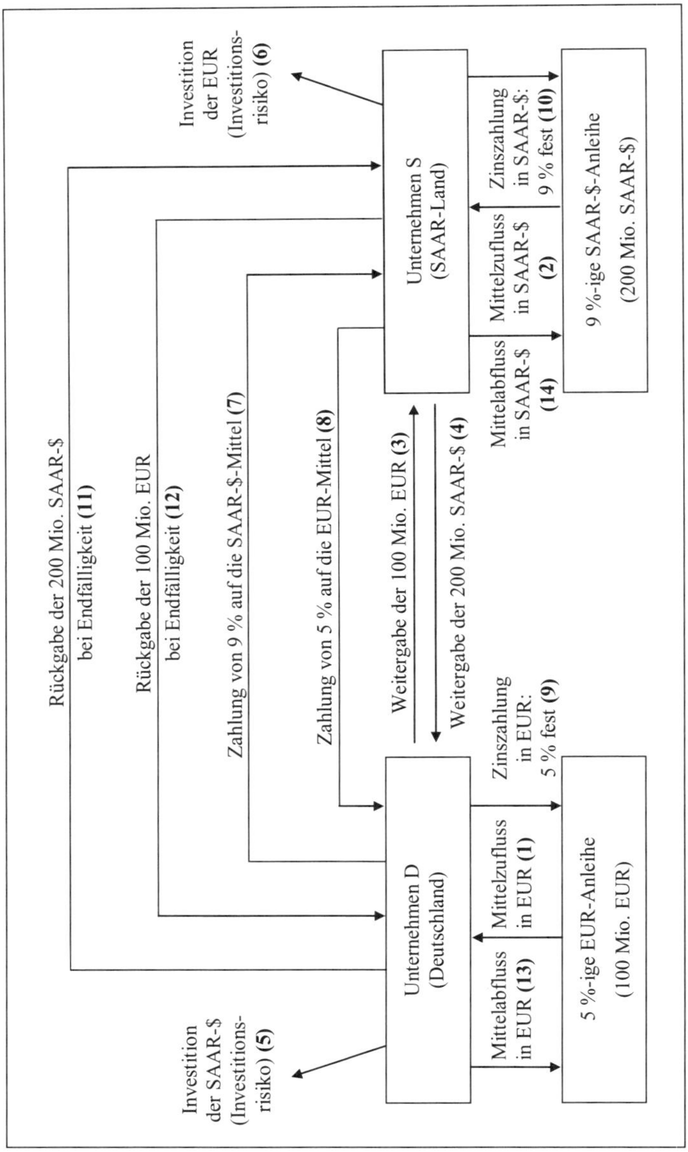

Abbildung 24: Zahlungsströme des Währungsswaps

Teilaufgabe b)

Den Vergleich der Kosten einer Mittelaufnahme mit bzw. ohne eine Swapvereinbarung zeigt die folgende Berechnung:

Unternehmen D

	Zinskosten für die EUR-Mittel	5 %
–	EUR-Zinsen von dem Unternehmen S aus dem SAAR-Land	– 5 %
+	Zinskosten für die SAAR-$-Mittel	+ 9 %
=	Nettokosten	= 9 % (= 18 Mio. SAAR-$ bzw. 9 Mio. EUR)
	Marktzins des deutschen Unternehmens D für SAAR-$-Mittel	= 11 % (= 22 Mio. SAAR-$ bzw. 11 Mio. EUR)
⇒	**Vorteil durch den Währungsswap**	**= 2 % (= 4 Mio. SAAR-$ bzw. 8 Mio. EUR)**

Unternehmen S

	Zinskosten für die SAAR-$-Mittel	9 %
–	SAAR-$-Zinsen von dem deutschen Unternehmen D	– 9 %
+	Zinskosten für die EUR-Mittel	+ 5 %
=	Nettokosten	= 5 % (= 10 Mio. SAAR-$ bzw. 5 Mio. EUR)
	Marktzins des Unternehmens S aus dem SAAR-Land für EUR-Mittel	= 8 % (= 16 Mio. SAAR-$ bzw. 8 Mio. EUR)
⇒	**Vorteil durch den Währungsswap**	**= 3 % (= 6 Mio. SAAR-$ bzw. 3 Mio. EUR)**

Die Swapparteien nutzen somit die komparativen Kostenvorteile, die beide im Hinblick auf den Zugang zu ihren heimischen Kapitalmärkten haben. So kann der EUR-Inländer (Unternehmen D) zu weitaus günstigeren Konditionen Heimatwährung aufnehmen als das am SAAR-Kapitalmarkt bonitätsstarke, aber am deutschen Kapitalmarkt unbekannte Unternehmen S aus dem SAAR-Land. Wirtschaftlich betrachtet handelt es sich somit bei der geschilderten Swaptransaktion um nichts anderes als um gegenseitig gewährte Fremdwährungsdarlehen. Das deutsche Unternehmen D kann durch die Kombination der EUR-Verbindlichkeit mit einem Währungsswap mit günstigen SAAR-Dollar-Mitteln arbeiten, ohne einem Währungsrisiko aus dem Kapitalgrundbetrag ausgesetzt zu sein (jedoch ist die Gefahr des Ausfalls des Unternehmens S aus dem SAAR-Land zu beachten). Sofern die jährlichen Zinskosten für die SAAR-Dollar-Mittel aus den im SAAR-Land erwirtschafteten Mitteln abgedeckt werden, sind auch diese Fremdwährungskosten gegen Wechselkursschwankungen abgesichert. Ist die Rendite aus dem im SAAR-Land investierten Kapital allerdings niedriger als der zu zahlende Schuldzins, so entsteht in Höhe des Differenzbetrags ein Währungsrisiko.

7.4 Finanzmanagement mit Futures

Aufgabe 7.13: Erwartungshaltungen beim Eingehen eines Future-Kontrakts

Erläutern Sie die Position des Käufers sowie des Verkäufers eines Futures! Welche Erwartungshaltung besitzt der Käufer bzw. Verkäufer eines Futures hinsichtlich der Kursentwicklung des einem Future-Kontrakt zugrunde liegenden Basiswerts?

Lösung:

Bei einem Future-Kontrakt handelt es sich um ein unbedingtes Termingeschäft, bei dem für zwei anonyme Kontraktpartner eine unbedingte Verpflichtung zur Leistung und Gegenleistung des Geschäftsgegenstandes besteht; d. h., ein **Future** stellt für beide Vertragspartner – den Käufer wie den Verkäufer – eine **unbedingt verpflichtende Vereinbarung** dar.

- **Kauf eines Futures (Future-Long-Position)**

  Durch den Kauf eines Future-Kontrakts verpflichtet sich der Käufer, zu einem bestimmten in der Zukunft liegenden vereinbarten Zeitpunkt (Liefer-, Erfüllungs-, Fälligkeitstag) eine festgelegte Menge des zugrunde liegenden Handelsobjekts (Basiswert, Underlying) zu einem im Voraus vereinbarten Preis (Einstandspreis, Einstandskurs, Future-Preis) zu übernehmen. Durch den Kauf des Futures entsteht eine Future-Long-Position. Der Käufer erwartet, dass der Kurs des Basiswerts während der Laufzeit des Future-Kontrakts steigt.

- **Verkauf eines Futures (Future-Short-Position)**

  Durch den Verkauf eines Future-Kontrakts verpflichtet sich der Verkäufer, zu einem bestimmten in der Zukunft liegenden vereinbarten Zeitpunkt (Liefer-, Erfüllungs-, Fälligkeitstag) eine festgelegte Menge des zugrunde liegenden Handelsobjekts (Basiswert, Underlying) zu einem im Voraus vereinbarten Preis (Einstandspreis, Einstandskurs, Future-Preis) zu liefern. Aus dem Verkauf des Futures ergibt sich eine Future-Short-Position. Der Verkäufer erwartet, dass der Kurs des Basiswerts während der Laufzeit des Future-Kontrakts fällt.

Aufgabe 7.14: Closing-transaction

Beschreiben Sie die Vorgehensweise der Glattstellung einer Future-Position (Closing-transaction)!

Lösung:

Futures sind im Allgemeinen nicht auf die tatsächliche Erfüllung des Vertrags angelegt: Zweck ist es in aller Regel nicht, zu einem künftigen Zeitpunkt zu heute festgelegten Konditionen einen Basiswert tatsächlich zu erwerben oder zu veräußern. Die einzelnen Marktteilnehmer beabsichtigen vielmehr, ihre jeweilige Verpflichtung noch vor Fristablauf des Vertrags (vor Fälligkeit) durch ein entsprechendes Gegengeschäft mit identischen Vertragsbedingungen zum dann gültigen Terminkurs mit einem beliebigen anderen Marktteilnehmer aufzuheben (glattzustellen, zu schließen). Die Möglichkeit, die ursprünglich eingegangene Position jederzeit (börsentäglich) vor Vertragsende auflösen zu können, wird durch den zentralisierten Handel der standardisierten Futures an einer Terminbörse gewährleistet. Nach der Glattstellung hat der Marktteilnehmer keine Verpflichtung mehr.

Vorgehensweise der Glattstellung aus Sicht des Käufers bzw. Verkäufers eines Future-Kontrakts:

- Der Käufer eines Future-Kontrakts stellt seine Long-Position durch eine Short-Position glatt, indem er einen Future-Kontrakt in gleicher Höhe und mit gleicher Kontraktfälligkeit verkauft.

- Der Verkäufer eines Future-Kontrakts schließt seine Short-Position durch den Kauf eines Future-Kontrakts in gleicher Höhe und mit gleicher Kontraktfälligkeit.

Gewinne und Verluste aus der Glattstellung eines Future-Kontrakts:

Durch die Glattstellung wird in der Regel ein Differenzgewinn bzw. ein Differenzverlust realisiert, der dadurch entsteht, dass sich der Kurs des gehandelten Futures während seiner Laufzeit verändert. Die Differenz zwischen Kauf- und Verkaufskurs des Futures entscheidet über Gewinne und Verluste aus dem Engagement, wobei weitere Kosten (z. B. Transaktionskosten) zu berücksichtigen sind.

Aufgabe 7.15: Cost of Carry

Was versteht man im Rahmen der Preisbildung von Financial Futures unter den sog. Bestandshaltekosten (Cost of Carry)?

Lösung:

Der Future-Preis (Terminkurs) hängt zum einen vom Preis des zugrunde liegenden Basiswerts (Kassakurs) sowie zum anderen von der sogenannten Basis ab. Als Basis bezeichnet man den Unterschied zwischen Kassa- und Terminkurs, der auf zwei Gruppen von Einflussfaktoren zurückzuführen ist: Die **Value Basis** ergibt sich aus den nicht messbaren Faktoren (z. B. Erwartungen der Marktteilnehmer, Tagesereignisse, Angebots- und Nachfragestrukturen und Marktliquidität). Die **Carry Basis** beinhaltet dagegen die (messbaren) Faktoren, die durch das Halten des entsprechenden Basiswerts verursacht werden, z. B. Finanzierungs- oder Lagerkosten. Der Käufer eines Future-Kontrakts benötigt nämlich – abgesehen von den Margins[41] – keine Finanzmittel. Er könnte indessen – alternativ zum Erwerb des Future-Kontrakts – den Basiswert erwerben und über den entsprechenden Zeitraum im Bestand halten, müsste für den Kauf allerdings Barmittel aufbringen. Dadurch entstünden ihm einerseits Finanzierungskosten aufgrund einer Kreditaufnahme oder aber Opportunitätskosten wegen entgangener Erträge aus einer alternativen Anlage seiner Barmittel. Andererseits fielen dann aber auch Einnahmen in Form von Dividenden und/oder Bezugsrechtserlösen an, wenn seine Position aus Aktien besteht, oder in Form von Zinsen, wenn es sich um Anleihen

---

41 Bei Vertragsabschluss ist ein Betrag als „Verlustpuffer" zu zahlen (Initial Margin). Während der Laufzeit des Futures sind bei Unterschreitung der Maintenance Margin Verlustausgleichszahlungen fällig (Margin Calls).

handelt. Diese **Nettofinanzierungskosten** (Differenz aus Finanzierungskosten bzw. Opportunitätskosten und Erträgen) **einer dem Future-Kontrakt äquivalenten Kassaposition** bezeichnet man als **Bestandshaltekosten (Cost of Carry)**. Diese Kosten müssen im fairen (theoretischen) Terminkurs (Future-Preis) berücksichtigt werden.

7.5 Finanzmanagement mit Forward Rate Agreements

Aufgabe 7.16: Grundstruktur eines Forward Rate Agreements

Was versteht man unter einem Forward Rate Agreement (FRA)? Erläutern Sie in diesem Zusammenhang auch, wann der Käufer bzw. der Verkäufer eines FRA zu einer Ausgleichszahlung am sog. Settlement Date verpflichtet ist!

Lösung:

Das **Forward Rate Agreement (FRA)** ist ein **außerbörsliches unbedingtes Zinstermingeschäft**. Zwei Vertragsparteien vereinbaren, an einem in der Zukunft liegenden Zeitpunkt einen Betrag zu zahlen. Dieser Betrag errechnet sich aus der Differenz zweier Zinssätze – dem heute vereinbarten Vertragszinssatz (FRA-Satz) und dem zukünftigen Marktzinssatz (Referenzzinssatz) –, bezogen auf einen bestimmten Nominalbetrag und eine festgelegte zukünftige Periode (Absicherungsperiode). Ein Austausch des Nominalbetrags findet nicht statt.

Der **Käufer eines FRA** (quasi (zukünftiger) Kreditnehmer) ist zu einer Ausgleichszahlung am Settlement Date verpflichtet, wenn der aktuelle Referenzzinssatz unter dem vereinbarten FRA-Satz liegt.

Der **Verkäufer eines FRA** (quasi (zukünftiger) Kreditgeber bzw. Anleger) ist zu einer Ausgleichszahlung am Settlement Date verpflichtet, wenn der aktuelle Referenzzinssatz über dem vereinbarten FRA-Satz festgestellt wird.

Aufgabe 7.17: Vorlaufzeit, Gesamtlaufzeit sowie Laufzeit eines Forward Rate Agreements

Erläutern Sie am Beispiel eines FRA 3–9 die Begriffe „Vorlaufzeit“, „Gesamtlaufzeit“ sowie „Laufzeit“ eines Forward Rate Agreements!

Lösung:

Bei einem FRA 3–9 (gesprochen: Forward Rate Agreement 3 gegen 9 Monate) beschreibt die erste Zahl die **Vorlaufzeit** des FRA, im Beispiel 3 Monate, sowie die zweite Zahl die **Gesamtlaufzeit** dieses Finanzinstruments, hier 9 Monate. Mit dem Ende der Vorlaufzeit beginnt die eigentliche FRA-Laufzeit (Zinsperiode, Absicherungsperiode), die sich aus der Differenz zwischen der Gesamtlaufzeit und der Vorlaufzeit ergibt; hier: 6 Monate.

Aufgabe 7.18: Kauf eines Forward Rate Agreements

Ein Unternehmen möchte in zwei Monaten einen 6-Monats-Eurokredit in Höhe von 20 Mio. EUR aufnehmen. Da das Unternehmen steigende Zinsen erwartet, will es sich für seinen zukünftigen Kredit den aktuellen aus seiner Sicht relativ niedrigen Marktzinssatz sichern. Daher entschließt es sich zum Kauf eines Forward Rate Agreement „2 gegen 8 Monate" zu folgenden Konditionen:

- Betrag:	20 Mio. EUR
- FRA-Festzinssatz:	9 % p. a.
- Abschlussdatum:	19.02.10
- Laufzeit des FRA (Referenzperiode):	21.04.10 - 21.10.10 (183 Tage)
- Referenzzinssatz:	6-Monats-EUR-EURIBOR

Am 19.04.10 liegt der 6-Monats-EUR-EURIBOR mit 9,5 % p. a. über dem FRA-Festzinssatz von 9 % p. a. Berechnen Sie die Ausgleichszahlung, die das Unternehmen als Käufer des FRA erhält!

Lösung:

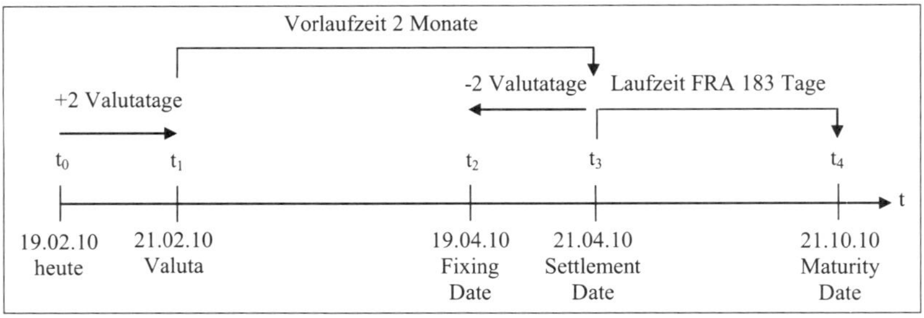

Abbildung 25: Zeitplan eines Euro-Forward Rate Agreements FRA 2–8[42]

[42] Modifiziert entnommen aus *Bieg, Hartmut*: Finanzmanagement mit Forward Rate Agreements, in: Der Steuerberater 1998, S. 142.

Da der aktuelle Marktzinssatz (6-Monats-EUR-EURIBOR) über dem FRA-Festzinssatz liegt (9,5 % > 9 %), erhält der Käufer des FRA vom Verkäufer des FRA für die Dauer der Laufzeit des FRA (183 Tage) die Zinsdifferenz zwischen dem aktuellen Marktzinssatz und dem FRA-Festzinssatz in Höhe von 0,5 % p. a. bezogen auf den Nominalbetrag in Höhe von 20 Mio. EUR. Dieser Zinsbetrag wird – unter Zugrundelegung des aktuellen Marktzinssatzes – auf den Beginn der Laufzeit des FRA, den 21.04.10, abdiskontiert und bezahlt. Der **Ausgleichsbetrag** errechnet sich wie folgt:

$$A \cdot \left(1 + i_R \cdot \frac{T_{FRA}}{360}\right) = K \cdot \left(i_R - i_{FRA}\right) \cdot \frac{T_{FRA}}{360}$$

$$\Leftrightarrow A = \frac{K \cdot \left(i_R - i_{FRA}\right) \cdot \frac{T_{FRA}}{360}}{1 + i_R \cdot \frac{T_{FRA}}{360}}$$

$$A = \frac{20.000.000 \text{ EUR} \cdot (0{,}095 - 0{,}09) \cdot \frac{183}{360}}{1 + (0{,}095 \cdot \frac{183}{360})}$$

$$= \frac{50.833{,}33}{1{,}0482916667}$$

$$= \mathbf{48.491{,}59\ EUR}\ (= \text{Barwert der Zinsdifferenz})$$

Das Unternehmen erhält somit als Käufer des FRA vom Verkäufer des FRA eine Ausgleichszahlung in Höhe von 48.491,59 EUR.

Dabei gilt:

A: Ausgleichszahlung;

K: Kapitalbetrag;

i_R: aktueller Marktzinssatz;

i_{FRA}: FRA-Festzinssatz;

T_{FRA}: Laufzeit des FRA.

Konsequenz der von dem Unternehmen getroffenen Sicherungsmaßnahme:

Annahmegemäß angelegt zum 6-Monats-EUR-EURIBOR der Referenzperiode in Höhe von 9,5 % p. a. wächst die Ausgleichszahlung auf

$$48.491{,}59\ \text{EUR} \cdot \left[1 + \left(0{,}095 \cdot \frac{183}{360}\right)\right]$$

$$= 48.491{,}59\ \text{EUR} \cdot 1{,}0482916667$$

$$= \mathbf{50.833{,}33\ EUR}$$

an. Dieser Betrag entspricht der Zinsdifferenz für 183 Tage zwischen dem vereinbarten FRA-Festzinssatz von 9 % p. a. und dem tatsächlichen Marktzinssatz von 9,5 % p. a. bezogen auf den in Anspruch genommenen Kredit von 20.000.000 EUR, also:

$$K \cdot (i_R - i_{FRA}) \cdot \frac{183}{360}$$

$$= 20\ \text{Mio. EUR} \cdot (0{,}095 - 0{,}09) \cdot \frac{183}{360}$$

$$= 50.833{,}33\ \text{EUR}$$

Ohne Abschluss des FRA wären folgende Kosten entstanden:

$$20.000.000\ \text{EUR} \cdot \left(0{,}095 \cdot \frac{183}{360}\right)$$

$= 20.000.000$ EUR · $0{,}0482916667 =$ **965.833,33 EUR**

Mit Abschluss des FRA betragen die Kosten:

965.833,33 EUR – 50.833,33 EUR = **915.000 EUR**

Probe:

$$20.000.000\ \text{EUR} \cdot \left(0{,}09 \cdot \frac{183}{360}\right)$$

$= 20.000.000$ EUR · $0{,}04575 =$ **915.000 EUR**

Dies sind die gewünschten Finanzierungskosten.

Das Unternehmen hat sich durch den Abschluss des FRA gegen steigende Zinsen abgesichert. Der geplante 6-Monats-Eurokredit kann zu den im Februar 2010 geltenden Konditionen in Anspruch genommen werden. Die tatsächlich gestiegenen Finanzierungskosten werden unter der Annahme, dass der Barwert der Ausgleichszahlung zum aktuellen Marktzinssatz angelegt werden kann, durch die Einzahlung aus dem FRA ausgeglichen.

Aufgabe 7.19: Abschluss eines Forward Rate Agreements[43]

Ein Unternehmen bekommt in 8 Monaten 10.000.000 EUR, die es dann als 3-Monats-Geld anlegen möchte. Da das Unternehmen einen Zinsrückgang für möglich hält, schließt es mit einem Kreditinstitut zum Zeitpunkt t_0 ein Forward Rate Agreement über 10.000.000 EUR mit einem Beginn in 8 Monaten (t_8) und einer Laufzeit von 3 Monaten (t_{11}) ab. Der mit dem Kreditinstitut vereinbarte Zinssatz beträgt 5 % p. a. Als Referenzzinssatz dient der 3-Monats-EUR-EURIBOR. Dieser beträgt 8 Monate später zum Fixingtag (t_8 minus 2 Tage) 4,5 % p. a.

Welcher der beiden Vertragspartner ist der Käufer bzw. Verkäufer des FRA? Gegen welche Zinsentwicklung sichert sich der Käufer bzw. Verkäufer eines FRA ab? Welcher der beiden Vertragspartner ist bei den hier zugrunde gelegten Daten zur Ausgleichszahlung verpflichtet? Berechnen Sie die Höhe der Ausgleichszahlung! (Annahme: 1 Monat = 30 Tage. Grundsätzlich liegt der Zinsberechnung die 365/360-Tage Methode zugrunde. Diese Methode beinhaltet die taggenaue, kalendermäßige Berechnung der Laufzeit und bezieht diese auf 360 Zinstage im Jahr.)

Lösung:

Der **Käufer eines FRA** ist derjenige, der im Bewusstsein eines zukünftigen Mittelbedarfs eine Absicherung gegen steigende Zinsen eingehen will (hier: das Kreditinstitut).

Der **Verkäufer eines FRA** ist derjenige, der sich in Kenntnis einer zukünftigen Mittelanlage gegen fallende Zinsen absichern will (hier: das Unternehmen).

Da in der vorliegenden Aufgabenstellung die Zinsen gefallen sind, ist das Kreditinstitut als Käufer des FRA dem Unternehmen gegenüber als Verkäufer des FRA zur **Ausgleichszahlung** verpflichtet.

[43] Modifiziert entnommen aus *Binkowski, Peter; Beeck, Helmut*: Finanzinnovationen, 3. Aufl., Bonn 1995, S. 78–79.

$$A = \frac{K \cdot (i_R - i_{FRA}) \cdot \frac{T_{FRA}}{360}}{1 + i_R \cdot \frac{T_{FRA}}{360}}$$

$$A = \frac{10.000.000\,EUR \cdot (0{,}045 - 0{,}05) \cdot \frac{90}{360}}{1 + 0{,}045 \cdot \frac{90}{360}}$$

$$= \frac{10.000.000 \cdot (-\,0{,}00125)}{1{,}01125} = \frac{-12.500}{1{,}01125}$$

$$= \mathbf{-12.360{,}94\ EUR}$$

Der von dem Kreditinstitut an das Unternehmen zu zahlende Ausgleichsbetrag beläuft sich auf 12.360,94 EUR.

Dabei gilt:

A: Ausgleichszahlung;

K: Kapitalbetrag;

i_R: aktueller Marktzinssatz;

i_{FRA}: FRA-Festzinssatz;

T_{FRA}: Laufzeit des FRA.

8 Die Innenfinanzierung

8.1 Überblick über die Innenfinanzierung

Aufgabe 8.1: Finanzierungswirkungen von Ein- und Auszahlungen

In den beiden nachfolgenden Abbildungen sollen die Finanzierungswirkungen von Einzahlungen und Auszahlungen dargestellt werden. Kennzeichnen Sie **innerhalb der Abbildungen** an den dafür vorgesehenen Stellen, d.h. innerhalb der Kreise, die einzelnen Finanzierungswirkungen:

\+ für Erhöhung der liquiden Mittel des Unternehmens;

= für keine Veränderung der liquiden Mittel des Unternehmens;

– für Verminderung der liquiden Mittel des Unternehmens.

Geben Sie außerdem jeweils in den grau unterlegten Feldern mit den Buchstaben a, b und c den Umfang der Gesamtwirkung für die Fälle 1 bis 3 an! Um welche Formen der Innenfinanzierung handelt es sich bei den einzelnen Fällen (bitte in die grau unterlegten Felder mit den Buchstaben d und/oder e eintragen)?

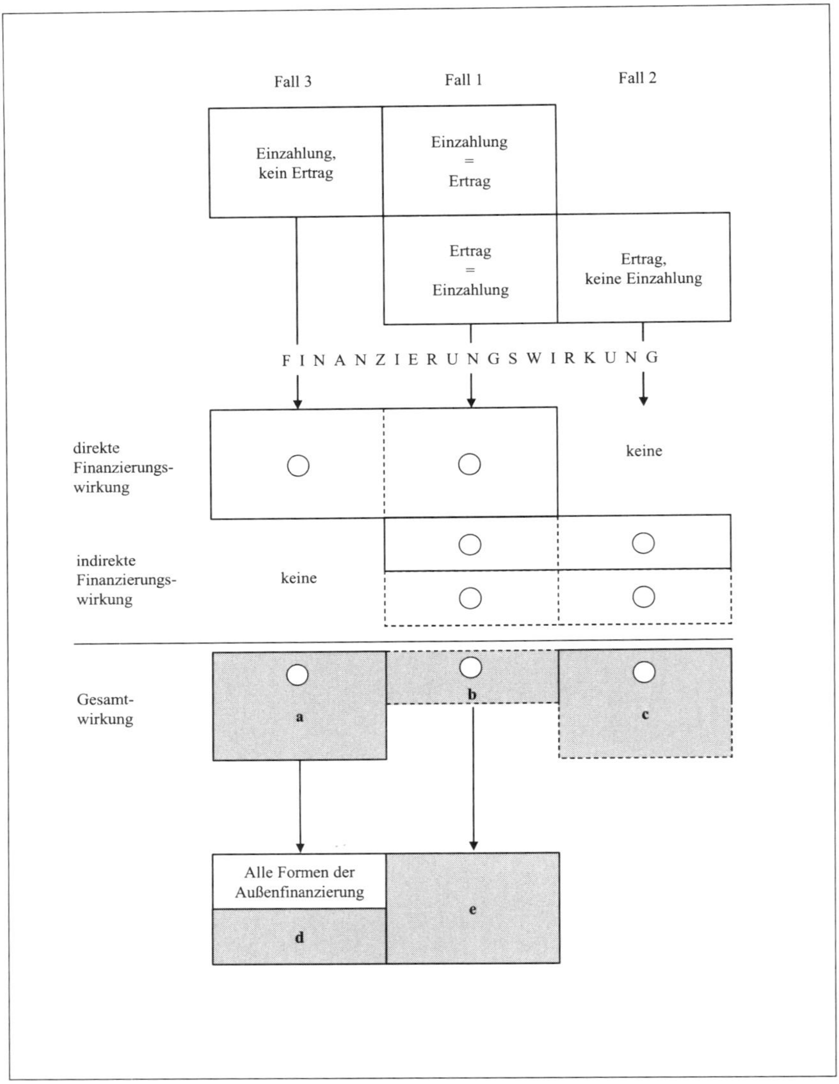

Abbildung 26: Die Finanzierungswirkung von Einzahlungen

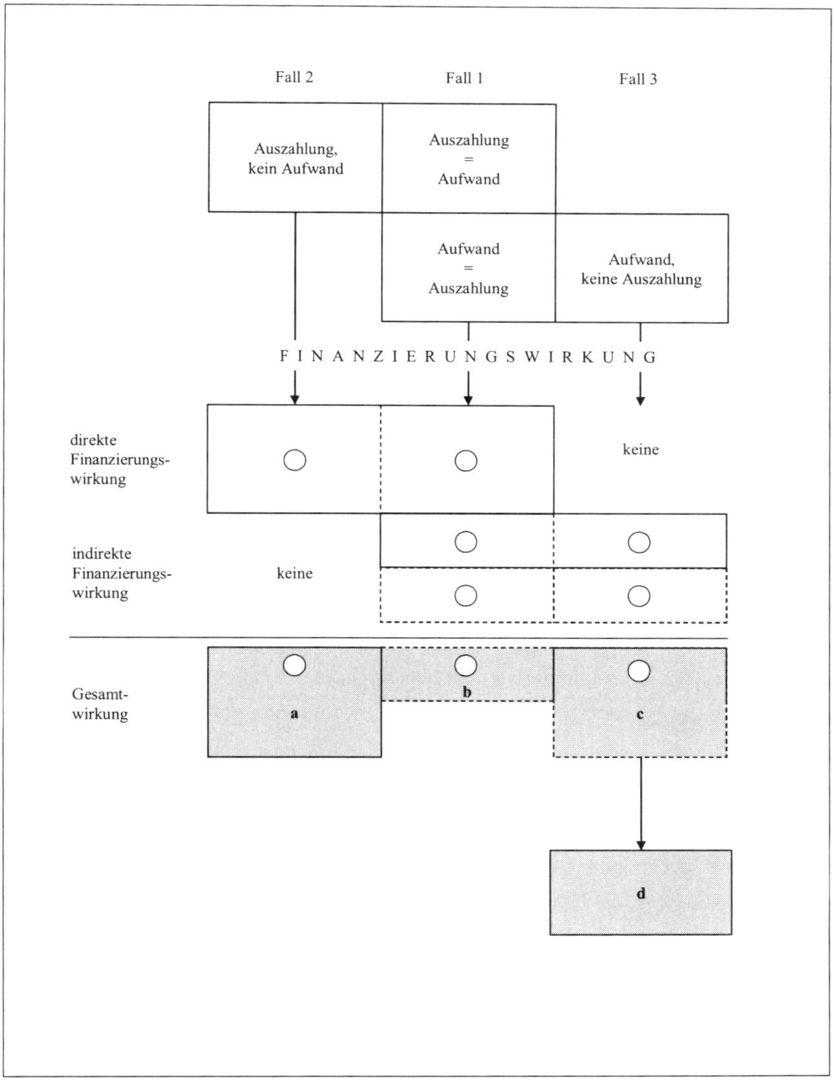

Abbildung 27: Die Finanzierungswirkung von Auszahlungen

Lösung:

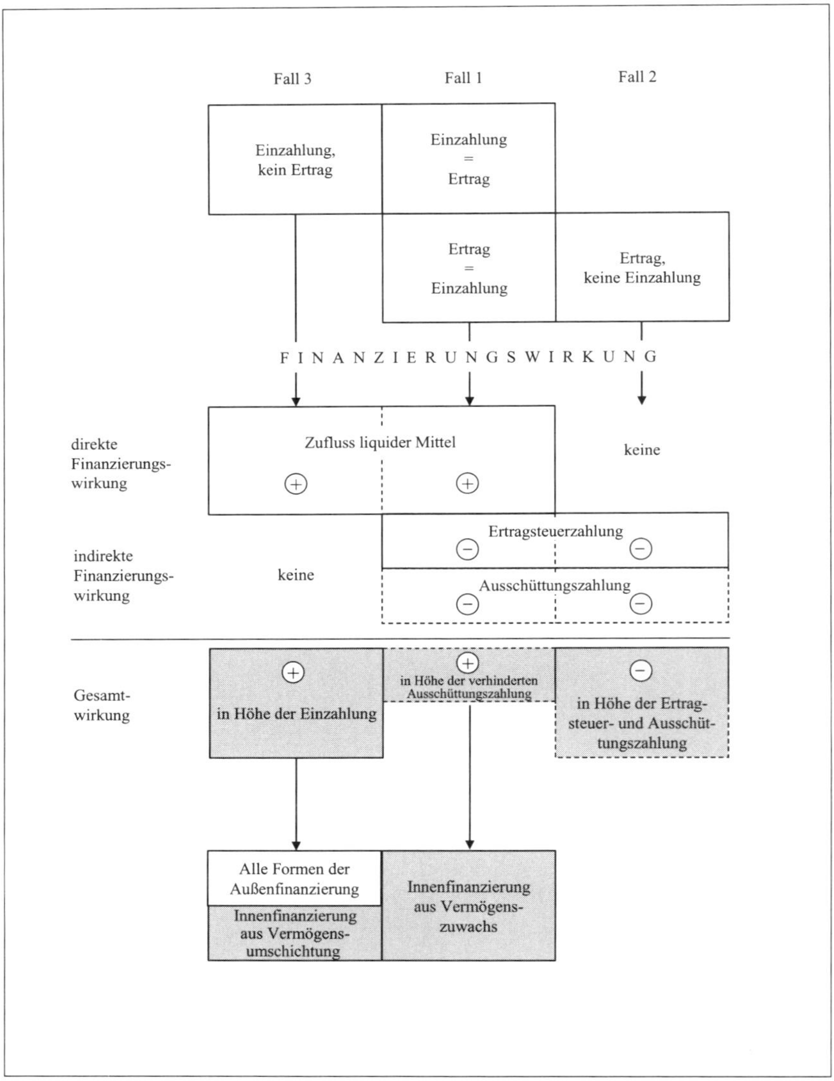

Abbildung 28: Die Finanzierungswirkung von Einzahlungen[44]

[44] Modifiziert entnommen aus *Bieg, Hartmut*: Die Selbstfinanzierung – zugleich ein Überblick über die Innenfinanzierung, in: Der Steuerberater 1998, S. 187.

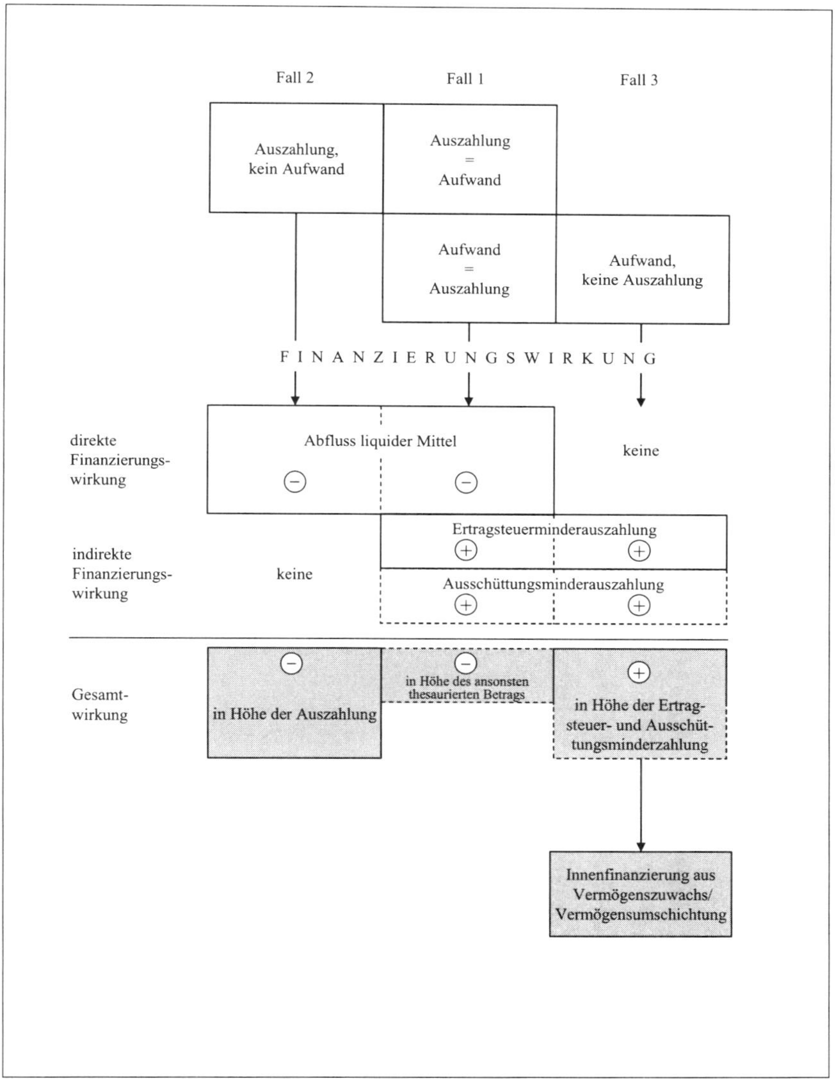

Abbildung 29: Die Finanzierungswirkung von Auszahlungen[45]

[45] Modifiziert entnommen aus *Bieg, Hartmut*: Die Selbstfinanzierung – zugleich ein Überblick über die Innenfinanzierung, in: Der Steuerberater 1998, S. 189.

Aufgabe 8.2: Möglichkeiten der Finanzierung aus dem betrieblichen Umsatzprozess

Nennen Sie drei verschiedene Möglichkeiten, die ein Unternehmen hat, um seine Finanzierung aus dem betrieblichen Umsatzprozess heraus zu betreiben!

Lösung:

Ein Unternehmen hat folgende **Möglichkeiten**, um seine **Finanzierung aus dem betrieblichen Umsatzprozess** heraus zu betreiben:

- Einbehaltung von erwirtschafteten Gewinnen (offene bzw. stille Selbstfinanzierung),
- Finanzierung aus Abschreibungsgegenwerten (Kapitalfreisetzung durch den Rückfluss von Abschreibungsgegenwerten),
- Finanzierung aus Rückstellungsgegenwerten („verdiente" Rückstellungen).

8.2 Die Selbstfinanzierung

Aufgabe 8.3: Finanzierungswirkungen stiller Reserven

Für die voraussichtlichen Kosten eines schwebenden Prozesses wird im Geschäftsjahr t_1 eine Rückstellung in Höhe von 125.000 EUR gebildet. Im darauf folgenden Geschäftsjahr t_2 werden die tatsächlich entstandenen Prozesskosten in Höhe von 87.500 EUR bezahlt. Welche Finanzierungswirkung wurde im Geschäftsjahr t_1 mit Hilfe der Bildung der auch steuerlich anerkannten stillen Reserven erzielt? Welche Finanzierungswirkung ergibt sich aus der Auflösung der stillen Reserven im Geschäftsjahr t_2?

Lösung:

Finanzierungswirkung der stillen Reserven in den Geschäftsjahren t_1 und t_2:

Verglichen mit einer Aufwandsverrechnung von 87.500 EUR erfolgt im Geschäftsjahr t_1 eine Gewinnverschiebung in Höhe von 37.500 EUR in das darauf folgende Geschäftsjahr t_2. Hieraus ergibt sich im Geschäftsjahr t_1 eine positive indirekte Finanzierungswirkung in Höhe der Ertragsteuer- und eventuell Ausschüttungsminderauszahlung (Steuerstundungseffekt). Dieser positiven indirekten Finanzierungswirkung im Geschäftsjahr t_1 steht eine negative indirekte Finanzierungswirkung im Geschäftsjahr t_2 gegenüber, weil die aufgelösten stillen Reserven der Ertragsbesteuerung unterliegen und eventuell ausgeschüttet werden.

Aufgabe 8.4: Stille Selbstfinanzierung[46]

Die Anschaffungskosten (= Wiederbeschaffungskosten) eines langlebigen Wirtschaftsgutes betragen 120.000 EUR. Jährlich werden bilanziell 15.000 EUR, kalkulatorisch 10.000 EUR linear abgeschrieben.

Zeigen Sie mit Hilfe der nachfolgenden Tabelle die Entwicklung der bilanziellen Restwerte, der kalkulatorischen Restwerte und der stillen Reserven auf! R_i stellt dabei den Restwert der Periode i und a_i die Abschreibung der Periode i dar.

Periode	Bilanzielle Abschreibung	Kalkulatorische Abschreibung	Stille Reserven
R_0			
a_1			
R_1			
a_2			
R_2			
a_3			
R_3			
a_4			
R_4			
a_5			
R_5			
a_6			
R_6			
a_7			
R_7			
a_8			
R_8			
a_9			
R_9			
a_{10}			
R_{10}			
a_{11}			
R_{11}			
a_{12}			
R_{12}			

[46] Modifiziert entnommen aus *Mühlbauer, Klaus*: Betriebswirtschaft – Übungsheft 3./4. Semester, Frankfurt am Main 2001, S. 32–33.

Lösung:

Periode	Bilanzielle Abschreibung	Kalkulatorische Abschreibung	Stille Reserven
R_0	120.000 EUR	120.000 EUR	- -
a_1	15.000 EUR	10.000 EUR	+ 5.000 EUR
R_1	105.000 EUR	110.000 EUR	5.000 EUR
a_2	15.000 EUR	10.000 EUR	+ 5.000 EUR
R_2	90.000 EUR	100.000 EUR	10.000 EUR
a_3	15.000 EUR	10.000 EUR	+ 5.000 EUR
R_3	75.000 EUR	90.000 EUR	15.000 EUR
a_4	15.000 EUR	10.000 EUR	+ 5.000 EUR
R_4	60.000 EUR	80.000 EUR	20.000 EUR
a_5	15.000 EUR	10.000 EUR	+ 5.000 EUR
R_5	45.000 EUR	70.000 EUR	25.000 EUR
a_6	15.000 EUR	10.000 EUR	+ 5.000 EUR
R_6	30.000 EUR	60.000 EUR	30.000 EUR
a_7	15.000 EUR	10.000 EUR	+ 5.000 EUR
R_7	15.000 EUR	50.000 EUR	35.000 EUR
a_8	15.000 EUR	10.000 EUR	+ 5.000 EUR
R_8	0 EUR	40.000 EUR	40.000 EUR
a_9		10.000 EUR	− 10.000 EUR
R_9		30.000 EUR	30.000 EUR
a_{10}		10.000 EUR	− 10.000 EUR
R_{10}		20.000 EUR	20.000 EUR
a_{11}		10.000 EUR	− 10.000 EUR
R_{11}		10.000 EUR	10.000 EUR
a_{12}		10.000 EUR	− 10.000 EUR
R_{12}		0 EUR	0 EUR

Aufgabe 8.5: Vor- und Nachteile der Selbstfinanzierung[47]

Aufgrund Ihrer guten Kontakte werden Sie in den Beraterbeirat der Opti GmbH, eines mittelständischen Fertigungsunternehmens, berufen. Ihre erste Aufgabe ist es, einen Vortrag zu dem Thema „Selbstfinanzierung ist Eigenkapitalbeschaffung von innen" zu halten. Man erwartet von Ihnen, dass Sie dabei auf die folgenden Aspekte eingehen:

a) Vor- und Nachteile dieser Finanzierungsmöglichkeit,

b) Konsequenzen einer starken Selbstfinanzierung für:

  - die Eigenkapitalgeber,
  - die Gläubiger,
  - die Mitarbeiter sowie
  - den Fiskus.

Lösung:

Teilaufgabe a)

Vorteile der Selbstfinanzierung:

- keine Beanspruchung des Privatvermögens der bisherigen Gesellschafter,
- keine Aufnahme neuer Gesellschafter notwendig (damit verbunden ist eine Beibehaltung der bisherigen Machtsituation),
- Einsparung der Beschaffungskosten extern bereitgestellten Eigenkapitals (z. B. Emissionskosten im Rahmen einer Kapitalerhöhung),
- leichter durchsetzbar als eine externe Erhöhung des Eigenkapitals (insbesondere bei stiller Selbstfinanzierung),
- keine spätere zusätzliche Liquiditätsbelastung durch insgesamt höhere Ausschüttungen,
- häufig einziger Weg der Eigenkapitalbeschaffung,
- Erhöhung der Kreditwürdigkeit durch Erhöhung der Eigenkapitalbasis,
- keine Zweckbindung für bestimmte Investitionsvorhaben des Unternehmens.

---

[47] Modifiziert entnommen aus *Mühlbauer, Klaus*: Betriebswirtschaft – Übungsheft 3./4. Semester, Frankfurt am Main 2001, S. 31.

Nachteile der Selbstfinanzierung:

- abhängig von der jeweiligen Gewinnsituation des Unternehmens,
- bei generell hoher Selbstfinanzierung besteht langfristig die Gefahr einer Verärgerung der Gesellschafter,
- Gefahr der Kapitalfehlleitung,
- Gefahr der falschen Beurteilung der Rentabilitätssituation des Unternehmens, wenn eine stille Selbstfinanzierung erfolgt.

Teilaufgabe b)

Konsequenzen für die Eigenkapitalgeber:

- Verzicht auf einen Teil des ausschüttbaren Gewinns,
- zeitliche Verlagerung der Gewinnausschüttung,
- Möglichkeit der Dividendenkontinuität,
- Stärkung der Haftungsbasis der Gesellschaft.

Konsequenzen für die Gläubiger:

- Stärkung der Verlustausgleichs- und Haftungsfunktion des Eigenkapitals (damit eventuell verbunden die Bereitschaft zu einer höheren Kreditgewährung),
- bei stiller Selbstfinanzierung Gefahr einer falschen Beurteilung der Vermögens-, Finanz- und Ertragslage des Unternehmens (Verschleierung der wahren Unternehmenssituation).

Konsequenzen für die Mitarbeiter:

- durch eine hohe Selbstfinanzierung wird die Arbeitsplatzsicherheit der Mitarbeiter grundsätzlich gestärkt (Schutz in Krisenzeiten).

Konsequenzen für den Fiskus:

- bei steuerlicher Anerkennung stiller Selbstfinanzierungsmaßnahmen zunächst geringere Steuereinnahmen durch einen geringeren Gewinnausweis (zeitliche Verlagerung der Steuereinnahmen),
- eventuell besteht aber auch die Möglichkeit einer endgültigen Steuerersparnis, wenn es gelingt, die Gewinne in eine Phase niedrigerer Ertragsteuersätze zu verlagern.

Aufgabe 8.6: Gewinnverteilung/Gewinnthesaurierung bei der OHG sowie der KG

Die Kapitalanteile der Gesellschafter A, B und C einer OHG belaufen sich auf 800.000 EUR, 600.000 EUR und 400.000 EUR. A und C beziehen ein Arbeitsentgelt (Unternehmerlohn) von jeweils 70.000 EUR, B arbeitet im Betrieb nicht mit.

Das Privatvermögen von A beträgt 400.000 EUR, das von B 1,8 Mio. EUR, das von C 800.000 EUR. Der Gewinn des Jahres vor Abzug der Entgelte für A und C beläuft sich auf 500.000 EUR. Der durchschnittliche Referenzzinssatz der EZB des Jahres beträgt 3 %.

a) Wie hoch sind die Gewinnanteile von A, B und C sowie der in dem Unternehmen zurückbehaltene Gewinn, wenn im Gesellschaftsvertrag Folgendes vereinbart ist:

   „Aus dem Gewinn des Jahres ist zunächst der Unternehmerlohn zu speisen, sodann ist eine Eigenkapitalverzinsung in Höhe des durchschnittlichen Referenzzinssatzes der EZB plus 4 % vorzunehmen, ein verbleibender Rest ist zur Abdeckung des unterschiedlichen Risikos der Gesellschafter im Verhältnis des Gesamtvermögens (Eigenkapital + Privatvermögen) zu verteilen. Nach erfolgter Gewinnverteilung belässt jeder Gesellschafter lediglich den Teil des ihm zugeteilten Gewinns, der den Betrag von 125.000 EUR übersteigt, zur Hälfte auf seinem Kapitalkonto; die andere Hälfte wird ebenso wie der Betrag von 125.000 EUR entnommen.“

b) Wie hoch sind die Gewinnanteile von A, B und C sowie der in dem Unternehmen zurückbehaltene Gewinn, wenn der Gewinn des Jahres nach der im Handelsgesetzbuch vorgesehenen Regelung zu verteilen ist und ergänzend dazu im Gesellschaftsvertrag Folgendes vereinbart ist:

   „Vom Gewinn des Jahres sind zunächst die Arbeitsentgelte (Unternehmerlohn) der im Betrieb arbeitenden Gesellschafter abzuziehen. Nach erfolgter Gewinnverteilung belässt jeder Gesellschafter den Teil des ihm zugeteilten Gewinns, der den Betrag von 140.000 EUR übersteigt, zu drei Vierteln auf seinem Kapitalkonto; das restliche Viertel wird entnommen.“

c) Wie wäre im vorliegenden Fall der Gesamtgewinn zu verteilen, wenn es sich statt um eine OHG um eine KG mit den Komplementären A und C und dem Kommanditisten B handeln würde, es sich bei dem Kapitalanteil von B um voll eingezahlte, vereinbarte Einlagen handeln würde und im Gesellschaftsvertrag folgende Reihenfolge der Gewinnverteilung vereinbart worden wäre:

- Berücksichtigung des Unternehmerlohns,
- gesetzlich vorgesehene Verzinsung der Kapitalanteile,
- 30 % des Restgewinns im Verhältnis des haftenden Vermögens je Gesellschafter,
- Restgewinn nach Köpfen.

Wie hoch ist der in dem Unternehmen zurückbehaltene Gewinn, wenn sich die Komplementäre A und C bereit erklären, 20 % des ihnen zugeteilten Gewinns auf ihren Kapitalkonten zu belassen, wohingegen der Restbetrag entnommen wird?

Lösung:

Teilaufgabe a)

Gewinnverteilung:

Gesellschafter	Kapitalanteil [in EUR]	Unternehmerlohn [in EUR]	7 % EK-Verzinsung [in EUR]	Risikoprämie (siehe Nebenrechnung) [in EUR]	Gesamt [in EUR]
A	800.000	70.000	56.000	58.500	184.500
B	600.000	–	42.000	117.000	159.000
C	400.000	70.000	28.000	58.500	156.500
Σ	**1.800.000**	**140.000**	**126.000**	**234.000**	**500.000**

Nebenrechnung:

$$\begin{aligned}\text{Risikoprämie} &= \text{Gewinn} - \text{Unternehmerlohn} - \text{EK-Verzinsung}\\ &= 500.000 \text{ EUR} - 140.000 \text{ EUR} - 126.000 \text{ EUR}\\ &= 234.000 \text{ EUR}\end{aligned}$$

	Kapitalanteil (Betriebsvermögen) [in EUR]	sonstiges Privatvermögen [in EUR]	Gesamtvermögen absolut [in EUR]	Gesamtvermögen in %	Risikoprämie [in EUR]
A	800.000	400.000	1.200.000	25 %	234.000 · 25 % = 58.500
B	600.000	1.800.000	2.400.000	50 %	234.000 · 50 % = 117.000
C	400.000	800.000	1.200.000	25 %	234.000 · 25 % = 58.500
Σ	**1.800.000**	**3.000.000**	**4.800.000**	**100 %**	**234.000**

Auf den Kapitalkonten der einzelnen Gesellschafter verbleiben folgende Beträge:

Gesellschafter	zugeteilter Gewinn [in EUR]	Gewinnthesaurierungsbetrag [in EUR]
A	184.500	(184.500 − 125.000) · 50 % = 29.750
B	159.000	(159.000 − 125.000) · 50 % = 17.000
C	156.500	(156.500 − 125.000) · 50 % = 15.750
∑	**500.000**	**62.500**

Teilaufgabe b)

Gewinnverteilung:

Gesellschafter	Kapitalanteil [in EUR]	Unternehmer-lohn [in EUR]	4 % EK-Verzinsung [in EUR]	Rest nach Köpfen [in EUR]	Gesamt [in EUR]
A	800.000	70.000	32.000	96.000	198.000
B	600.000	–	24.000	96.000	120.000
C	400.000	70.000	16.000	96.000	182.000
∑	**1.800.000**	**140.000**	**72.000**	**288.000**	**500.000**

Auf den Kapitalkonten der einzelnen Gesellschafter verbleiben folgende Beträge:

Gesellschafter	zugeteilter Gewinn [in EUR]	Gewinnthesaurierungsbetrag [in EUR]
A	198.000	(198.000 − 140.000) · 75 % = 43.500
B	120.000	–
C	182.000	(182.000 − 140.000) · 75 % = 31.500
∑	**500.000**	**75.000**

Teilaufgabe c)

Gewinnverteilung:

Gesell-schafter	haftendes Vermögen (Eigenkapital + Privat-vermögen) [in EUR]	Unter-nehmer-lohn [in EUR]	4 % EK-Verzinsung [in EUR]	Risiko-prämie (siehe Neben-rechnung) [in EUR]	Rest nach Köpfen [in EUR]	Gesamt [in EUR]
A	1.200.000	70.000	32.000	34.560	67.200	203.760
B	600.000*	–	24.000	17.280	67.200	108.480
C	1.200.000	70.000	16.000	34.560	67.200	187.760
Σ	**3.000.000**	**140.000**	**72.000**	**86.400**	**201.600**	**500.000**

* Der Kommanditist B haftet nur mit seiner Einlage und nicht mit seinem Privatvermögen.

Nebenrechnung:

Restgewinn = Gewinn – Unternehmerlohn – EK-Verzinsung
= 500.000 EUR – 140.000 EUR – 72.000 EUR
= 288.000 EUR

davon: 288.000 EUR · 30 % = 86.400 EUR (Risikoprämie)

288.000 EUR · 70 % = 201.600 EUR (Verteilung nach Köpfen)

	haftendes Vermögen (Eigenkapital + Privatvermögen)		Risikoprämie [in EUR]
	absolut [in EUR]	in %	
A	1.200.000	40 %	86.400 · 40 % = 34.560
B	600.000	20 %	86.400 · 20 % = 17.280
C	1.200.000	40 %	86.400 · 40 % = 34.560
Σ	**3.000.000**	**100 %**	**86.400**

Auf den Kapitalkonten der einzelnen Gesellschafter verbleiben folgende Beträge:

Gesellschafter	zugeteilter Gewinn [in EUR]	Gewinnthesaurierungsbetrag [in EUR]
A	203.760	203.760 · 20 % = 40.752
B	108.480	–
C	187.760	187.760 · 20 % = 37.552
∑	**500.000**	**78.304**

Aufgabe 8.7: Gewinnverteilung/Gewinnthesaurierung bei der AG[48]

Eine Aktiengesellschaft verfügt über ein Grundkapital von 100.000 EUR. Die gesetzliche Rücklage beläuft sich auf 5.000 EUR, die anderen Gewinnrücklagen auf 60.000 EUR. Der Jahresüberschuss beträgt 30.000 EUR. Es besteht kein Verlustvortrag.

a) Welche Dividende in Prozent vom Grundkapital kann der Vorstand den Aktionären maximal anbieten? Welche Dividende muss der Vorstand den Aktionären mindestens anbieten, wenn die Satzung zu dieser Frage keine besonderen Regelungen enthält? Wie hoch ist jeweils der Gewinnthesaurierungsbetrag?

b) Welchen Beschluss kann die Hauptversammlung über die Verwendung der ihr angebotenen Dividende (Bilanzgewinn) mit einfacher Mehrheit fassen?

Lösung:

Teilaufgabe a)

Aus dem Jahresüberschuss in Höhe von 30.000 EUR sind zunächst 5 %, also 1.500 EUR, der gesetzlichen Rücklage zuzuführen, da diese zusammen mit der Kapitalrücklage (hier: 0 EUR) noch nicht die erforderlichen 10 % des Grundkapitals erreicht hat. Über die Hälfte des verbleibenden Betrags von 28.500 EUR kann der Vorstand verfügen (Einstellung in die anderen Gewinnrücklagen). Verzichtet der Vorstand hierauf, beträgt der Bilanzgewinn 28.500 EUR (= 28,5 % des Grundkapitals). Schöpft der Vorstand seinen gesamten Spielraum zur Bildung der anderen Gewinnrücklagen aus, kann den

---

[48] Modifiziert entnommen aus *Wöhe, Günter; Kaiser, Hans; Döring, Ulrich*: Übungsbuch zur Einführung in die Allgemeine Betriebswirtschaftslehre, 11. Aufl., München 2005, S. 72–73 (in der 12. Aufl. nicht mehr enthalten).

Aktionären nur eine Dividende von 14,25 % (absolut: 14.250 EUR) gezahlt werden. Im ersten Fall beträgt der Gewinnthesaurierungsbetrag 1.500 EUR, im zweiten Fall 15.750 EUR.

Teilaufgabe b)

Die Hauptversammlung kann mit einfacher Mehrheit beschließen, dass

- der gesamte Bilanzgewinn ausgeschüttet wird,
- nur ein Teil des Bilanzgewinns ausgeschüttet wird,
- auf eine Ausschüttung überhaupt verzichtet und der Bilanzgewinn teilweise bzw. voll den offenen Rücklagen zugewiesen wird (ein eventuell verbleibender Rest ist Gewinnvortrag).

8.3 Die Fremdfinanzierung aus Rückstellungen

Aufgabe 8.8: Finanzierungswirkung von Rückstellungen

Erläutern Sie die Finanzierungswirkung von Rückstellungen! Welche Faktoren beeinflussen diesen Effekt?

Lösung:

Die Finanzierungswirkung von Rückstellungen resultiert aus der Tatsache, dass bei der Bildung von Rückstellungen Aufwandsposten verbucht werden, denen nicht gleichzeitig Auszahlungen gegenüberstehen. Die Bildung von Rückstellungsaufwendungen führt damit zu einer Verringerung des Gewinns und der Ausschüttungen sowie zu einer niedrigeren Steuerbelastung, soweit die Rückstellungen auch steuerlich zulässig sind. Diese Finanzierungswirkung von Rückstellungen wird neben dem Ertragsteuersatz insbesondere von der Höhe und der Fristigkeit der Rückstellungen sowie der grundlegenden Ausschüttungsentscheidung eines Unternehmens beeinflusst.

Aufgabe 8.9: Finanzierung aus Pensionsrückstellungen[49]

Die nachfolgende Abbildung zeigt eine Finanzierungsart, die für Unternehmen eine erhebliche Bedeutung erlangen kann: die Finanzierung aus Pensionsrückstellungen.

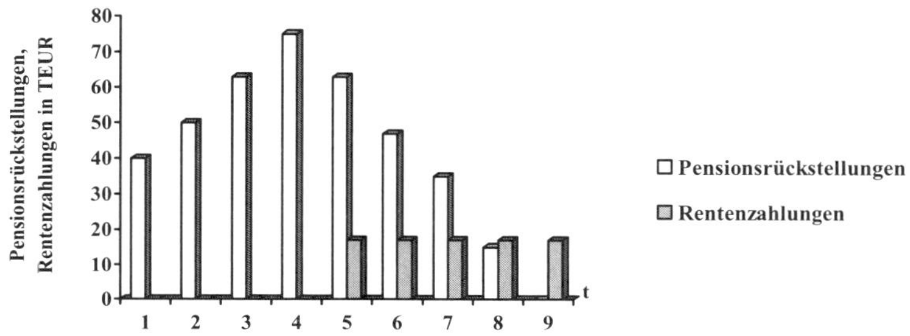

a) Welchem Oberbegriff ist diese Finanzierungsart zuzurechnen?

b) Erläutern Sie den Finanzierungseffekt aus Pensionsrückstellungen anhand der obigen Abbildung!

c) Welche Voraussetzungen müssen erfüllt sein, damit dieser Finanzierungseffekt auch eintritt?

d) Warum entspricht die Höhe der Pensionsrückstellungen in t_7 nicht der Summe der Rentenzahlungen in t_8 und t_9?

e) Berechnen Sie die Höhe der Pensionsrückstellungen für das Jahr t_6, wenn in den Jahren t_7 bis t_9 Rentenzahlungen von jeweils 18.000 EUR anfallen und ein versicherungsmathematischer Zinssatz von 6 % zugrunde gelegt wird!

f) Welche Auswirkungen hätte die Wahl eines versicherungsmathematischen Zinssatzes von 20 %?

g) Sind Gefahren mit der Verwendung eines so hohen Zinssatzes verbunden?

---

[49] Modifiziert entnommen aus *Rüsberg, Lars*: Allgemeine Betriebswirtschaftslehre – Übungsheft 3./4. Semester, Frankfurt am Main 1991, S. 32.

Lösung:

Teilaufgabe a)

Die Finanzierung aus Pensionsrückstellungen ist der **Finanzierung aus dem betrieblichen Umsatzprozess** zuzurechnen.

Teilaufgabe b)

In Höhe der weißen Felder bestehen in den einzelnen Perioden Pensionsrückstellungen, denen zunächst keine Auszahlungen gegenüberstehen. Die Beträge stehen daher zur Finanzierung anderer Verwendungen zur Verfügung. Es erfolgt also zuerst ein Aufbau über Zuführungen zu den Pensionsrückstellungen, dann – mit Beginn der Pensionszahlungen – ein Abbau durch Auszahlungen.

Teilaufgabe c)

In der Kalkulation der Selbstkosten müssen die Zuführungen zu den Pensionsrückstellungen als Kosten enthalten sein. Die am Markt erzielbaren Preise müssen sodann mindestens die ermittelten Selbstkosten decken und zu entsprechenden Mittelzuflüssen führen. Auf diese Weise werden die Gegenwerte der Pensionsrückstellungen am Markt verdient.

Teilaufgabe d)

Durch die (zusätzliche) Verzinsung der Pensionsrückstellungen können die Auszahlungen in t_8 und t_9 geleistet werden.

Pensionsrückstellungen in t_7 = Barwert der Pensionszahlungen in t_8 und t_9.

Teilaufgabe e)

Pensionsrückstellungen in t_6

$$= \frac{18.000\text{ EUR}}{1{,}06^1} + \frac{18.000\text{ EUR}}{1{,}06^2} + \frac{18.000\text{ EUR}}{1{,}06^3}$$

$= \mathbf{48.114{,}22\ EUR}$

Teilaufgabe f)

Der Barwert der Pensionsrückstellungen sinkt mit einem steigenden versicherungsmathematischen Zinssatz; damit sinkt zugleich der entsprechende Rückstellungsaufwand.

Bei einem versicherungsmathematischen Zinssatz von 20 % betragen z. B. die Pensionsrückstellungen in t_6 = 37.916,67 EUR.

Teilaufgabe g)

Wenn sich herausstellt, dass sich die Pensionsrückstellungen nicht in der unterstellten Höhe (hier 20 %) in dem Unternehmen verzinsen, können aus den Pensionsrückstellungen nicht die Auszahlungen für die zugesagten Pensionsverpflichtungen geleistet werden. Die Folge sind eventuelle Liquiditätsschwierigkeiten.

Aufgabe 8.10: Bildung und Verlauf einer Pensionsrückstellung

Die Ruhestand AG möchte ihrem Mitarbeiter Wohlgeruh auch im Rentenalter ein angemessenes Einkommen sichern. Sie gibt ihm daher im laufenden Jahr 2010 eine unmittelbare Pensionszusage über eine jährlich nachschüssig zu zahlende Rente in Höhe von 12.000 EUR und eine Laufzeit von 10 Jahren. Die erste Rentenzahlung soll am 31.12.2018, ein Jahr nach seinem Ausscheiden aus dem Unternehmen, gezahlt werden. Wohlgeruh ist bereits seit dem 01.01.1998 Mitarbeiter der Ruhestand AG.

a) Ermitteln Sie die steuerliche Höhe der am 31.12.2010 erstmals zu bildenden Pensionsrückstellung für den Mitarbeiter Wohlgeruh unter Beachtung der gesetzlichen Vorschriften des § 6a EStG!

b) Zeigen Sie für den Mitarbeiter Wohlgeruh den Verlauf der Pensionsrückstellung für die Jahresabschlussstichtage 2010 bis 2012!

Lösung:

Teilaufgabe a)

Hinweis: Gemäß § 6a Abs. 3 Satz 3 EStG findet bei der Berechnung des Teilwertes der Pensionsverpflichtung ein Rechnungszinsfuß von 6 % p. a. Anwendung.

1. Schritt: Ermittlung des Barwerts der zukünftig zu leistenden Pensionszahlungen zum 31.12.2017 = 01.01.2018 (= Pensionsbeginn)

$$C_0 = \text{Rente} \cdot \text{RBF } (6\ \%/10 \text{ Jahre})$$

$$= 12.000 \text{ EUR} \cdot \frac{(1+0{,}06)^{10}-1}{0{,}06 \cdot (1+0{,}06)^{10}}$$

$$= 12.000 \text{ EUR} \cdot 7{,}360087 = \mathbf{88.321{,}04\ EUR}$$

2. Schritt: Abzinsung des Barwerts der zukünftig zu leistenden Pensionszahlungen auf den Zeitpunkt des Beschäftigungsbeginns zum 31.12.1997 (= 01.01.1998)

$$C_0 \text{ (Beschäftigungsbeginn)} = 88.321{,}04 \text{ EUR} \cdot 1{,}06^{-20}$$

$$= 88.321{,}04 \text{ EUR} \cdot 0{,}311805$$

$$= \mathbf{27.538{,}94 \text{ EUR}}$$

3. Schritt: Ermittlung der Annuitäten

$$\text{Annuität} = C_0 \text{ (Beschäftigungsbeginn)} \cdot \text{KWF (6 \%/20 Jahre)}$$

$$= 27.538{,}94 \text{ EUR} \cdot \frac{0{,}06 \cdot (1+0{,}06)^{20}}{(1+0{,}06)^{20}-1}$$

$$= 27.538{,}94 \text{ EUR} \cdot 0{,}087185$$

$$= \mathbf{2.400{,}98 \text{ EUR}}$$

4. Schritt: Ermittlung der Pensionsrückstellung zum 31.12.2010

$$\text{Pensionsrückstellung}_{2010} = \text{Annuität} \cdot \text{REF (6 \%/13 Jahre)}$$

$$= 2.400{,}98 \text{ EUR} \cdot \frac{(1+0{,}06)^{13}-1}{0{,}06}$$

$$= 2.400{,}98 \text{ EUR} \cdot 18{,}882138$$

$$= \mathbf{45.335{,}64 \text{ EUR}}$$

Dabei gilt:

RBF: Rentenbarwertfaktor $= \frac{(1+i)^n-1}{i\cdot(1+i)^n}$;

KWF: Kapitalwiedergewinnungsfaktor $= \frac{i\cdot(1+i)^n}{(1+i)^n-1}$;

REF: Rentenendwertfaktor $= \frac{(1+i)^n-1}{i}$.

Teilaufgabe b)

Periodenende (Stichtag)	Annuität (Zuführung) [in EUR]	Summe der bis zum Vorjahr t−1 aufgelaufenen Annuitäten und Zinsen = Teilwert in t−1 (TW_{t-1}) [in EUR]	Verzinsung von TW_{t-1} zu 6 % [in EUR]	Summe der bis zum Ende des Jahres t aufgelaufenen Annuitäten und Zinsen = Bilanzansatz der Pensionsrückstellung in t = Teilwert in t (TW_t) [in EUR]
(1)	(2)	(3)	(4) = (3) · 6 %	(5) = (2) + (3) + (4)
31.12.2010	–	–	–	45.335,64
31.12.2011	2.400,98	45.335,64	2.720,14	50.456,76
31.12.2012	2.400,98	50.456,76	3.027,41	55.885,15

Aufgabe 8.11: Ermittlung von Pensionszahlungen

Ein Unternehmen hat einem Mitarbeiter, der am 01.01.2009 eingestellt wurde, am 01.01.2010 eine unmittelbare Pensionszusage erteilt. Die Pension hat eine Laufzeit von 5 Jahren; Pensionsbeginn ist der 01.01.2014. Am 31.12.2011 beträgt der Barwert der zukünftig noch anzusammelnden Annuitäten 47.950,70 EUR. Es ist von einem Zinssatz in Höhe von 6 % p. a. auszugehen. Ermitteln Sie die steuerliche Höhe der jährlich nachschüssig (d. h. am 31.12. eines jeden Jahres) zu zahlenden Pension!

Lösung:

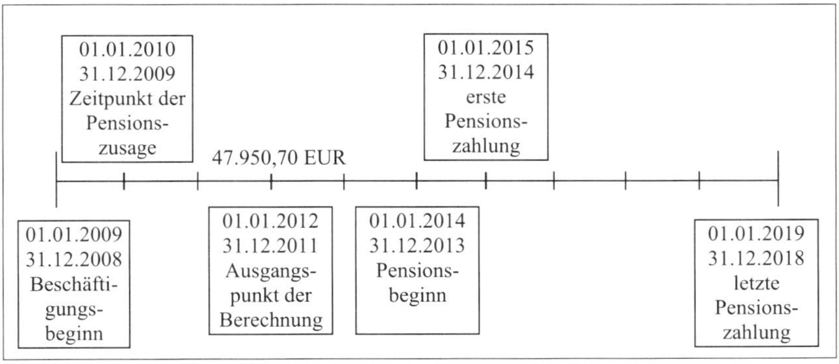

1. Schritt: Berechnung der Annuität

47.950,70 EUR · KWF (6 %/2 Jahre)

$$= 47.950,70 \text{ EUR} \cdot \frac{0,06 \cdot (1+0,06)^2}{(1+0,06)^2 - 1}$$

= 47.950,70 EUR · 0,545437
= **26.154,09 EUR**

2. Schritt: Berechnung des steuerbilanziellen Ansatzes der Pensionsrückstellungen am 31.12.2013 (= 01.01.2014); Barwert der zukünftigen Pensionsverpflichtungen

26.154,09 EUR · REF (6 %/5 Jahre)

$$= 26.154,09 \text{ EUR} \cdot \frac{(1+0,06)^5 - 1}{0,06}$$

= 26.154,09 EUR · 5,637093
= **147.433,04 EUR**

3. Schritt: Berechnung der jährlichen Pensionszahlung zu den Zeitpunkten 31.12.2014 bis 31.12.2018

147.433,04 EUR · KWF (6 %/5 Jahre)

$$= 147.433,04 \text{ EUR} \cdot \frac{0,06 \cdot (1+0,06)^5}{(1+0,06)^5 - 1}$$

= 147.433,04 EUR · 0,237396
= **35.000,01 EUR**

Aufgabe 8.12: Der Einfluss der Besteuerung auf die Innenfinanzierung am Beispiel von Pensionsrückstellungen

Ermitteln Sie, inwieweit die Clever & Smart GmbH bei einem Gewinn vor Ertragsteuern in Höhe von 300.000 EUR durch die Bildung einer steuerlich anerkannten Pensionsrückstellung in Höhe von 120.000 EUR einen Finanzierungseffekt erzielen kann, wenn diese in vollem Umfang im Unternehmen verbleibt! Als Ertragsteuern sind die Körperschaftsteuer, der Solidaritätszuschlag und die Gewerbesteuer zu berücksichtigen. Gehen Sie dabei von der Annahme aus, dass der gewerbesteuerliche Hebesatz 400 % beträgt. Maßgebend für Ihre Überlegungen ist der Rechtsstand des Jahres 2010.

Lösung:

Berechnung des Ertragsteuersatzes:

Zur Ermittlung des Ertragsteuersatzes s_{er} muss bei firmenbezogenen Unternehmen neben dem Körperschaftsteuersatz s_k der Gewerbeertragsteuersatz s_{ge} und der Solidaritätszuschlag s_{SolZ} berücksichtigt werden.

Somit errechnet sich der Ertragsteuersatz s_{er} gemäß nachstehender Formel:

$$s_{er} = s_k \cdot (1 + s_{SolZ}) + s_{ge}$$

Der Gewerbeertragsteuersatz s_{ge} leitet sich wie folgt her:

$$s_{ge} = m \cdot h$$

Dabei gilt:

m: Steuermesszahl für den Gewerbeertrag;

h: gewerbesteuerlicher Hebesatz.

Die Steuermesszahl für den Gewerbeertrag beträgt nach § 11 Abs. 2 GewStG stets 3,5 %. Bei Zugrundelegung eines gewerbesteuerlichen Hebesatzes von 400 % errechnet sich der effektive Gewerbeertragsteuersatz s_{ge} wie folgt:

$$s_{ge} = 0{,}035 \cdot 4{,}0 = 0{,}14 = 14\ \%$$

Für den Ertragsteuersatz s_{er} gilt somit unter Einbeziehung des Körperschaftsteuersatzes (gemäß § 23 Abs. 1 KStG 15 %) sowie des Solidaritätszuschlags (gemäß § 4 SolZG 5,5 % der Körperschaftsteuer) Nachstehendes:

$$s_{er} = 0{,}15 \cdot (1 + 0{,}055) + 0{,}14$$
$$= 0{,}15 \cdot 1{,}055 + 0{,}14 = 0{,}29825 = \mathbf{29{,}825\ \%}$$

Durch die Bildung einer steuerlich anerkannten Pensionsrückstellung in Höhe von 120.000 EUR ergibt sich somit bei dem Unternehmen folgender Finanzierungseffekt:

Ertragsteuern ohne Bildung einer steuerlich anerkannten Pensionsrückstellung:

	Gewinn vor Ertragsteuern		300.000 EUR
–	Pensionsrückstellung	–	0 EUR
=	ertragsteuerpflichtiger Gewinn	=	300.000 EUR

Die Ertragsteuern betragen demnach ohne Bildung einer steuerlich anerkannten Pensionsrückstellung 300.000 EUR · 0,29825 = 89.475 EUR.

Ertragsteuern nach Bildung einer steuerlich anerkannten Pensionsrückstellung:

	Gewinn vor Ertragsteuern	300.000 EUR
–	Pensionsrückstellung	– 120.000 EUR
=	ertragsteuerpflichtiger Gewinn	= 180.000 EUR

Nach Bildung einer steuerlich anerkannten Pensionsrückstellung belaufen sich die Ertragsteuern über 180.000 EUR · 0,29825 = 53.685 EUR.

Finanzierungseffekt im Sinne einer Ertragsteuerminderauszahlung:

	Ertragsteuern ohne Pensionsrückstellung	89.475 EUR
–	Ertragsteuern mit Pensionsrückstellung	– 53.685 EUR
=	Finanzierungseffekt (= 120.000 EUR · 0,29825)	= **35.790 EUR**

Aus Finanzierungsgesichtspunkten sind darüber hinaus noch zwei weitere Effekte zu berücksichtigen:

Durch die Bildung einer steuerlich anerkannten Pensionsrückstellung und der damit einhergehenden Verminderung des Jahresüberschusses sinken zum einen nicht nur die Ertragsteuerzahlungen, sondern zum anderen auch das Ausschüttungspotenzial und somit grundsätzlich auch die Ausschüttungshöhe. Der Ausschüttungsbetrag könnte allerdings auch durch einen entsprechenden Gewinnverwendungsbeschluss gesenkt werden.

Zum anderen stellt eine Pensionsrückstellung zwar keine Auszahlung, jedoch einen Aufwand dar, der in die Preiskalkulation einbezogen wird. Wenn die so kalkulierten Preise am Absatzmarkt erzielt werden, fließen zahlungswirksame Umsätze ins Unternehmen zurück. Dem generierten Ertrag stehen Einzahlungen in identischer Höhe gegenüber. Durch die Bildung einer Pensionsrückstellung kann demnach letztlich ein Einzahlungsüberschuss erwirtschaftet werden.

8.4 Die Finanzierung durch Vermögensumschichtung

Aufgabe 8.13: Kapazitätserweiterungseffekt

Was versteht man im Rahmen der Finanzierung aus Abschreibungsgegenwerten unter dem Kapazitätserweiterungseffekt?

Lösung:

Der Kapazitätserweiterungseffekt beruht auf der Tatsache, dass in den Verkaufspreisen der hergestellten Erzeugnisse der Abschreibungsgegenwert für die Anlagennutzung vergütet wird und somit früher zur Verfügung steht, als er für die Reinvestition gebraucht wird. Werden diese zufließenden Abschreibungsbeträge laufend in weitere Anlagen identischer Art investiert, so führt dies zu einer (theoretischen) Anlagenverdoppelung, ohne dass es der Zuführung neuer Mittel bedarf (Möglichkeit der Erweiterung der Periodenbearbeitungskapazität).

Aufgabe 8.14: Finanzierung aus Abschreibungsgegenwerten

Der Baggerfahrer Willibald plant für das Jahr 2010 den Aufbau einer privaten Gesellschaft zur Errichtung von Schwimmanstalten. Hierzu möchte er aus seinem angesparten Vermögen zu Beginn des ersten Jahres (01.01.10) einen Bagger, zu Beginn des zweiten Jahres zwei Bagger sowie zu Beginn des dritten Jahres drei Bagger zu jeweils 200.000 EUR erwerben. Jeder Bagger besitzt eine Gesamtgrabkapazität von 1 Mio. cbm. Die jährliche Grableistung eines Baggers beträgt 250.000 cbm. Da Willibald mit einer hohen Nachfrage nach Schwimmanstalten rechnet, möchte er die Grabkapazität seiner Gesellschaft über die Finanzierungswirkung von Abschreibungsgegenwerten (lineare Berechnung über die Nutzungsdauer) soweit wie möglich vergrößern, indem die durch die Umsätze „freigesetzten Beträge" am Ende eines Jahres – sobald sie ausreichen – in Bagger mit gleicher Technik, gleicher Grabkapazität sowie gleichen Wiederbeschaffungskosten reinvestiert werden.

Ermitteln Sie anhand eines Abschreibungsplans für die nächsten 8 Jahre, in welchem Jahr Willibalds Gesellschaft über die **größte Grableistung** (in cbm) verfügt!

Lösung:

Ermittlung der Abschreibungsdauer:

$$\frac{1\ \text{Mio. cbm}}{250.000\ \text{cbm/Jahr}} = \mathbf{4\ Jahre}$$

Ermittlung der jährlichen Abschreibung:

$$\frac{200.000\ \text{EUR}}{4\ \text{Jahre}} = \mathbf{50.000}\ \frac{\mathbf{EUR}}{\mathbf{Jahr}}$$

Abschreibungsplan für die Jahre 2010 bis 2017 (Beträge in EUR)

Bagger / Jahresende	2010	2011	2012	2013	2014	2015	2016	2017
1	50.000	50.000	50.000	50.000	50.000*	50.000	50.000	50.000
2		50.000	50.000	50.000	50.000	50.000*	50.000	50.000
3		50.000	50.000	50.000	50.000	50.000*	50.000	50.000
4			50.000	50.000	50.000	50.000	50.000*	50.000
5			50.000	50.000	50.000	50.000	50.000*	50.000
6			50.000	50.000	50.000	50.000	–	50.000*
7			50.000*	50.000	50.000	50.000	–	50.000*
8				50.000*	50.000	50.000	50.000	–
9					50.000*	50.000	50.000	50.000
10						50.000*	50.000	50.000
Abschreibung pro Jahr = ∑ liquide Gegenwerte	50.000	150.000	350.000	400.000	450.000	500.000	400.000	450.000
Gesamte liquide Mittel vor Neuanschaffungen	50.000	200.000	350.000	550.000	600.000	500.000	500.000	550.000
Auszahlungen für Neuanschaffungen (Baggernummer)	0	– 200.000 (7)	– 200.000 (8)	– 400.000 (1 + 9)	– 600.000 (2 + 3 + 10)	– 400.000 (4 + 5)	– 400.000 (6 + 7)	– 400.000 (1 + 8)
Verbleibende liquide Mittel nach Neuanschaffungen	50.000	0	150.000	150.000	0	100.000	100.000	150.000
Grableistung (in cbm/Jahr) (= Anzahl der zur Verfügung stehenden Bagger · Grableistung/Jahr)	250.000	750.000	1.750.000	2.000.000	2.250.000	2.500.000	2.000.000	2.250.000

* Die erste Abschreibung eines neu beschafften Baggers, der durch den Rückfluss von Abschreibungsgegenwerten finanziert wurde.

Die maximale Grableistung wird im Jahr 2015 mit 2.500.000 cbm erreicht.

Erläuterungen zum Abschreibungsplan für die Jahre 2011 bis 2017

Geschäftsjahr 2011:

Baggerfahrer Willibald schafft zu Beginn des Geschäftsjahrs 2011 Bagger 2 und Bagger 3 an. Bagger 1, Bagger 2 und Bagger 3 werden am Jahresende um jeweils 50.000 EUR abgeschrieben. Die Rückflüsse der Abschreibungsgegenwerte der Geschäftsjahre 2010 und 2011 belaufen sich mittlerweile auf 200.000 EUR. Aufgrund dieser Tatsache kann für das nächste Jahr – neben den ohnehin vorgesehenen Neuanschaffungen – ein weiterer Bagger (Bagger 7) angeschafft werden.

Geschäftsjahr 2012:

Zu Beginn des Geschäftsjahrs 2012 schafft der Baggerfahrer Willibald – unter Einsatz seiner Ersparnisse – wie geplant drei weitere Bagger (Bagger 4 bis Bagger 6) an. Die Abschreibungsrückflüsse belaufen sich im aktuellen Jahr auf 350.000 EUR. Am Ende des Geschäftsjahrs 2012 kann somit ein weiterer Bagger (Bagger 8) angeschafft werden.

Geschäftsjahr 2013:

Zu Beginn des Geschäftsjahrs 2013 stehen dem Baggerfahrer Willibald acht Bagger (Bagger 1 bis Bagger 8) zur Verfügung, von denen noch kein Bagger zum Geschäftsjahresende 2012 vollständig abgeschrieben wurde. Am Ende des Geschäftsjahrs 2013 wird Bagger 1 vollständig abgeschrieben und kann durch liquide Mittel aus dem Rückfluss von Abschreibungsgegenwerten aus dem Geschäftsjahr 2013 ersetzt werden. Darüber hinaus sind noch genügend liquide Mittel aus Abschreibungsrückflüssen vorhanden, um einen weiteren Bagger (Bagger 9) am Geschäftsjahresende anzuschaffen.

Geschäftsjahr 2014:

Zu Beginn des Geschäftsjahrs 2014 stehen dem Baggerfahrer Willibald neun Bagger (Bagger 1 bis Bagger 9; wobei Bagger 1 mittlerweile voll abgeschrieben und ersetzt wurde) zur Verfügung. Am Ende des Geschäftsjahrs 2014 werden Bagger 2 und Bagger 3 vollständig abgeschrieben und sodann durch liquide Mittel aus dem Rückfluss von Abschreibungsgegenwerten aus dem Geschäftsjahr 2014 ersetzt. Darüber hinaus sind noch genügend liquide Mittel aus Abschreibungsrückflüssen vorhanden, um einen weiteren Bagger (Bagger 10) am Geschäftsjahresende anzuschaffen.

Geschäftsjahr 2015:

Zu Beginn des Geschäftsjahrs 2015 stehen dem Baggerfahrer Willibald zehn Bagger (Bagger 1 bis Bagger 10; wobei Bagger 2 und Bagger 3 mittlerweile voll abgeschrieben und ersetzt wurden) zur Verfügung. Am Ende des Geschäftsjahrs 2015 werden Bagger 4 bis Bagger 7 vollständig abgeschrieben.

Die liquiden Mittel aus dem Rückfluss von Abschreibungsgegenwerten aus dem Geschäftsjahr 2015 reichen jedoch nur aus, um Bagger 4 und Bagger 5 zu ersetzen. Bagger 6 und Bagger 7 können im Geschäftsjahr 2015 nicht ersetzt werden.

Geschäftsjahr 2016:

Zu Beginn des Geschäftsjahrs 2016 stehen dem Baggerfahrer Willibald acht Bagger (Bagger 1 bis Bagger 5 und Bagger 8 bis Bagger 10; wobei Bagger 4 und Bagger 5 mittlerweile voll abgeschrieben und ersetzt wurden) zur Verfügung. Am Ende des Geschäftsjahrs 2016 wird Bagger 8 vollständig abgeschrieben. Die liquiden Mittel aus dem Rückfluss von Abschreibungsgegenwerten aus dem Geschäftsjahr 2016 reichen jedoch nur aus, um Bagger 6 und Bagger 7 zu ersetzen. Bagger 8 kann im Geschäftsjahr 2016 nicht ersetzt werden.

Geschäftsjahr 2017:

Zu Beginn des Geschäftsjahrs 2017 stehen dem Baggerfahrer Willibald neun Bagger (Bagger 1 bis Bagger 7 und Bagger 9 bis Bagger 10; wobei Bagger 6 und Bagger 7 mittlerweile voll abgeschrieben und ersetzt wurden) zur Verfügung. Am Ende des Geschäftsjahrs 2017 wird Bagger 1 vollständig abgeschrieben und kann durch liquide Mittel aus dem Rückfluss von Abschreibungsgegenwerten aus dem Geschäftsjahr 2017 ersetzt werden. Darüber hinaus sind noch genügend liquide Mittel aus Abschreibungsrückflüssen vorhanden, um am Geschäftsjahresende die im Geschäftsjahr 2016 unterlassene Anschaffung des Baggers 8 nachzuholen.

Aufgabe 8.15: Finanzierung aus Abschreibungsgegenwerten [50]

a) Der neu gegründeten Agro-Technik AG fließen zu Beginn des Jahres 2010 Mittel in Höhe von 80.000 EUR zu, die zum Erwerb von 4 motorgetriebenen Entastungsgeräten dienen, mit deren Hilfe die Agro-Technik AG als forstwirtschaftliches Lohnunternehmen Fuß fassen möchte. Die Entastungsgeräte gleichen Typs werden nach und nach (jeweils **ein** Exemplar) zu Beginn der ersten 4 Jahre der Unternehmenstätigkeit erworben und über 5 Jahre linear abgeschrieben. Abschreibungsgegenwerte

---

[50] Stark modifiziert entnommen aus *Däumler, Klaus-Dieter*: Betriebliche Finanzwirtschaft, 9. Aufl., Herne 2008, S. 423–426.

werden am Ende eines Jahres – soweit sie ausreichen – in Entastungsgeräte gleicher Technik, gleicher Nutzungsdauer und gleicher Wiederbeschaffungskosten reinvestiert. Zeigen Sie anhand eines Abschreibungsplans (Ende 2010 bis Ende 2019), wie sich die Periodenkapazität der Agro-Technik AG in den einzelnen Jahren verändert! Wie hoch ist der Bestand an Entastungsgeräten am Ende des Jahres 2019?

b) Der Kapazitätserweiterungseffekt tritt in der Praxis nur ein, wenn bestimmte allgemeine Prämissen erfüllt sind. Nennen und erläutern Sie diese kurz!

Lösung:

Teilaufgabe a)

$$\text{Anschaffungskosten AK} = \frac{80.000\,\text{EUR}}{4\,\text{Maschinen}} = 20.000\,\text{EUR/Maschine}$$

$$\Rightarrow \text{jährliche Abschreibung} = \frac{20.000\,\text{EUR}}{5\,\text{Jahre}} = 4.000\,\text{EUR/Jahr}$$

Kapazitätserweiterungseffekt:

- Die durch Abschreibungsgegenwerte zufließenden Mittel werden sofort wieder in identische Maschinen reinvestiert.
- Der Rückfluss der freigewordenen Mittel durch verdiente Abschreibungen erfolgt weit **vor** dem Ersatzzeitpunkt der abgeschriebenen Anlagegüter (Möglichkeit der Kapazitätserweiterung; Erhöhung der Periodenkapazität).

Entastungsgeräte (Beträge in EUR) \ Jahresende	2010	2011	2012	2013	2014	2015	2016	2017	2018	2019
A (Ende 2009 = Anfang 2010)	4.000	4.000	4.000	4.000	4.000*	4.000	4.000	4.000	4.000	4.000*
B (Ende 2010 = Anfang 2011)	–	4.000	4.000	4.000	4.000	4.000*	4.000	4.000	4.000	4.000
C (Ende 2011 = Anfang 2012)	–	–	4.000	4.000	4.000	4.000	4.000*	4.000	4.000	4.000
D (Ende 2012 = Anfang 2013)	–	–	–	4.000	4.000	4.000	4.000	4.000*	4.000	4.000
Abschreibungen pro Jahr = Σ liquide Gegenwerte	4.000	8.000	12.000	16.000	16.000	16.000	16.000	16.000	16.000	16.000
Ersatzinvestitionen (Grundausstattung)	–	–	–	–	von A −20.000	von B −20.000	von C −20.000	von D −20.000	–	von A' −20.000
Σ Überschüssige Mittel I	4.000	12.000	24.000							
Zusatzinvestition E	–	–	−20.000 (Ende 2012 = Anfang 2013)							
zusätzliche Abschreibungsgegenwerte E			–	4.000	4.000	4.000	4.000	4.000*	4.000	4.000
Ersatzinvestition E								von E −20.000		
Σ Überschüssige Mittel II			4.000	24.000						
Zusatzinvestition F				−20.000 (Ende 2013 = Anfang 2014)						
zusätzliche Abschreibungsgegenwerte F				–	4.000	4.000	4.000	4.000	4.000*	4.000
Ersatzinvestition F									von F −20.000	
Σ Überschüssige Mittel III				4.000	8.000	12.000	16.000	0	4.000	8.000

* = letzte Abschreibung des Entastungsgeräts X, zugleich Ersatz durch das Entastungsgerät X'

Ausmaß des Kapazitätserweiterungseffekts:

$$\text{Kapazitätserweiterungsmultiplikator} = \frac{2}{1+\frac{1}{n}} = \frac{2}{1+\frac{1}{5}} = \mathbf{1{,}67}$$

Dabei gilt:

n: Nutzungsdauer in Jahren

⇒ Bestand am Ende des Jahres 2019

= Grundaustattung · 1,67

= 4 Stück · 1,67 = **6,68 Stück** (abgerundet auf 6 Stück)

Der Bestand an Entastungsgeräten beläuft sich am Ende des Jahres 2019 auf 6 Stück.

Teilaufgabe b)

Allgemeine Prämissen für das Eintreten des Kapazitätserweiterungseffekts:

- alle Abschreibungen erfolgen in gleichen Jahresraten; sie entsprechen genau der Minderung der Nutzungsfähigkeit;
- die Periodenabschreibungen werden immer verdient, d. h. sie fließen dem Unternehmen im Rahmen des betrieblichen Umsatzprozesses zu und stehen am Ende der Periode jeweils in liquider Form zur Verfügung; sie werden, wenn sie zur Beschaffung neuer Anlagen ausreichen, sofort wieder investiert;
- die Periodenkapazität jeder einzelnen Anlage bleibt bis zum Ende der Nutzungsdauer konstant;
- eine Mehrzahl homogener Anlagen wird angeschafft;
- Technik und Wiederbeschaffungskosten jeder neuen Anlage entsprechen der alten;
- die Mehrproduktion führt nicht zu einem Verfall der am Absatzmarkt erzielten Preise;
- die Kapazitätserweiterung führt nicht zu einer Ausweitung des Umlaufvermögens.

Aufgabe 8.16: Praxisrelevanz des Kapazitätserweiterungseffekts

Kann unterstellt werden, dass der Kapazitätserweiterungseffekt (Lohmann-Ruchti-Effekt) in der Realität uneingeschränkt Gültigkeit besitzt? Begründen Sie Ihre Antwort!

Lösung:

Der **Kapazitätserweiterungseffekt** (Lohmann-Ruchti-Effekt) besitzt in der Realität **keine uneingeschränkte Gültigkeit**, da eine wesentliche allgemeine Prämisse (nämlich die revolvierende Reinvestition und Erweiterungsinvestition der freigesetzten Mittel immer in den gleichen Anlagentyp) im Regelfall nicht erfüllt wird. Darüber hinaus bleiben a) die Anlagengüter realistischerweise nicht auf dem gleichen technischen Niveau, ist b) eine Konstanz der Preise bzw. der Wiederbeschaffungskosten über einen längeren Zeitraum nicht gegeben, sind c) die Märkte im Regelfall nicht unbegrenzt aufnahmefähig und unterliegen zudem konjunkturellen Schwankungen, wodurch die erhöhte Periodenkapazität teilweise nicht abgesetzt werden kann. Dies vermindert aber eine geplante Kapitalfreisetzung und lässt damit eine Erweiterung der Periodenkapazität im gewünschten Umfang nicht zu.

Aufgabe 8.17: Vor- und Nachteile des offenen echten Factorings

Schildern Sie aus Sicht des Klienten die Vor- und Nachteile des offenen echten Factorings!

Lösung:

Vorteile des offenen echten Factorings aus Sicht des Klienten:

- Möglichkeit zur Einräumung von Zahlungszielen an die Abnehmer ohne eigenes Eingehen einer liquiditätsmäßigen Belastung oder von Ausfallrisiken (Verringerung der Kapitalbindung, Schutz vor Forderungsausfällen),
- Möglichkeit der Realisierung von Kosteneinsparungen durch die Inanspruchnahme von Diensten des Factors (Einsparungen von Personal- und Sachkosten im Bereich zuvor selbst erstellter Leistungen),
- Möglichkeit der Verbesserung von Bilanzrelationen (damit verbunden eine eventuelle Verbesserung der Kreditwürdigkeit des Klienten).

Nachteile des offenen echten Factorings aus Sicht des Klienten:

- Kosten des Factorings,
- etwaige Abhängigkeiten gegenüber dem Factor, insbesondere für den Fall, dass dieser zusätzliche Dienstleistungen übernimmt,
- möglicher Reputationsverlust des Klienten bei seinen Abnehmern, falls diese den ihnen angezeigten Forderungsverkauf als Signal für finanzielle Schwierigkeiten bzw. Liquiditätsengpässe beim Geschäftspartner deuten,
- Anpassungsschwierigkeiten bei Wegfall des Factoringvertrags.

Aufgabe 8.18: Factoring-Geschäft

Die verkürzte Jahresbilanz eines Unternehmens K hätte ohne Abschluss eines Factoring-Vertrags folgendes Aussehen:

Aktiva	Bilanz zum 31.12.2009 (in TEUR)		Passiva
Anlagevermögen	936	Gezeichnetes Kapital	273
Vorräte	776	Jahresüberschuss	77
Forderungen aus Lieferungen und Leistungen	875	Bankverbindlichkeiten	583
Sonstige Forderungen	44	Verbindlichkeiten aus Lieferungen und Leistungen	1.098
Barvermögen	10	Sonstige Verbindlichkeiten	610
	2.641		2.641

Durch den Abschluss eines Factoring-Vertrags im Dezember 2009 übernimmt eine Factoring-Bank den gesamten Forderungsbestand des Unternehmens K aus Lieferungen und Leistungen unter der Vereinbarung einer 20 %-igen Sperre. Die Zahlung des Factors erfolgt auf das Bankkonto des Unternehmens K. Durch diese Maßnahme gelingt es dem Unternehmen K, bereits im Dezember 2009 Aufwendungen in Höhe von 13.000 EUR einzusparen, wodurch Barauszahlungen in gleicher Höhe entfallen. Die Umsatzerlöse des Unternehmens K im Geschäftsjahr 2009 belaufen sich auf 4,5 Mio. EUR.

a) Untersuchen Sie die Auswirkungen des Abschlusses des Factoring-Vertrags auf die Jahresbilanz des Unternehmens K, wobei dieses 50 % des ihm vom Factor zur Verfügung gestellten Bankguthabens noch im Dezember 2009 zum Abbau von Verbindlichkeiten aus Lieferungen und Leistungen nutzt! Von den Kosten des Factorings wird aus Vereinfachungsgründen abgesehen.

b) Stellen Sie ausgehend von den Ergebnissen der Teilaufgabe a) die Auswirkungen des Factoring-Vertrags auf die einzelnen Komponenten des Return on Investment (ROI) des Unternehmens K dar!

Lösung:

Teilaufgabe a)

Buchungssätze (in TEUR):

Bankguthaben	700	Forderungen aus Lieferungen und Leistungen	875
sonstige Forderungen (Sperrbetrag)	175		

Barvermögen (Kasse)	13	diverse Aufwendungen	13

Durch diesen Buchungssatz erhöht sich ceteris paribus der Jahresüberschuss.

Verbindlichkeiten aus Lieferungen und Leistungen	350	Bankguthaben	350

Bilanz nach Abschluss des Factoring-Vertrags:

Aktiva	Bilanz zum 31.12.2009 (in TEUR)		Passiva
Anlagevermögen	936	Gezeichnetes Kapital	273
Vorräte	776	Jahresüberschuss	90
Forderungen aus Lieferungen und Leistungen	0	Bankverbindlichkeiten	583
Sonstige Forderungen (einschl. Sperrbetrag)	219	Verbindlichkeiten aus Lieferungen und Leistungen	748
Bankguthaben	350	Sonstige Verbindlichkeiten	610
Barvermögen	23		
	2.304		2.304

Teilaufgabe b)

Erhöhung des Jahresüberschusses infolge des Abschlusses des Factoring-Vertrags:

$$\text{Jahresüberschuss}_{\text{vor Factoring}} = 77.000 \text{ EUR}$$

$$\text{Jahresüberschuss}_{\text{nach Factoring}} = 90.000 \text{ EUR}$$

$$\text{ROI} = \text{Umsatzrentabilität} \cdot \text{Kapitalumschlagshäufigkeit}$$

$$= \frac{\text{Jahresüberschuss}}{\text{Umsatzerlöse}} \cdot \frac{\text{Umsatzerlöse}}{\text{Gesamtkapital}}$$

$$\text{ROI}_{\text{vor Factoring}} = \frac{77.000}{4.500.000} \cdot \frac{4.500.000}{2.641.000}$$

$$= 0{,}0171111 \cdot 1{,}7039$$

$$= 0{,}0292 = \mathbf{2{,}92\,\%\ p.\,a.}$$

$$\text{ROI}_{\text{nach Factoring}} = \frac{90.000}{4.500.000} \cdot \frac{4.500.000}{2.304.000}$$

$$= 0{,}02 \cdot 1{,}953125$$

$$= 0{,}0391 = \mathbf{3{,}91\,\%\ p.\,a.}$$

Fazit:

- Die Umsatzrentabilität des Unternehmens K steigt von 1,71 % p. a. auf 2 % p. a., da sich bei gleichbleibenden Umsatzerlösen der Jahresüberschuss erhöht.
- Bedingt durch die Kapitalfreisetzung steigt die Kapitalumschlagshäufigkeit des Unternehmens K von 1,7039 auf 1,953125.

  ⇒ Der Return on Investment des Unternehmens K erhöht sich infolge des Abschlusses des Factoring-Vertrags von 2,92 % p. a. auf 3,91 % p. a.

Aufgabe 8.19: Grundstruktur einer ABS-Transaktion

Stellen Sie anhand einer Abbildung die Grundstruktur einer ABS-Transaktion dar!

Lösung:

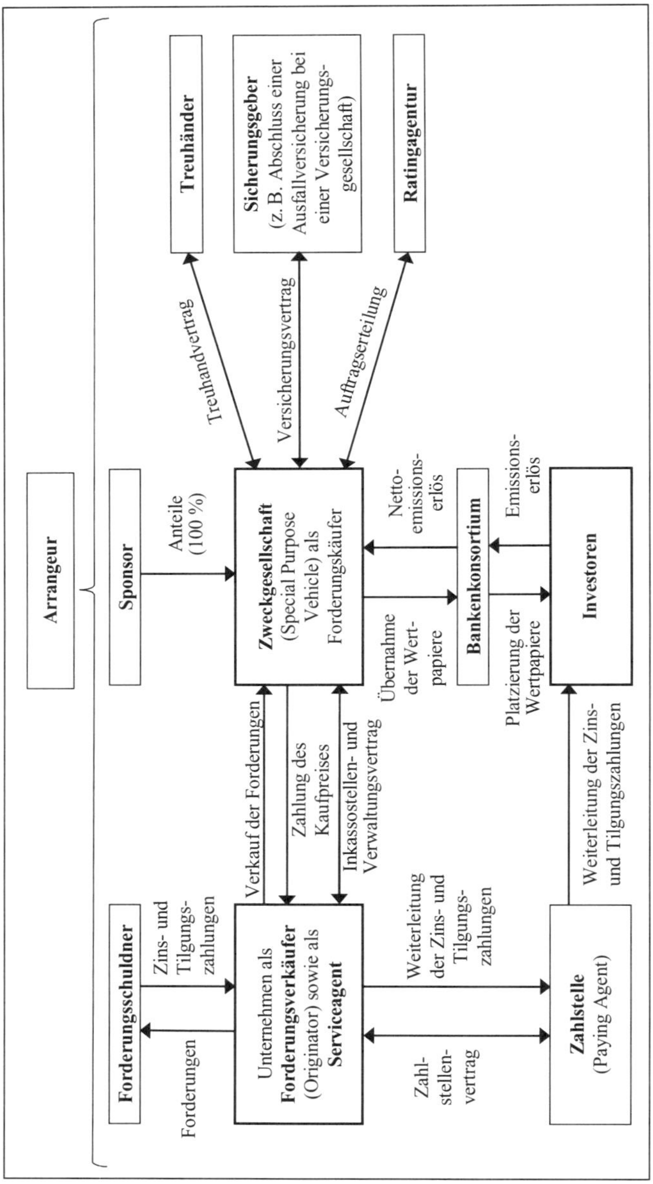

Abbildung 30: Die Grundstruktur einer ABS-Transaktion [51]

[51] Modifiziert entnommen aus *Waschbusch, Gerd*: Asset Backed Securities – eine moderne Form der Unternehmungsfinanzierung, in: Zeitschrift für Bankrecht und Bankwirtschaft 1998, S. 410.

Aufgabe 8.20: Vor- und Nachteile einer ABS-Transaktion

Schildern Sie aus der Sicht des Forderungsverkäufers die Vor- und Nachteile, die mit der Durchführung einer ABS-Transaktion verbunden sein können!

Lösung:

Vorteile einer ABS-Transaktion:

- Erschließung zusätzlicher, bisher unausgeschöpfter Finanzierungsquellen,
- niedrigeres Niveau der unmittelbaren Geldbeschaffungskosten (Marktkonditionen in der Nähe von Triple A-Anleihen),
- die vorzeitig gewonnene Liquidität kann dazu genutzt werden, Verbindlichkeiten abzubauen,
- die zusätzlich gewonnene Liquidität kann aber auch dazu genutzt werden, in ertragreichere Aktiva als bisher zu reinvestieren,
- sofern der Forderungsverkäufer ein Kreditinstitut ist, besteht die Möglichkeit der Entlastung bankenaufsichtsrechtlicher Strukturnormen.

Nachteile einer ABS-Transaktion:

- hohe Kosten der Durchführung einer ABS-Transaktion,
- zumeist langwierige Vorbereitungsphase einer ABS-Transaktion,
- die Verbriefung von Forderungen kann von Außenstehenden als letzter finanzieller Rettungsanker aufgefasst werden (Bonitätseinbußen).

Aufgabe 8.21: Kapitalfreisetzung durch den Verkauf nicht betriebsnotwendiger Vermögensgegenstände[52]

Das Unternehmen A beabsichtigt, für weitere Investitionsvorhaben liquide Mittel aus dem Verkauf von nicht betriebsnotwendigen Vermögensgegenständen zu gewinnen. Alternativ könnte Unternehmen A dazu ein Grundstück für 250.000 EUR (Buchwert 200.000 EUR) oder Wertpapiere für 250.000

---

[52] Modifiziert entnommen aus *Gräfer, Horst; Schiller, Bettina; Rösner, Sabrina*: Finanzierung – Grundlagen, Institutionen, Instrumente und Kapitalmarkttheorie, 6. Aufl., Berlin 2008, S. 307 und S. 369.

EUR (Buchwert 280.000 EUR) verkaufen. Für welche Alternative entscheidet sich Unternehmen A bei einem Ertragsteuersatz von 30 %, wenn allein der Finanzierungseffekt als Entscheidungskriterium ausschlaggebend ist?

Lösung:

Bei dem Verkauf des Grundstücks verbleibt dem Unternehmen A nach Versteuerung des Differenzgewinns zwischen Verkaufserlös und Buchwert 235.000 EUR (= 250.000 EUR – 50.000 EUR · 0,30). Für die Wertpapiere erzielt das Unternehmen A den Verkaufserlös von 250.000 EUR sowie – einen ausreichend hohen Gewinn des Unternehmens vorausgesetzt – eine Steuerersparnis von 9.000 EUR (= 30.000 EUR · 0,30). Die Entscheidung fällt somit zugunsten des Verkaufs der Wertpapiere.

Aufgabe 8.22: Kapitalfreisetzung durch den Verkauf (nicht) betriebsnotwendiger Vermögensgegenstände[53]

Zum 31.12.2009 hat die Bilanz des Großhändlers KRÄMER folgendes Aussehen:

Aktiva	Bilanz zum 31.12.2009 (in EUR)		Passiva
Waren Sorte A	90.000	Eigenkapital	100.000
Waren Sorte B	90.000	Kontokorrentkredit	80.000
	180.000		180.000

Zu Beginn des Jahres 2010 verlangt die Hausbank einen Ausgleich des Kontokorrentkontos. KRÄMER hat weder die Möglichkeit, seinem Unternehmen weiteres Eigenkapital zuzuführen, noch sieht er eine Gelegenheit, zur Umschuldung bei anderen Banken Kredite aufzunehmen.

a) Wie kann KRÄMER die an die Hausbank fällig werdende Zahlung in Höhe von 80.000 EUR finanzieren? Wie nennt man diese Form der Finanzierung?

[53] Modifiziert entnommen aus *Wöhe, Günter; Kaiser, Hans; Döring, Ulrich*: Übungsbuch zur Einführung in die Allgemeine Betriebswirtschaftslehre, 11. Aufl., München 2005, S. 343–344 (in der 12. Aufl. nicht mehr enthalten).

b) KRÄMER findet sowohl für die Warengruppe A als auch für die Warengruppe B einen Käufer. Für den gesamten Posten der Sorte A will man ihm 90.000 EUR – KRÄMERS Einstandspreis – bezahlen. Der Interessent für die Sorte B bietet dagegen nur 80.000 EUR. Im Falle eines Verkaufs der Sorte B würde KRÄMER also 10.000 EUR Verlust erleiden. Raten Sie KRÄMER zum Verkauf der Sorte A oder der Sorte B, wenn Sie gleichzeitig erfahren, dass KRÄMER die Sorte A im Falle eines Verkaufs sofort und in gleichem Umfang wiederbeschaffen müsste, während die Wiederbeschaffung der Sorte B – es handelt sich um einen „Herbstartikel" – erst in sechs Monaten zu erfolgen hätte?

c) Welche der folgenden Behauptungen sind zutreffend, wenn eine Vermögensumschichtung ein wirksames Finanzierungsinstrument sein soll:

(1) Jeder Aktivtausch hat den beschriebenen Finanzierungseffekt.

(2) Nur der Verkauf, nicht jedoch der Kauf von Vermögensgegenständen hat den gewünschten Finanzierungseffekt.

(3) Der Verkauf kann sowohl auf Ziel als auch gegen bar erfolgen.

(4) Beim Verkauf darf kein Verlust auftreten.

(5) Bei den verkauften Gegenständen muss es sich um Güter handeln, die nicht sofort wiederbeschafft werden müssen.

d) Entgegen den Angaben aus Teilaufgabe b) hat KRÄMER jetzt die Möglichkeit, alternativ folgende Geschäfte am 01.02.2010 mit der Sorte B zu tätigen:

(1) Barverkauf für 90.000 EUR,

(2) Barverkauf für 120.000 EUR,

(3) Barverkauf für 70.000 EUR,

(4) Zielverkauf (2 Monate) für 100.000 EUR,

(5) Verkauf für 130.000 EUR: davon 30.000 EUR in bar, die restlichen 100.000 EUR mit 2 Monaten Ziel.

Systematisieren Sie diese Geschäftsvorfälle nach ihrer Finanzierungsform (Finanzierung durch Vermögensumschichtung – Selbstfinanzierung) und nach dem Zeitpunkt des Beginns der Finanzierungswirkung (01.02.2010 oder 01.04.2010)! Es wird unterstellt, dass erzielte Gewinne nicht ausgeschüttet werden.

Lösung:

Teilaufgabe a)

Im vorliegenden Fall bietet sich KRÄMER nur eine einzige Finanzierungsform an: Zur Rückzahlung des Kontokorrentkredits muss er einen Teil seines Warenlagers verflüssigen. Diese Art der Finanzierung bezeichnet man als **Finanzierung durch Vermögensumschichtung**, da sich das Unternehmen durch einen Aktivtausch (Kapitalfreisetzung durch den Verkauf (nicht) betriebsnotwendiger Vermögensgegenstände) finanzielle Mittel beschafft.

Teilaufgabe b)

KRÄMER hat keine andere Möglichkeit, als die Sorte B mit einem Verlust in Höhe von 10.000 EUR zu verkaufen. Würde er nämlich die Sorte A verkaufen, wäre sein derzeitiges Finanzierungsproblem nicht gelöst, sondern nur um wenige Tage verschoben: Da die Sorte A sofort wiederbeschafft (und bezahlt) werden müsste, befände sich KRÄMER im Falle des Verkaufs der Sorte A schon nach kurzer Zeit in neuen Finanzierungsnöten. Den mit einem Verlust verbundenen Verkauf der Sorte B kann er nur verhindern, wenn es ihm gelingt, im Falle eines Verkaufs der Sorte A bei deren Wiederbeschaffung einen längerfristigen Lieferantenkredit (Kauf auf Ziel) auszuhandeln.

Teilaufgabe c)

Richtig sind die Behauptungen (2) und (5).

Teilaufgabe d)

Die einzelnen Geschäftsvorfälle lassen sich hinsichtlich der Finanzierungsform und des Zeitpunktes des Beginns der Finanzierungswirkung folgendermaßen systematisieren:

Beginn der Finanzierungswirkung	01.02.2010		01.04.2010	
Finanzierungsform	Finanzierung durch Vermögensumschichtung [in EUR]	Selbstfinanzierung [in EUR]	Finanzierung durch Vermögensumschichtung [in EUR]	Selbstfinanzierung [in EUR]
(1) Barverkauf 90.000 EUR	90.000	–	–	–
(2) Barverkauf 120.000 EUR	90.000	30.000	–	–
(3) Barverkauf 70.000 EUR	70.000	–	–	–
(4) Zielverkauf 100.000 EUR	–	–	90.000	10.000
(5) Zielverkauf 100.000 EUR	(a) 30.000	–	60.000	40.000
sowie 30.000 EUR Anzahlung	–	(b) 30.000	90.000	10.000

Beim Geschäftsvorfall (5) entsteht ein Zurechnungsproblem: Die Zurechnung zu den beiden Finanzierungsformen hängt davon ab, ob man die Anzahlung in Höhe von 30.000 EUR erfolgsneutral – wie im Fall (a) – oder als Gewinnbestandteil – wie im Fall (b) – betrachtet.

Aufgabe 8.23: Kapitalfreisetzung durch Verkürzung der Kapitalbindungsdauer[54]

Die Geschäftsleitung der Jupiter GmbH steht vor der Notwendigkeit, die Höhe der Fremdfinanzierung zurückzuführen.

Das Unternehmen verkauft jährlich 55.000 Stück hochwertige Lautsprecherboxen zu einem Stückpreis von 500 EUR, die in China hergestellt werden. Bislang betrug die durchschnittliche Lagerdauer der Lautsprecherboxen 40 Tage. Durch eine Optimierung der Logistik könnte die durchschnittliche Lagerdauer auf 30 Tage reduziert werden.

In welchem Umfang könnte aufgrund dieser Maßnahme Kapital zum Zweck der Rückführung von Fremdkapital freigesetzt werden?

Lösung:

Die Jupiter GmbH erwirtschaftet durch den Verkauf der Lautsprecherboxen einen Jahresumsatz von 55.000 Stück · 500 EUR/Stück = 27.500.000 EUR.

[54] Modifiziert entnommen aus *Bestmann, Uwe; Preißler, Peter*: Übungsbuch zum Kompendium der Betriebswirtschaftslehre, 3. Aufl., München/Wien 2002, S. 182.

Situation vor der Maßnahme:

Lagerumschlag:	9 (= 360 Tage ÷ 40 Tage)
Lagerdauer:	40 Tage
durchschnittlicher Lagerbestand (zu Verkaufspreisen):	3.055.555,56 EUR (= 27.500.000 EUR ÷ 9)

Situation nach der Maßnahme:

Lagerumschlag:	12 (= 360 Tage ÷ 30 Tage)
Lagerdauer:	30 Tage
durchschnittlicher Lagerbestand (zu Verkaufspreisen):	2.291.666,67 EUR (= 27.500.000 EUR ÷ 12)

Somit ergibt sich die folgende Reduzierung der Kapitalbindung:

	3.055.555,56 EUR
–	2.291.666,67 EUR
=	**763.888,89 EUR**

Die Jupiter GmbH könnte durch die angesprochene Optimierungsmaßnahme im Bereich der Logistik eine Kapitalfreisetzung in Höhe von 763.888,89 EUR erreichen.

8.5 Die Umfinanzierung

Aufgabe 8.24: Maßnahmen der Umfinanzierung

Welche der folgenden Fälle bezeichnet man als Umfinanzierung:

a) Aufnahme eines stillen Gesellschafters,

b) Selbstfinanzierung aus Gewinnen,

c) Ersatz eines kurzfristigen durch einen langfristigen Kredit,

d) Bildung stiller Rücklagen durch überhöhte Abschreibungen,

e) Kapitalerhöhung aus Gesellschaftsmitteln.

Lösung:

Die Vorgänge c) und e) bezeichnet man als Umfinanzierung.

9 Entscheidungen über Finanzierungsmaßnahmen

9.1 Liquidität und Finanzplanung

Aufgabe 9.1: Unterschied zwischen einem Finanzplan und einem Finanzbudget

Erläutern Sie den Unterschied zwischen einem Finanzplan und einem Finanzbudget!

Lösung:

Der **Finanzplan** ist eine tabellarische, zeitlich gegliederte Gegenüberstellung von erwarteten Ein- und Auszahlungen. Er stellt das zentrale Steuerungsinstrument der Finanzplanung dar, bei der es um eine aktive, zukunftsgerichtete Gestaltung der finanziellen Sphäre eines Unternehmens geht.

Ein **Finanzbudget** ist im Unterschied zu einem Finanzplan ein Vorgabeplan einer übergeordneten Instanz. Er gibt dem Verantwortungsbereich in Form von Soll-Größen vor, in welchem Umfang Zahlungsströme innerhalb einer Planperiode zu realisieren sind. Hierbei ist es dem Verantwortungsbereich freigestellt, wie diese Soll-Vorgaben erreicht werden. Die Leistungskontrolle erfolgt durch Ermittlung der Planabweichung.

Aufgabe 9.2: Finanzbedarfsermittlung im System der betrieblichen Gesamtplanung

Ein Unternehmen will im nächsten Jahr die Produkte A, B und C herstellen. Für die Produktion werden die drei Rohstoffe 1, 2 und 3 eingesetzt, die 6 EUR/ME_1, 5 EUR/ME_2 bzw. 3 EUR/ME_3 kosten.

Aus der nachfolgenden Tabelle sind die Verbräuche (in ME) von Rohstoff 1, 2 und/oder 3 für Produkt A, B oder C ersichtlich (**Einsatzkoeffizienten**):

	Rohstoff		
Produkt	1	2	3
A	3 ME	2 ME	–
B	1 ME	–	4 ME
C	2 ME	1 ME	2 ME

Die Produkte werden in vier Kostenstellen I, II, III und IV bearbeitet:

	Kostenstelle			
	I	II	III	IV
Kapazitäten im Planungszeitraum (in Minuten)	340.000	65.000	194.000	100.000
variable Kosten in EUR/Min.	0,50	3,00	1,00	4,00

Die Inanspruchnahme der Kostenstellen I, II, III und IV durch die Produkte A, B oder C (in Minuten) (**Maschinenbelastungskoeffizienten**) stellt sich wie folgt dar:

	Kostenstelle			
Produkt	I	II	III	IV
A	6 Min.	–	2 Min.	–
B	–	1 Min.	3 Min.	2 Min.
C	2 Min.	1 Min.	3 Min.	1 Min.

Es werden neben Preis- und Kostendaten folgende maximale Absatzzahlen geschätzt:

Produkt	Menge in ME	Verkaufspreis in EUR/ME	Vertriebskosten in EUR/ME	Werbung und Kundendienst in EUR/Jahr
A	30.000	50,00	2,00	80.000,00
B	20.000	50,00	1,50	70.000,00
C	29.000	52,00	2,00	75.000,00

Es wird weiter geschätzt, dass in den Verwaltungsstellen Kosten von 220.000 EUR/Jahr anfallen. Für Forschung und Entwicklung plant das Unternehmen ungefähr 100.000 EUR/Jahr ein. Das Unternehmen hat für früher aufgenommene Kredite für das nächste Jahr Tilgungen von 60.000 EUR und Zinszahlungen von 30.000 EUR zu leisten.

Es wird geplant, Anfang des Jahres eine Anlage für 1 Mio. EUR zu erwerben, die über 10 Jahre linear abgeschrieben werden soll.

Stellen Sie für das nächste Jahr im Rahmen einer Sukzessivplanung die Planung der einzelnen Unternehmensbereiche sowie die Ergebnis- und die Finanzplanung auf! Identifizieren Sie dabei zunächst den Engpassbereich des Unternehmens!

Annahme: Kosten = Aufwendungen; Leistungen = Erträge

Lösung:

1. Schritt: Bestimmung des Engpasses (hier: Produktionsprogrammplanung bei einem Engpass)

Inanspruchnahme der Kostenstellen I, II, III und IV durch Produkt A, B oder C (in Minuten):

	Kostenstelle			
Produkt	I	II	III	IV
A (30.000 ME)	180.000 Min.	–	60.000 Min.	–
B (20.000 ME)	–	20.000 Min.	60.000 Min.	40.000 Min.
C (29.000 ME)	58.000 Min.	29.000 Min.	87.000 Min.	29.000 Min.
beanspruchte Kapazität im Planungszeitraum	238.000 Min.	49.000 Min.	**207.000 Min.**	69.000 Min.
vorhandene Kapazität im Planungszeitraum	340.000 Min.	65.000 Min.	**194.000 Min. (Engpass)**	100.000 Min.

Der **Engpass** liegt bei der **Kostenstelle III**, da 207.000 Min. für die Produktion benötigt werden, allerdings nur 194.000 Min. zur Verfügung stehen.

⇒ Planung des Produktionsprogramms entsprechend dem spezifischen Deckungsbeitrag

Deckungsbeitrag DB = Verkaufspreis – variable Kosten

Variable Kosten = variable Vertriebskosten + variable Rohstoffkosten + variable Maschinenkosten

Variable Kosten

	Produkt		
	A	B	C
Vertriebskosten (in EUR/ME)	2,00	1,50	2,00
Beschaffungskosten der Rohstoffe (in EUR/ME)	$3 \cdot 6{,}00 + 2 \cdot 5{,}00$ $= 28{,}00$	$1 \cdot 6{,}00 + 4 \cdot 3{,}00$ $= 18{,}00$	$2 \cdot 6{,}00 + 1 \cdot 5{,}00$ $+ 2 \cdot 3{,}00$ $= 23{,}00$
Maschinenkosten (in EUR/ME)	$6 \cdot 0{,}50 + 2 \cdot 1{,}00$ $= 5{,}00$	$1 \cdot 3{,}00 + 3 \cdot 1{,}00$ $+ 2 \cdot 4{,}00$ $= 14{,}00$	$2 \cdot 0{,}50 + 1 \cdot 3{,}00$ $+ 3 \cdot 1{,}00 + 1 \cdot 4{,}00$ $= 11{,}00$
variable Kosten (in EUR/ME)	35,00	33,50	36,00

Deckungsbeitragsberechnung

	Produkt		
	A	B	C
Verkaufspreis	50,00 EUR/ME	50,00 EUR/ME	52,00 EUR/ME
variable Kosten	35,00 EUR/ME	33,50 EUR/ME	36,00 EUR/ME
absoluter Deckungsbeitrag	15,00 EUR/ME	16,50 EUR/ME	16,00 EUR/ME
absoluter Deckungsbeitrag ÷ Engpassbelastung in Kostenstelle III = spezifischer Deckungsbeitrag	15,00 EUR/ME ÷ 2 Min./ME = 7,50 EUR/Min.	16,50 EUR/ME ÷ 3 Min./ME = 5,50 EUR/Min.	16,00 EUR/ME ÷ 3 Min./ME = 5,33 EUR/Min.

Nach dem **Kriterium des spezifischen Deckungsbeitrags** ergeben sich **folgende Prioritäten** bei der Produktionsprogrammplanung (entscheidungsrelevant ist der höchste spezifische Deckungsbeitrag):

Produkt A: Platz 1

Produkt B: Platz 2

Produkt C: Platz 3

Daraus ergibt sich:

volle Produktion von Produkt A = **30.000 ME** · 2 Min./ME = 60.000 Min.

volle Produktion von Produkt B = **20.000 ME** · 3 Min./ME = 60.000 Min.

lediglich Teil-Produktion von Produkt C = (194.000 Min. – 2 · 60.000 Min.) ÷ 3 Min./ME = 24.666,67 ME, d. h. **24.666 ME**, da nur ganze Mengeneinheiten produziert werden können.

2. Schritt: Absatzplanung

Vorgehensweise: Multiplikation der tatsächlich zu produzierenden Menge der einzelnen Produkte mit den einzelnen relevanten Kriterien; z. B. 30.000 ME (Produkt A) · 50,00 EUR/ME (Verkaufspreis Produkt A) = 1.500.000 EUR Umsatz.

	Produkt			
Kriterium	A (30.000 ME)	B (20.000 ME)	C (24.666 ME)	Σ
Umsatz	1.500.000 EUR	1.000.000 EUR	1.282.632 EUR	3.782.632 EUR
Vertriebskosten	60.000 EUR	30.000 EUR	49.332 EUR	139.332 EUR
Werbung und Kundendienst	80.000 EUR	70.000 EUR	75.000 EUR	225.000 EUR
			Nettoumsatz	**3.418.300 EUR**

3. Schritt: Beschaffungsplanung

Vorgehensweise: Multiplikation der tatsächlich zu produzierenden Menge der einzelnen Produkte mit den jeweils relevanten Einsatzkoeffizienten; z. B. 30.000 ME (Produkt A) · 3 ME Rohstoff 1/Produkt A = 90.000 ME Rohstoff 1.

	Produkt				
Rohstoff	A (30.000 ME)	B (20.000 ME)	C (24.666 ME)	Σ	Kosten
1	90.000 ME	20.000 ME	49.332 ME	159.332 ME	955.992 EUR
2	60.000 ME	–	24.666 ME	84.666 ME	423.330 EUR
3	–	80.000 ME	49.332 ME	129.332 ME	387.996 EUR
				Material-kosten	**1.767.318 EUR**

4. Schritt: Produktionsplanung

Vorgehensweise:

- Zunächst erfolgt die Multiplikation der tatsächlich zu produzierenden Menge der einzelnen Produkte mit den jeweils relevanten Maschinenbelastungskoeffizienten; z. B. 30.000 ME (Produkt A) · 6 Min. Inanspruchnahme Kostenstelle I/1 ME Produkt A = 180.000 Minuten.

- Die sich für die einzelne Kostenstelle ergebende Summe der verbrauchten Maschinenminuten wird sodann mit dem variablen Kostensatz pro Minute multipliziert; z. B. 229.332 Min. Inanspruchnahme Kostenstelle 1 durch Produkt A und Produkt C · 0,50 EUR/Min. = 114.666 EUR

	Produkt				
Kostenstelle	A (30.000 ME)	B (20.000 ME)	C (24.666 ME)	Σ	Kosten
I	180.000 Min.	–	49.332 Min.	229.332 Min.	114.666 EUR
II	–	20.000 Min.	24.666 Min.	44.666 Min.	133.998 EUR
III	60.000 Min.	60.000 Min.	73.998 Min.	193.998 Min.	193.998 EUR
IV	–	40.000 Min.	24.666 Min.	64.666 Min.	258.664 EUR
				Fertigungskosten	**701.326 EUR**

5. Schritt: Ergebnisplanung

	Nettoumsatz (Absatzplanung)	3.418.300 EUR
–	Materialkosten (Beschaffungsplanung)	1.767.318 EUR
–	Fertigungskosten (Produktionsplanung)	701.326 EUR
–	Verwaltungskosten (Verwaltungsplanung)	220.000 EUR
–	Forschungs- und Entwicklungskosten (FuE-Planung)	100.000 EUR
–	Zinskosten (Zinsplanung)	30.000 EUR
–	Abschreibungen (Abschreibungsplanung)	100.000 EUR
=	Planergebnis für das nächste Jahr	**499.656 EUR**

6. Schritt: Finanzplanung

	Planergebnis für das nächste Jahr	499.656 EUR
+	Abschreibungen (Abschreibungsplanung)	100.000 EUR
–	Tilgungen (Tilgungsplanung)	60.000 EUR
–	Anlagen (Anschaffungsauszahlung)	1.000.000 EUR
=	geplanter Finanzbedarf für das nächste Jahr	**– 460.344 EUR**

Das Unternehmen hat einen Finanzierungsbedarf für das nächste Jahr i. H. v. 460.344 EUR.

Aufgabe 9.3: Kurzfristiger Finanzplan[55]

Ein neu zu gründender Betrieb rechnet mit folgenden monatlichen Ein- und Auszahlungen aus seiner betrieblichen Tätigkeit ohne Berücksichtigung des Bereichs der Außenfinanzierung (in Tausend EUR):

Anfang des Monats	t_1	t_2	t_3	t_4	t_5	t_6	t_7	t_8	t_9
Einzahlungen	0	20	40	60	60	60	60	60	60
Auszahlungen	80	40	40	40	40	40	40	40	40

Der Einfachheit halber wird angenommen, dass der Unternehmer nicht in der Lage ist, dem Betrieb Eigenkapital von außen zuzuführen. Es besteht lediglich die Möglichkeit der Aufnahme eines Kontokorrentkredits.

a) Wie viel Kredit muss der Betrieb in den einzelnen Monaten bei seiner Hausbank aufnehmen?

b) In welchem Monat ist der Betrieb erstmals in der Lage, mit der Kredittilgung zu beginnen?

c) Wie hoch ist der Betrieb in den einzelnen Monaten verschuldet, wenn davon ausgegangen wird, dass die Einzahlungsüberschüsse zur Tilgung des Kredits verwandt werden?

d) Zu welchem Zeitpunkt hat der Betrieb seinen Kredit bei der Hausbank vollständig getilgt?

Lösung:

Vorbemerkungen:

Die sich aus den Ein- und Auszahlungen des Betriebes in den einzelnen Monaten ergebenden Ein- und Auszahlungsüberschüsse lassen sich wie folgt berechnen (in Tausend EUR):

---

[55] Modifiziert entnommen aus *Wöhe, Günter; Kaiser, Hans; Döring, Ulrich*: Übungsbuch zur Allgemeinen Betriebswirtschaftslehre, 12. Aufl., München 2008, S. 312–313.

Anfang des Monats	t_1	t_2	t_3	t_4	t_5	t_6	t_7	t_8	t_9
Einzahlungen	0	20	40	60	60	60	60	60	60
Auszahlungen	80	40	40	40	40	40	40	40	40
Einzahlungs-überschüsse	–	–	0	20	20	20	20	20	20
Auszahlungs-überschüsse	80	20	0	–	–	–	–	–	–

Auszahlungsüberschüsse (t_1 und t_2) führen grundsätzlich zu einer Kreditaufnahme, Einzahlungsüberschüsse (t_4 bis t_9) dagegen können grundsätzlich zur Kredittilgung verwendet werden (in Tausend EUR):

Anfang des Monats	t_1	t_2	t_3	t_4	t_5	t_6	t_7	t_8	t_9
Kreditaufnahme	80	20	0	–	–	–	–	–	–
Kredittilgung	–	–	0	20	20	20	20	20	20

Jede Kreditaufnahme (= Auszahlungsüberschuss) führt zur Erhöhung der Schulden, jede Kredittilgung (= Einzahlungsüberschuss) führt zur Reduzierung der Schulden. In t_9 sind die (kumulierten) Einzahlungsüberschüsse erstmals so hoch, dass auf dem Kontokorrentkonto ein Guthaben in Höhe von 20.000 EUR verzeichnet werden kann (Berechnungen in Tausend EUR).

Anfang des Monats	t_1	t_2	t_3	t_4	t_5	t_6	t_7	t_8	t_9
Kreditaufnahme	80	20	0	–	–	–	–	–	–
Kredittilgung	–	–	0	20	20	20	20	20	20
Schulden	80	100	100	80	60	40	20	0	–
Guthaben	–	–	–	–	–	–	–	0	20

Teilaufgabe a)

Der Betrieb muss zu Beginn des ersten Monats (t_1) 80.000 EUR und Anfang des zweiten Monats (t_2) weitere 20.000 EUR Kredit aufnehmen.

Teilaufgabe b)

Der Betrieb kann Anfang des vierten Monats (t_4) mit der Kredittilgung beginnen, da zu diesem Zeitpunkt erstmals ein Einzahlungsüberschuss auftritt.

Teilaufgabe c)

Zu Beginn (t_1) ist der Betrieb mit 80.000 EUR verschuldet. Die Verschuldung steigt sodann auf 100.000 EUR zu Beginn des zweiten Monats (t_2) an, verbleibt einen weiteren Monat (t_3) unverändert bei 100.000 EUR und fällt dann monatlich um 20.000 EUR.

Teilaufgabe d)

Zu Beginn des achten Monats (t_8) ist der Kredit vollständig getilgt.

Aufgabe 9.4: Aufstellung eines Finanzplans[56]

Am 1. Juni wird ein Unternehmen gegründet, für das Sie anhand der folgenden Daten einen Finanzplan für die ersten sechs Monate aufstellen sollen:

- Die Gewerberäume werden für 1.800 EUR je Monat gemietet. Die Miete ist stets im Voraus zu entrichten.
- Die Produktion findet auf einer Anlage statt, die beschafft werden muss. Der Preis einschließlich aller Nebenkosten beläuft sich auf 180.000 EUR. Davon sind 60.000 EUR sofort in bar fällig. Der Rest ist in den folgenden drei Monaten in gleichen Raten zu bezahlen.
- Außerdem werden noch ein gebrauchter Pkw sowie eine gebrauchte Betriebsausstattung für insgesamt 25.000 EUR erworben, die ebenfalls sofort in bar bezahlt werden müssen.
- Für die Produktion werden in jedem Monat Roh-, Hilfs- und Betriebsstoffe für 20.000 EUR benötigt. Die Bezahlung soll immer sofort vorgenommen werden. Zu Beginn werden noch zusätzliche Roh-, Hilfs- und Betriebsstoffe im Wert von 8.000 EUR in bar bezogen, die als Reserve dienen sollen.
- Die auszahlungswirksamen Personalkosten belaufen sich auf 22.000 EUR im Monat und werden jeweils zum Monatsanfang fällig.
- Außerdem werden jeden Monat Handelswaren für 12.000 EUR gekauft und sofort in bar bezahlt.

---

[56] Modifiziert entnommen aus *Kruschwitz, Lutz; Decker, Rolf O. A.; Röhrs, Michael*: Übungsbuch zur Betrieblichen Finanzwirtschaft, 6. Aufl., München/Wien 2002, S. 63–69 und S. 295–296.

- 50 % der Handelswaren werden im Anschaffungsmonat, 50 % im Folgemonat veräußert. Der Verkauf erfolgt jeweils gegen bar mit einem Aufschlag von 50 %.
- Der Verkauf von selbst hergestellten Erzeugnissen beginnt im zweiten Monat und wird mit 84.000 EUR je Monat veranschlagt. Man rechnet damit, dass je ein Drittel der Kunden sofort, nach einem Monat bzw. nach zwei Monaten zahlen werden.
- Die Eigentümer finanzieren das Unternehmen mit 120.000 EUR. Die Fremdfinanzierung erfolgt über eine Bank, die einen zweijährigen Kredit in Höhe von 20.000 EUR zu 10 % Zins p. a. (nachschüssig zu zahlen) sowie einen Kontokorrentkredit in Höhe von 80.000 EUR zu 1,17 % Zins je Monat bei monatlicher Zinsverrechnung (Zahlung der Zinsen auf die Inanspruchnahme des Vormonats im Folgemonat) anbietet. Der langfristige Kredit soll im Falle eines Kreditbedarfs zuerst in Anspruch genommen werden. Sofern Zinsen zu zahlen sind, runden Sie bitte die jeweils zu leistenden Beträge auf volle Euro auf oder ab.

Lösung:

Monat	Juni	Juli	August	September	Oktober	November
Zahlungsmittelanfangsbestand (Kassenbestand)	–	200 EUR	–	–	–	–
Eigenkapital	120.000 EUR	–	–	–	–	–
Verkauf Handelswaren	9.000 EUR	18.000 EUR	18.000 EUR	18.000 EUR	18.000 EUR	18.000 EUR
Verkauf selbst hergestellter Erzeugnisse	–	28.000 EUR	56.000 EUR	84.000 EUR	84.000 EUR	84.000 EUR
Summe der Plan-Einzahlungen	129.000 EUR	46.000 EUR	74.000 EUR	102.000 EUR	102.000 EUR	102.000 EUR
Zinsaufwand	–	–	580 EUR	842 EUR	779 EUR	248 EUR
Miete	1.800 EUR	1.800 EUR	1.800 EUR	1.800 EUR	1.800 EUR	1.800 EUR
Maschine	60.000 EUR	40.000 EUR	40.000 EUR	40.000 EUR	–	–
Pkw/Betriebsausstattung	25.000 EUR	–	–	–	–	–
Roh-, Hilfs- und Betriebsstoffe	28.000 EUR	20.000 EUR	20.000 EUR	20.000 EUR	20.000 EUR	20.000 EUR
Personalkosten	22.000 EUR	22.000 EUR	22.000 EUR	22.000 EUR	22.000 EUR	22.000 EUR
Kauf Handelswaren	12.000 EUR	12.000 EUR	12.000 EUR	12.000 EUR	12.000 EUR	12.000 EUR
Summe der Plan-Auszahlungen	148.800 EUR	95.800 EUR	96.380 EUR	96.642 EUR	56.579 EUR	56.048 EUR
(+) Überdeckung / (–) Unterdeckung	– 19.800 EUR	– 49.600 EUR	– 22.380 EUR	5.358 EUR	45.421 EUR	45.952 EUR
langfristiger Kredit (Inanspruchnahme)	20.000 EUR	–	–	–	–	–
kurzfristiger Kredit (Inanspruchnahme)	–	49.600 EUR	71.980 EUR	66.622 EUR	21.201 EUR	–
Zahlungsmittelendbestand (Kassenbestand)	200 EUR	–	–	–	–	24.751 EUR

Aufgabe 9.5: Externe Bestimmungsfaktoren des Kapitalbedarfs

Erläutern Sie die folgenden externen Bestimmungsfaktoren des Kapitalbedarfs eines Unternehmens:

- Struktur der Beschaffungsmärkte,
- Beschaffenheit der Absatzmärkte,
- Preisniveau auf den Beschaffungs- und Absatzmärkten,
- staatliche Beschränkungen,
- Veränderungen der Produktionstechnologien!

Lösung:

- **Struktur der Beschaffungsmärkte**

  Die Struktur der Beschaffungsmärkte hat insofern Einfluss auf den Kapitalbedarf eines Unternehmens, als sie die Lieferungs- und Leistungsbedingungen festlegt, d. h. sie bestimmt, inwiefern es aufgrund langer Lieferzeiten für das Unternehmen eventuell sinnvoll sein kann, Rohstoffe auf Lager zu nehmen, wie lang die Zahlungsfristen sind bzw. inwiefern durch den gemeinsamen Einkauf mehrerer Unternehmen Einfluss auf die Zahlungsmodalitäten genommen werden kann.

- **Beschaffenheit der Absatzmärkte**

  Die Beschaffenheit der Absatzmärkte bestimmt nicht nur über die Möglichkeit des Verkaufs und seinen zeitlichen Ablauf, sondern insbesondere auch über die Höhe und den Zeitpunkt des Zahlungseingangs.

- **Preisniveau auf den Beschaffungs- und Absatzmärkten**

  Die Anzahl der Konkurrenten und Mitanbieter beeinflusst das Preisniveau sowohl auf den Beschaffungsmärkten als auch auf den Absatzmärkten entscheidend. Dieses wiederum hat Einfluss auf die benötigten bzw. erzielbaren finanziellen Mittel.

- **Staatliche Beschränkungen**

  Bei der Herstellung muss beispielsweise beachtet werden, inwiefern die Produktion mit staatlichen Auflagen belegt ist (z. B. Umweltschutzauflagen).

- **Veränderungen der Produktionstechnologien**

  Verbessern sich aufgrund des technischen Fortschritts die Produktionstechnologien, so sind andere Unternehmen bei der Herstellung der gleichen oder vergleichbarer Produkte u. U. in der Lage, diese Produkte günstiger als das Unternehmen selbst anzubieten, so dass extern ein Zwang zur Teilnahme am technischen Fortschritt mit den damit verbundenen notwendigen Investitionen auf das Unternehmen ausgeübt wird.

Aufgabe 9.6: Statische Ermittlung des Umlaufkapitalbedarfs

Ermitteln Sie den Umlaufkapitalbedarf für ein Unternehmen nach der kumulativen und der differenzierten Methode! Gehen Sie dabei von folgenden Ausgangsdaten aus:

- Kreditorenziel (= Lieferantenziel) (LZ_t)	14 Tage
- Lagerdauer Fertigungsmaterial (LFM_t)	20 Tage
- Produktionszeit (P_t)	8 Tage
- Lagerdauer Fertigprodukte (LFP_t)	25 Tage
- Debitorenziel (= Kundenziel) (DZ_t)	30 Tage
- Fertigungslöhne (FL)	4.300 EUR/Arbeitstag
- Fertigungsgemeinkosten (FGK)	3.800 EUR/Arbeitstag
- Materialkosten (MK)	2.700 EUR/Arbeitstag
- Materialgemeinkosten (MGK)	2.100 EUR/Arbeitstag
- Verwaltungsgemeinkosten (VGK)	500 EUR/Arbeitstag
- Vertriebsgemeinkosten (VtGK)	150 EUR/Arbeitstag

Es wird angenommen, dass es sich ausschließlich um pagatorische Kosten handelt. Die Verwaltungs- und Vertriebsgemeinkosten fallen bereits ab dem Zeitpunkt der Materialbeschaffung an. Nehmen Sie kritisch zu den Vorgehensweisen der beiden Methoden Stellung!

Lösung:

Die Grundstruktur der statischen Ermittlung des Umlaufkapitalbedarfs umfasst sowohl bei der kumulativen als auch bei der differenzierten Methode folgende drei Schritte:

1. Ermittlung der **durchschnittlichen Kapitalbindungsdauern**:
   - Kreditorenziel (= Lieferantenziel) (LZ_t)
   - Lagerdauer der Fertigungsmaterialien (LFM_t)
   - Produktionszeit (P_t)
   - Lagerdauer der fertigen Produkte (LFP_t)
   - Debitorenziel (= Kundenziel) (DZ_t)
2. Ermittlung der **durchschnittlichen auszahlungswirksamen Kosten pro Arbeitstag** für:
   - Fertigungslöhne (FL)
   - Fertigungsgemeinkosten (FGK)
   - Materialkosten (MK)
   - Materialgemeinkosten (MGK)
   - Verwaltungsgemeinkosten (VGK)
   - Vertriebsgemeinkosten (VtGK)
3. Bestimmung des **Umlaufkapitalbedarfs** durch Multiplikation der durchschnittlichen auszahlungswirksamen Kosten pro Arbeitstag mit den (jeweiligen) durchschnittlichen Kapitalbindungsfristen (BF).

Der Umlaufkapitalbedarf entsprechend den einzelnen Kostenarten und die Kapitalbindungsfristen können grafisch wie in *Abbildung 31* auf S. 231 dargestellt werden.

Dem im Folgenden nach der kumulativen und der differenzierten Methode berechneten Beispiel liegen folgende Ausgangsdaten zugrunde:

LZ_t	=	14 Tage	FL	=	4.300 EUR/Arbeitstag
LFM_t	=	20 Tage	FGK	=	3.800 EUR/Arbeitstag
P_t	=	8 Tage	MK	=	2.700 EUR/Arbeitstag
LFP_t	=	25 Tage	MGK	=	2.100 EUR/Arbeitstag
DZ_t	=	30 Tage	VGK	=	500 EUR/Arbeitstag
			VtGK	=	150 EUR/Arbeitstag

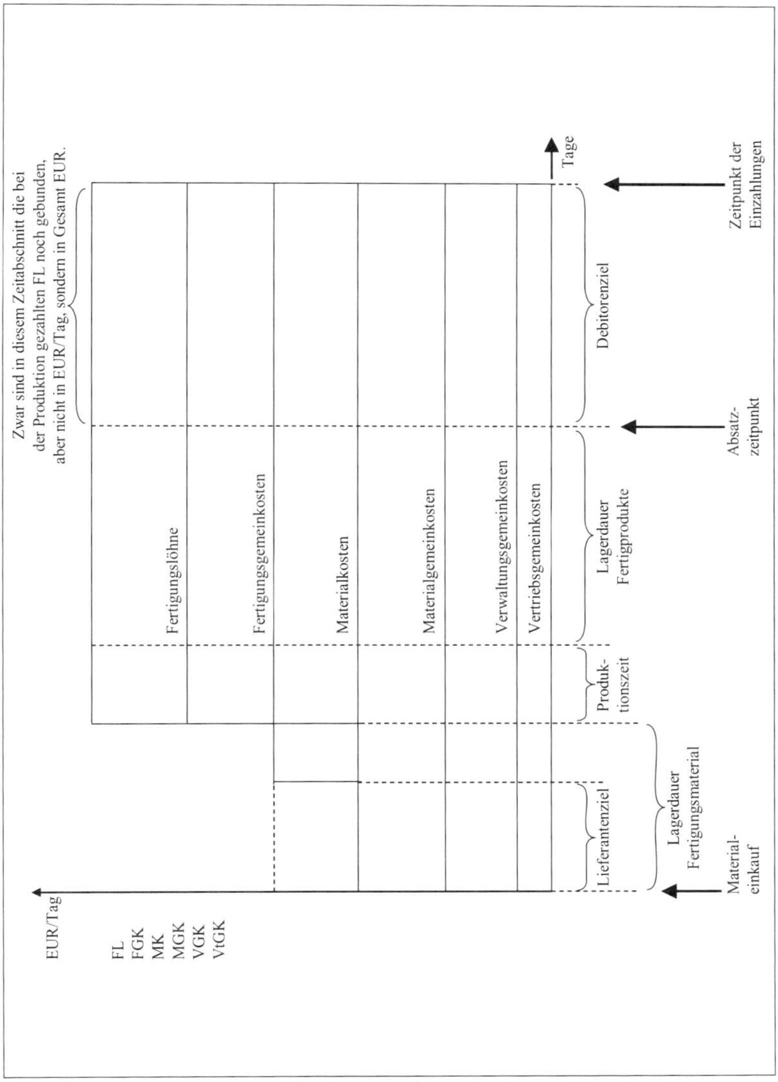

Abbildung 31: Darstellung des Umlaufkapitalbedarfs entsprechend den einzelnen Kostenarten und den Kapitalbindungsfristen

Ermittlung des Umlaufkapitalbedarfs mit Hilfe der kumulativen Methode:

Nach der (pagatorisch-) kumulativen Methode ermittelt man den Umlaufkapitalbedarf durch Multiplikation der durchschnittlichen Auszahlungen je Arbeitstag mit der durchschnittlichen Kapitalbindungsfrist, d. h. der Anzahl der Tage zwischen dem Zeitpunkt der Materialbeschaffung bis zum Eingang der Umsatzerlöse, gekürzt um ein eventuell bestehendes Kreditorenziel (Lieferantenziel), sofern dieses in Anspruch genommen wird.

$$KB = \varnothing \text{ Kapitalbindungsfrist} \cdot \varnothing \text{ Auszahlungen eines Produktionstages}$$

$$\begin{aligned} KB = {} & (LFM_t + P_t + LFP_t + DZ_t - LZ_t)\ [\text{Tage}] \\ & \cdot (FL + FGK + MK + MGK + VGK + VtGK)\ [\text{EUR/Tag}] \end{aligned}$$

$$\begin{aligned} KB = {} & (20 + 8 + 25 + 30 - 14)\ [\text{Tage}] \\ & \cdot (4.300 + 3.800 + 2.700 + 2.100 + 500 + 150)\ [\text{EUR/Tag}] \end{aligned}$$

$$KB = 69 \text{ Tage} \cdot 13.550 \text{ EUR/Tag} = 934.950 \text{ EUR}$$

Bestimmt man den Umlaufkapitalbedarf ohne Berücksichtigung eines Kreditorenziels (Lieferantenziels), so ergibt sich als Kapitalbedarf:

$$\begin{aligned} KB & = (69 \text{ Tage} + 14 \text{ Tage}) \cdot 13.550 \text{ EUR/Tag} \\ & = 83 \text{ Tage} \cdot 13.550 \text{ EUR/Tag} = \mathbf{1.124.650\ EUR} \end{aligned}$$

Kritik an der kumulativen Methode:

1. Gegen die kumulative Methode kann zum einen eingewandt werden, dass sie alle Auszahlungen auf den Zeitpunkt der Materialbeschaffung, d. h. den Beginn des Leistungsprozesses bezieht. Die Auszahlungen fallen aber in den einzelnen Bereichen der Leistungserstellung erst nach und nach und in unterschiedlicher Höhe an. Damit führt diese Vorgehensweise zu einem überhöhten Umlaufkapitalbedarf.

2. Zum anderen ist zu kritisieren, dass die undifferenzierte Kürzung der durchschnittlichen Kapitalbindungsfrist um ein in Anspruch genommenes Kreditorenziel (Lieferantenziel) zu einem zu niedrig berechneten Umlaufkapitalbedarf führt. Während das Lieferantenziel nur die Auszahlungen für Materialbeschaffung betrifft, werden durch die Berechnung auf Durchschnittsbasis auch die Auszahlungen der anderen Bereiche mit einer um das Lieferantenziel gekürzten Bindungsfrist multipliziert.

Wie stark das Ergebnis der kumulativen Methode vom tatsächlichen Kapitalbedarf abweicht, hängt von der Struktur der einzelnen Bindungsfristen sowie der Höhe der einzelnen Auszahlungsbeträge ab. Nur in den seltensten Fällen dürften sich der negative und der positive Effekt gerade ausgleichen. In der

Mehrzahl der Fälle kommt es zu einer ungenauen Bestimmung des Umlaufkapitalbedarfs.

Ermittlung des Umlaufkapitalbedarfs mit Hilfe der differenzierten Methode:

Die differenzierte Methode versucht, die aufgezeigten Mängel der kumulativen Methode dadurch zu vermeiden, dass die Auszahlungen der einzelnen Betriebsbereiche mit den individuellen Kapitalbindungsfristen multipliziert werden, d. h., der gesamte Umlaufkapitalbedarf ergibt sich aus der Summe der isoliert ermittelten Kapitalbedürfnisse einzelner Betriebsbereiche.

$$KB = \sum_{i=1}^{n} A_i \cdot BF_i$$

Dabei gilt:

A_i : durchschnittliche tägliche Auszahlungen im Bereich i;

BF_i : durchschnittliche Bindungsfrist im Bereich i.

Nach der differenzierten Methode ergibt sich für das dargestellte Beispiel folgender Umlaufkapitalbedarf:

1) **Fertigungsmaterial = Material(einzel)kosten**

$$BF_1 = (LFM_t + P_t + LFP_t + DZ_t - LZ_t)[\text{Tage}]$$
$$= (20 + 8 + 25 + 30 - 14) = 69 \text{ Tage}$$
$$A_1 = MK = 2.700 \text{ EUR/Tag}$$
$$KB_{MK} = 69 \text{ Tage} \cdot 2.700 \text{ EUR/Tag} = \mathbf{186.300\ EUR}$$

2) **Materialgemeinkosten** (z. B. Kosten für Lagerverwaltung, Kosten für Materialprüfung, Kosten für innerbetriebliche Transporte)

$$BF_2 = (LFM_t + P_t + LFP_t + DZ_t)[\text{Tage}]$$
$$= (20 + 8 + 25 + 30) = 83 \text{ Tage}$$
$$A_2 = MGK = 2.100 \text{ EUR/Tag}$$
$$KB_{MGK} = 83 \text{ Tage} \cdot 2.100 \text{ EUR/Tag} = \mathbf{174.300\ EUR}$$

Hinweis: Das Lieferantenziel wird hier nicht abgezogen, weil es sich nicht um gelieferte und später bezahlte Waren handelt, wie z. B. beim Fertigungsmaterial.

3) **Fertigungslöhne/Fertigungsgemeinkosten** (Letztere umfassen bspw. Kosten der Arbeitsvorbereitung, Kosten für Konstruktion und Entwicklung)

Da diese beiden Auszahlungskategorien alle innerhalb des Produktionsbereichs anfallen und im vorliegenden Beispiel schon bestimmt sind, kann eine Zusammenfassung erfolgen.

$$\begin{aligned} BF_3 &= (P_t + LFP_t + DZ_t)[\text{Tage}] \\ &= (8 + 25 + 30) = 63 \text{ Tage} \\ A_3 &= FL + FGK = 4.300 \text{ EUR/Tag} + 3.800 \text{ EUR/Tag} = 8.100 \text{ EUR/Tag} \\ KB_{FL, FGK} &= 63 \text{ Tage} \cdot 8.100 \text{ EUR/Tag} = \mathbf{510.300\ EUR} \end{aligned}$$

Hinweis: Hier erfolgt ebenfalls kein Abzug des Lieferantenziels.

4) **Kapitalbedarf für Verwaltungskosten (Verwaltungsgemeinkosten)**

Hinsichtlich der Auszahlungen für den Verwaltungsbereich soll davon ausgegangen werden, dass sie über den gesamten betrachteten Zeitraum hinweg anfallen.

$$\begin{aligned} BF_4 &= (LFM_t + P_t + LFP_t + DZ_t)[\text{Tage}] \\ &= (20 + 8 + 25 + 30) = 83 \text{ Tage} \\ A_4 &= VGK = 500 \text{ EUR/Tag} \\ KB_{VGK} &= 83 \text{ Tage} \cdot 500 \text{ EUR/Tag} = \mathbf{41.500\ EUR} \end{aligned}$$

5) **Kapitalbedarf für den Vertrieb (Vertriebsgemeinkosten)**

Vertriebskosten können sowohl über die gesamte Prozessdauer verteilt anfallen als auch zu einem bestimmten Zeitpunkt, z. B. Auszahlung für Vertreterprovision. Hier soll davon ausgegangen werden, dass die Vertriebskosten permanent, d. h. während des ganzen Prozesses anfallen.

$$\begin{aligned} BF_5 &= (LFM_t + P_t + LFP_t + DZ_t)[\text{Tage}] \\ &= (20 + 8 + 25 + 30) = 83 \text{ Tage} \\ A_5 &= VtGK = 150 \text{ EUR/Tag} \\ KB_{VtGK} &= 83 \text{ Tage} \cdot 150 \text{ EUR/Tag} = \mathbf{12.450\ EUR} \end{aligned}$$

Als Gesamtkapitalbedarf für das Umlaufvermögen ergibt sich somit nach der differenzierten Methode:

KB_{MK}	=	186.300 EUR
KB_{MGK}	=	174.300 EUR
$KB_{FL,\ FGK}$	=	510.300 EUR
KB_{VGK}	=	41.500 EUR
KB_{VtGK}	=	12.450 EUR
Gesamtkapitalbedarf	**=**	**924.850 EUR**

Das Ergebnis zeigt, dass der nach der differenzierten Methode ermittelte Kapitalbedarf von dem nach der kumulativen Methode ermittelten Kapitalbedarf abweicht. Die Höhe der Abweichung hängt von der Dauer der einzelnen Bindungsfristen (BF_i) sowie der Struktur der einzelnen Auszahlungsströme (A_i) ab. Wie groß die Abweichung ist und welche Richtung sie hat, ist vom Einzelfall abhängig. Das Beispiel hat gezeigt, dass insbesondere die kumulative Kapitalbedarfsermittlung nicht brauchbar ist, auch wenn sie als Faustformel in der Praxis Anwendung findet.

Zusammenfassende Kritik an der statischen Ermittlung des Kapitalbedarfs:

(1) Selbst geringfügige Modellvariationen (z. B. Änderung der Produktionszeit) erfordern umfassende Neuberechnungen.

(2) Die funktionalen Zusammenhänge zwischen dem Leistungsbereich und dem Finanzbereich werden nicht hinreichend berücksichtigt.

(3) Zahlungszeitpunkte werden nicht beachtet; es wird unterstellt, der gesamte Kapitalbedarf bestehe bereits zu Beginn und während der gesamten Dauer des Planungszeitraums.

(4) Bindungsfristen und Beträge werden nur mit Durchschnittswerten berücksichtigt und führen so zu ungenauen Ergebnissen.

(5) Keine Berücksichtigung von Liquiditätsreserven und Lagermindestbeständen.

Aufgabe 9.7: Statische Ermittlung des Bruttokapitalbedarfs für das Anlage- und Umlaufvermögen [57]

Ein Computerhersteller will für ein neu zu gründendes Tochterunternehmen den betriebsnotwendigen Kapitalbedarf für das Anlage- und das Umlaufvermögen für den Zeitraum bis zum erstmaligen Rückfluss der Finanzmittel durch Umsatzerlöse (Bruttokapitalbedarf) berechnen. Folgende Daten sind bekannt:

- Das Tochterunternehmen benötigt für den Erwerb eines geeigneten Grundstücks 340.000 EUR; für eine Produktionshalle mit Büroräumen hat der Architekt einen Gesamtpreis von 360.000 EUR errechnet; für maschinelle Anlagen werden 1.200.000 EUR benötigt; für neue Patente und Lizenzen werden 620.000 EUR veranschlagt.

- Die Kapazität des Tochterunternehmens ist zunächst so ausgelegt, dass für die Produktion eines Hochleistungsrechners durchschnittlich 8 Kalendertage benötigt werden. Die durchschnittliche Lagerdauer der Fertigungsmaterialien beträgt 20 Kalendertage, das Zahlungsziel der Lieferanten 30 Kalendertage. Die durchschnittliche Lagerdauer der fertigen Hochleistungsrechner beläuft sich auf 25 Kalendertage. Die Zahlungsbedingungen des Computerherstellers enthalten folgenden Passus: Rechnung zahlbar mit 2 % Skonto innerhalb von 10 Kalendertagen, sonst 30 Kalendertage netto gegen Kasse.

  Die täglich anfallenden Fertigungslöhne betragen 4.500 EUR, die Fertigungsgemeinkosten 200 % der Fertigungslöhne (davon sind 65 % auszahlungswirksam). Die täglichen Kosten für Fertigungsmaterial belaufen sich auf 6.000 EUR, die Materialgemeinkosten auf 25 % der Materialeinzelkosten (täglich komplett auszahlungswirksam). Ferner sind den auszahlungswirksamen Herstellkosten täglich 10 % für Verwaltungsgemeinkosten und Vertriebsgemeinkosten zuzurechnen (alle auszahlungswirksam).

  Der Einfachheit halber wird unterstellt, dass sowohl das Tochterunternehmen als auch alle Kunden ihre Zahlungsziele ausnutzen. Ebenso wird vereinfachend unterstellt, dass die Produktionszeit erst nach Ablauf der durchschnittlichen Fertigungsmateriallagerdauer einsetzt. Die Verwaltungs- und Vertriebsgemeinkosten fallen zudem bereits ab dem Zeitpunkt der Materialbeschaffung an.

---

[57] Modifiziert entnommen aus *Busse, Franz-Joseph*: Grundlagen der betrieblichen Finanzwirtschaft, 5. Aufl., München/Wien 2003, S. 48–51.

Ermitteln Sie für das Tochterunternehmen nach der statischen Vorgehensweise den Kapitalbedarf für das Anlagevermögen sowie für das Umlaufvermögen (Letzteren nach der sogenannten differenzierten Methode)!

Lösung:

Ermittlung des Kapitalbedarfs für das Anlagevermögen:

Grundstück	340.000 EUR
Produktionshalle mit Büroräumen	360.000 EUR
maschinelle Anlagen	1.200.000 EUR
Patente und Lizenzen	620.000 EUR
	2.520.000 EUR

Ermittlung des Kapitalbedarfs für das Umlaufvermögen:

- **Fertigungsmaterial**

  Berechnung der Bindungsfrist:

durchschnittliche Lagerdauer der Fertigungsmaterialien	20 Tage
+ durchschnittliche Produktionsdauer	8 Tage
+ durchschnittliche Lagerdauer der fertigen Produkte	25 Tage
+ Kundenzahlungsziel	30 Tage
− Lieferantenzahlungsziel	30 Tage
= Bindungsfrist	53 Tage

  tägliche Fertigungsmaterialkosten = 6.000 EUR

  → **Kapitalbedarf Fertigungsmaterial**: 53 Tage · 6.000 EUR/Tag = **318.000 EUR**

- **Materialgemeinkosten**

Berechnung der Bindungsfrist:

durchschnittliche Lagerdauer der Fertigungsmaterialien	20 Tage
+ durchschnittliche Produktionsdauer	8 Tage
+ durchschnittliche Lagerdauer der fertigen Produkte	25 Tage
+ Kundenzahlungsziel	30 Tage
= Bindungsfrist	83 Tage

Die täglichen auszahlungswirksamen Materialgemeinkosten betragen 25 % der Fertigungsmaterialkosten, d. h. 6.000 EUR · 25 % = 1.500 EUR.

Hinweis: Das Lieferantenziel wird hier nicht abgezogen, weil es sich nicht um gelieferte und später bezahlte Waren handelt, wie z. B. beim Fertigungsmaterial.

→ **Kapitalbedarf Materialgemeinkosten**: 83 Tage · 1.500 EUR/Tag

= **124.500 EUR**

- **Fertigungslöhne**

Berechnung der Bindungsfrist:

durchschnittliche Produktionsdauer	8 Tage
+ durchschnittliche Lagerdauer der fertigen Produkte	25 Tage
+ Kundenzahlungsziel	30 Tage
= Bindungsfrist	63 Tage

tägliche Fertigungslöhne = 4.500 EUR

→ **Kapitalbedarf Fertigungslöhne**: 63 Tage · 4.500 EUR/Tag

= **283.500 EUR**

- **Fertigungsgemeinkosten**

  Bei der Berechnung der Gemeinkostenzuschlagssätze werden die Fertigungsgemeinkosten ins Verhältnis zu den Fertigungslöhnen gesetzt; daher ist eine gleiche Bindungsfrist von 63 Tagen anzusetzen.

  Die täglichen auszahlungswirksamen Fertigungsgemeinkosten betragen 200 % der Fertigungslöhne (davon sind 65 % auszahlungswirksam), d. h. 4.500 EUR · (200 % · 65 %) = 5.850 EUR

  → **Kapitalbedarf Fertigungsgemeinkosten**: 63 Tage · 5.850 EUR/Tag = **368.550 EUR**

- **Verwaltungs- und Vertriebsgemeinkosten**

  Diese beiden Kostenkategorien machen 10 % der auszahlungswirksamen Herstellkosten aus.

  Auszahlungswirksame Herstellkosten = Summe aller bisher berechneten auszahlungswirksamen Kostengrößen (davon 10 % als Zuschlag)

  Auszahlungswirksame Herstellkosten:

Fertigungsmaterial	318.000 EUR
+ Materialgemeinkosten	124.500 EUR
+ Fertigungslöhne	283.500 EUR
+ Fertigungsgemeinkosten	368.550 EUR
= Kapitalbedarf für auszahlungswirksame Herstellkosten	1.094.550 EUR
10 % davon als Zuschlag für die täglichen auszahlungswirksamen Verwaltungs- und Vertriebsgemeinkosten:	109.455 EUR

Kapitalbedarf für das Umlaufvermögen insgesamt:

1.094.550 EUR + 109.455 EUR = **1.204.005 EUR**

Gesamter Kapitalbedarf:

	Kapitalbedarf Anlagevermögen	2.520.000 EUR
+	Kapitalbedarf Umlaufvermögen	1.204.005 EUR
=	**Kapitalbedarf Gesamtunternehmen**	**3.724.005 EUR**

Aufgabe 9.8: Dynamische Ermittlung der Umsatzeinzahlungen

Ein Unternehmen erwartet für die kommenden fünf Perioden folgende Umsatzerlöse:

Periode 1 : 100 EUR

Periode 2 : 150 EUR

Periode 3 : 120 EUR

Periode 4 : 180 EUR

Periode 5 : 140 EUR

Der Unternehmensleitung ist aus Beobachtungen der Vergangenheit bekannt, dass

- 40 % der Umsätze als Barumsätze getätigt,
- 30 % der Umsätze in der der Absatzperiode folgenden Periode bezahlt,
- 20 % der Umsätze erst zwei Perioden und
- 10 % der Umsätze erst drei Perioden nach der jeweiligen Absatzperiode bezahlt werden.

Berechnen Sie mit Hilfe des Langen'schen Matrizenkalküls die Umsatzeinzahlungen für die kommenden fünf Perioden!

Lösung:

Die in der Aufgabenstellung angeführte **Verweilzeitverteilung zwischen Umsätzen und Einzahlungen** (Liquidationsspektrum) lässt sich in dem folgenden **Spektralvektor** darstellen:

$$\begin{pmatrix} 0{,}4 \\ 0{,}3 \\ 0{,}2 \\ 0{,}1 \end{pmatrix}$$

Dieser Vektor besagt, dass dem Unternehmen 40 % der Umsätze im Zeitraum t, 30 % im Zeitraum t+1, 20 % im Zeitraum t+2 und 10 % im Zeitraum t+3 als Einzahlungen zufließen. Die Zeiträume t bis t+3 werden in Abhängigkeit vom jeweiligen Anfangsereignis (erster Umsatzzeitraum) bestimmt, wobei der Zeitraum t die erste Umsatzperiode darstellt. Wenn – wie in diesem Beispiel –

die Summe des Vektors 1 beträgt, so kommt darin zum Ausdruck, dass alle Umsätze zu Einzahlungen führen werden, d. h., es kommt weder zu Forderungsausfällen noch zu Skontoabzügen. Für mehrere aufeinander folgende Umsatzperioden kann folgende Matrizengleichung (mit U_t = Umsatz in der Periode t und E_t = Einzahlung in der Periode t) aufgestellt werden:

$$\begin{pmatrix} U_t & U_{t-1} & U_{t-2} & U_{t-3} \\ U_{t+1} & U_t & U_{t-1} & U_{t-2} \\ U_{t+2} & U_{t+1} & U_t & U_{t-1} \\ U_{t+3} & U_{t+2} & U_{t+1} & U_t \\ U_{t+4} & U_{t+3} & U_{t+2} & U_{t+1} \end{pmatrix} \cdot \begin{pmatrix} 0,4 \\ 0,3 \\ 0,2 \\ 0,1 \end{pmatrix} = \begin{pmatrix} E_t \\ E_{t+1} \\ E_{t+2} \\ E_{t+3} \\ E_{t+4} \end{pmatrix}$$

Die Einzahlungen für die Periode E_{t+2} werden beispielsweise wie folgt berechnet:

$$\begin{pmatrix} U_t & U_{t-1} & U_{t-2} & U_{t-3} \\ U_{t+1} & U_t & U_{t-1} & U_{t-2} \\ U_{t+2} & U_{t+1} & U_t & U_{t-1} \\ U_{t+3} & U_{t+2} & U_{t+1} & U_t \\ U_{t+4} & U_{t+3} & U_{t+2} & U_{t+1} \end{pmatrix} \cdot \begin{pmatrix} 0,4 \\ 0,3 \\ 0,2 \\ 0,1 \end{pmatrix} = \begin{pmatrix} E_t \\ E_{t+1} \\ E_{t+2} \\ E_{t+3} \\ E_{t+4} \end{pmatrix}$$

$$E_{t+2} = 0,4\,U_{t+2} + 0,3\,U_{t+1} + 0,2\,U_t + 0,1\,U_{t-1}$$

Betragen – wie in der Aufgabenstellung vorgegeben – die Umsätze in fünf aufeinander folgenden Perioden (t bis t+4) 100 EUR, 150 EUR, 120 EUR, 180 EUR und 140 EUR, insgesamt also 690 EUR, so können die Zahlungseingänge in den folgenden Perioden mit Hilfe des Langen'schen Matrizenkalküls bestimmt werden.

$$\begin{pmatrix} 100 & 0 & 0 & 0 \\ 150 & 100 & 0 & 0 \\ 120 & 150 & 100 & 0 \\ 180 & 120 & 150 & 100 \\ 140 & 180 & 120 & 150 \end{pmatrix} \cdot \begin{pmatrix} 0,4 \\ 0,3 \\ 0,2 \\ 0,1 \end{pmatrix} = \begin{pmatrix} 40 \\ 60+30 \\ 48+45+20 \\ 72+36+30+10 \\ 56+54+24+15 \end{pmatrix} = \begin{pmatrix} 40 \\ 90 \\ 113 \\ 148 \\ 149 \end{pmatrix}$$

Die Zahlungseingänge in den ersten fünf Perioden betragen:

E_t	=	40 EUR	U_t	=	100 EUR
E_{t+1}	=	90 EUR	U_{t+1}	=	150 EUR
E_{t+2}	=	113 EUR	U_{t+2}	=	120 EUR
E_{t+3}	=	148 EUR	U_{t+3}	=	180 EUR
E_{t+4}	=	149 EUR	U_{t+4}	=	140 EUR
		540 EUR			690 EUR

540 EUR ⟶ $\underbrace{\Delta = 150\ \text{EUR}}_{\text{ausstehende Forderungen}}$ ⟵ 690 EUR

Die Gesamteinzahlungen belaufen sich auf 540 EUR. Die ausstehenden Forderungen betragen somit 690 EUR – 540 EUR = 150 EUR. Man erkennt, dass die für die einzelnen Perioden angenommenen Zahlungseingänge zum Teil erheblich von den erwarteten Umsätzen dieser Perioden abweichen. Mit zunehmender Periodenanzahl tritt in diesem Beispiel eine Glättung der Zahlungseingänge ein. Dies darf jedoch nicht zu der Annahme verleiten, dass der Mittelzufluss aus der Umsatztätigkeit stets als eine konstante Größe angenommen werden kann. Insbesondere bei saisonalen Umsatzschwankungen kommt es zu mehr oder weniger starken Schwankungen der Einzahlungsströme, wobei deren Volatilität unter Umständen etwas geringer als die der Umsätze ist.

Dieser allgemeine Lösungsansatz muss modifiziert werden, wenn Spezialfälle wie Kundenanzahlungen, Skonti, Forderungsausfälle usw. berücksichtigt werden sollen. In diesem Fall ist die Summe des Vektors kleiner 1. Erhielten die Kunden z. B. bei Zahlung in der ersten Periode einen Skontoabzug in Höhe von 2 %, so würde sich das erste Element des Spektralvektors von 0,4 auf 0,4 · (1 – 0,02) = 0,392 ermäßigen. Das Matrizenkalkül ist somit ein geeignetes Hilfsinstrument, um geplante Umsatzgrößen einzelner Perioden in Zahlungsgrößen zu transformieren und diese einzelnen Perioden zuzuordnen.

Aufgabe 9.9: Dynamische Ermittlung der Umsatzeinzahlungen

a) Im Rahmen der dynamischen Finanzplanung sollen Sie für Ihr Unternehmen die erwarteten Umsatzeinzahlungen U_t (in Tausend EUR) ermitteln. Vom Vertriebsbereich erhalten Sie folgende Daten:

Monat	Umsatz	Monat	Umsatz	Monat	Umsatz
April	370	Juli	210	Oktober	420
Mai	280	August	260	November	520
Juni	250	September	320	Dezember	480

Aufgrund der beobachteten Zahlungsgewohnheiten Ihrer Kunden wissen Sie, dass

- 25 % der Umsätze eines Monats bereits im selben Monat unter Abzug von 2 % Skonto bezahlt werden (= X_1),
- 40 % der Umsätze jeweils einen Monat nach dem Umsatzzeitpunkt bezahlt werden (= X_2),
- 10 % der Umsätze jeweils im zweiten Monat nach dem Umsatzzeitpunkt bezahlt werden (= X_3),
- die Restforderungen aufgrund von Forderungsausfällen nur zu 80 % drei Monate nach der Umsatzperiode eingehen (= X_4).

Ermitteln Sie die erwarteten Umsatzeinzahlungen für die Monate Juli bis November (einschließlich) mit Hilfe des Langen'schen Matrizenkalküls!

b) Was kann das Unternehmen tun, damit ihm die Umsatzerlöse schneller in Form liquider Mittel zur Verfügung stehen?

Lösung:

Teilaufgabe a)

$$\begin{pmatrix} U_t & U_{t-1} & U_{t-2} & U_{t-3} \\ U_{t+1} & U_t & U_{t-1} & U_{t-2} \\ U_{t+2} & U_{t+1} & U_t & U_{t-1} \\ U_{t+3} & U_{t+2} & U_{t+1} & U_t \\ U_{t+4} & U_{t+3} & U_{t+2} & U_{t+1} \end{pmatrix} \cdot \begin{pmatrix} X_1 \\ X_2 \\ X_3 \\ X_4 \end{pmatrix} = \begin{pmatrix} E_t \\ E_{t+1} \\ E_{t+2} \\ E_{t+3} \\ E_{t+4} \end{pmatrix}$$

$$\begin{pmatrix} 210 & 250 & 280 & 370 \\ 260 & 210 & 250 & 280 \\ 320 & 260 & 210 & 250 \\ 420 & 320 & 260 & 210 \\ 520 & 420 & 320 & 260 \end{pmatrix} \cdot \begin{pmatrix} 0{,}245^{1)} \\ 0{,}40 \\ 0{,}10 \\ 0{,}20^{\ 2)} \end{pmatrix} = \begin{pmatrix} 51{,}45 + 100 + 28 + 74 \\ 63{,}70 + 84 + 25 + 56 \\ 78{,}40 + 104 + 21 + 50 \\ 102{,}90 + 128 + 26 + 42 \\ 127{,}40 + 168 + 32 + 52 \end{pmatrix} = \begin{pmatrix} 253{,}45 \\ 228{,}70 \\ 253{,}40 \\ 298{,}90 \\ 379{,}40 \end{pmatrix}$$

1) $0{,}25 \cdot (1 - 0{,}02) = 0{,}245$ 2) $0{,}25 \cdot 0{,}80 = 0{,}20$

Die Zahlungseingänge und die erwarteten Umsätze in den Monaten Juli bis November (in Tausend EUR) betragen:

Juli	=	253,45 TEUR	210 TEUR
August	=	228,70 TEUR	260 TEUR
September	=	253,40 TEUR	320 TEUR
Oktober	=	298,90 TEUR	420 TEUR
November	=	379,40 TEUR	520 TEUR
		1.413,85 TEUR → Δ = 316,15 TEUR (ausstehende Forderungen) ←	1.730 TEUR

Teilaufgabe b)

Ein Unternehmen kann folgende Maßnahmen ergreifen, damit ihm die Umsatzerlöse schneller in Form liquider Mittel zur Verfügung stehen:

- Zahlungsziele kürzen (eventuell Akzeptanzprobleme),
- Skonto erhöhen (Anreize schaffen; damit aber geringere Einzahlungen),
- besseres Mahnwesen (Sanktionen),
- Wechselziehungen (Einsatz bestimmter Finanzierungsformen),
- Factoring (Einsatz bestimmter Finanzierungsformen),
- Umsätze auf Unternehmen mit guter Zahlungsmoral konzentrieren (Selektion der Abnehmer).

9.2 Theorien bezüglich der Gestaltung der Kapitalstruktur eines Unternehmens

Aufgabe 9.10: Finanzierungsregeln

Aus der Bilanz eines Unternehmens können Sie nachfolgende Daten entnehmen:

Anlagevermögen	=	300.000 EUR
Umlaufvermögen („eiserne Bestände“)	=	262.500 EUR

sonstiges Umlaufvermögen	=	187.500 EUR
Eigenkapital	=	225.000 EUR
langfristiges Fremdkapital	=	337.500 EUR
kurzfristiges Fremdkapital	=	187.500 EUR

a) Prüfen Sie, ob die vertikale Kapitalstrukturregel in Form der Gleichheitsregel erfüllt ist!

b) Für die goldene Bilanzregel existieren verschiedene Fassungen. Prüfen Sie, inwieweit die verschiedenen Ausprägungen dieser Regel erfüllt sind!

Lösung:

Teilaufgabe a)

Die **vertikale Kapitalstrukturregel** in Form der – nicht unumstrittenen – Gleichheitsregel lautet wie folgt:

bilanziertes Fremdkapital ≤ bilanziertes Eigenkapital

Auf Basis der vorliegenden Daten ergibt sich folgende Berechnung:

337.500 EUR + 187.500 EUR = 525.000 EUR > 225.000 EUR

⇒ Die vertikale Kapitalstrukturregel ist **nicht** erfüllt.

Teilaufgabe b)

Auf Basis der vorliegenden Daten ergeben sich für die **goldene Bilanzregel** in ihren verschiedenen Fassungen folgende Berechnungen:

- engste Fassung der goldenen Bilanzregel (das Anlagevermögen ist mit Eigenkapital zu finanzieren, also AV ≤ EK):

  300.000 EUR > 225.000 EUR

  ⇒ Es liegt eine Unterdeckung vor, d. h., die Regel ist nicht erfüllt.

- weitere Fassung der goldenen Bilanzregel (das Anlagevermögen ist mit Eigenkapital und langfristigem Fremdkapital zu finanzieren, also AV ≤ EK + lfr. FK):

  300.000 EUR < 225.000 EUR + 337.500 EUR

  300.000 EUR < 562.500 EUR

  ⇒ Es liegt eine Überdeckung vor, d. h., die Regel ist erfüllt.

- weiteste Fassung der goldenen Bilanzregel (das Anlagevermögen sowie die sogenannten „eisernen Bestände" des Umlaufvermögens sind mit Eigenkapital und langfristigem Fremdkapital zu finanzieren, also AV + UV („eiserne Bestände") $\leq$ EK + lfr. FK):

  300.000 EUR + 262.500 EUR $\leq$ 225.000 EUR + 337.500 EUR

  562.500 EUR $\leq$ 562.500 EUR

  $\Rightarrow$ Es liegt weder eine Unter- noch eine Überdeckung vor. Die Regel ist exakt erfüllt.

Aufgabe 9.11: Liquiditätsgrade[58]

Die Firma „Solvenz" hat zum 31.12.2009 folgende Bilanz erstellt:

Aktiva	(in TEUR)		Passiva
Grundstücke	180	Eigenkapital	90
Betriebs- und Geschäftsausstattung	30	Rückstellungen	60
lfr. Darlehensforderungen	70	lfr. Darlehensverbindlichkeiten	150
Warenvorräte	50	kfr. Darlehensverbindlichkeiten	70
Forderungen aus Lieferungen und Leistungen	40	Lieferantenverbindlichkeiten	30
Zahlungsmittel	30		
	400		400

a) Wie hoch ist die Liquidität 1., 2. und 3. Grades?

b) Was besagt eine Liquidität 3. Grades in Höhe von 120 %?

c) Die Firma „Solvenz" muss gleich zu Beginn des Jahres 2010 damit rechnen, dass

   - Löhne in Höhe von 25.000 EUR zu zahlen sind und
   - 20 % der langfristigen Darlehensverbindlichkeiten zur Rückzahlung fällig werden.

   Sichert unter diesen Bedingungen eine Liquidität 3. Grades in Höhe von 120 % die Zahlungsfähigkeit der Firma „Solvenz" im Jahr 2010?

---

[58] Modifiziert entnommen aus *Wöhe, Günter; Kaiser, Hans; Döring, Ulrich*: Übungsbuch zur Allgemeinen Betriebswirtschaftslehre, 12. Aufl., München 2008, S. 309–310.

Lösung:

Teilaufgabe a)

Liquidität 1. Grades (Barliquidität)

$$= \frac{\text{Zahlungsmittel}}{\text{kurzfristige Verbindlichkeiten}} = \frac{30.000\,\text{EUR}}{100.000\,\text{EUR}} = \mathbf{30\,\%}$$

Dabei gilt:

kurzfristige Verbindlichkeiten = kurzfristige Darlehensverbindlichkeiten + Lieferantenverbindlichkeiten

= 70.000 EUR + 30.000 EUR = 100.000 EUR

Liquidität 2. Grades (Liquidität auf kurze Sicht)

$$= \frac{\text{Zahlungsmittel} + \text{kurzfristige Forderungen}}{\text{kurzfristige Verbindlichkeiten}}$$

$$= \frac{30.000\,\text{EUR} + 40.000\,\text{EUR}}{100.000\,\text{EUR}} = \mathbf{70\,\%}$$

Dabei gilt:

kurzfristige Forderungen = Forderungen aus Lieferungen und Leistungen

Liquidität 3. Grades (Liquidität auf mittlere Sicht)

$$= \frac{\text{Zahlungsmittel} + \text{kurzfristige Forderungen} + \text{Warenvorräte}}{\text{kurzfristige Verbindlichkeiten}}$$

$$= \frac{30.000\,\text{EUR} + 40.000\,\text{EUR} + 50.000\,\text{EUR}}{100.000\,\text{EUR}} = \mathbf{120\,\%}$$

Teilaufgabe b)

Eine **Liquidität 3. Grades** in Höhe von 120 % sagt aus, dass die kurzfristigen Verbindlichkeiten (kurzfristige Darlehensverbindlichkeiten sowie Lieferantenverbindlichkeiten) zu 120 % durch Zahlungsmittel und kurzfristig liquidisierbare Vermögensgegenstände (kurzfristige Forderungen aus Lieferungen und Leistungen sowie Warenvorräte) gedeckt sind. Aus der zeitpunktbezogenen Liquiditätsanalyse (zum 31.12.2009) lassen sich aber keine tragfähigen Rückschlüsse auf die (zeitraumbezogene) zukünftige Zahlungsfähigkeit der Firma „Solvenz“ ziehen.

Teilaufgabe c)

Im vorliegenden Fall sind zwar die zum 31.12.2009 ausgewiesenen kurzfristigen Verbindlichkeiten zu 120 % durch Liquidität (3. Grades) gedeckt. Berücksichtigt man aber, dass neben den kurzfristigen Verbindlichkeiten in Höhe von 100.000 EUR schon in naher Zukunft weitere Auszahlungen in Höhe von 25.000 EUR (Löhne) sowie 30.000 EUR (Kredittilgung) fällig werden, steht dem kurzfristigen Liquiditätspotenzial in Höhe von 120.000 EUR ein Auszahlungsvolumen in Höhe von 155.000 EUR gegenüber. Damit ist die zukünftige Zahlungsfähigkeit der Firma „Solvenz" – gemessen an der Kennzahl Liquidität 3. Grades – gefährdet.

Aufgabe 9.12: Leverage-Effekt[59]

a) Der Finanzchef Ihres Unternehmens stolpert in der Fachliteratur über das Phänomen des „Leverage-Effekts" und stellt Ihnen gegenüber daraufhin die Behauptung auf, durch eine Kapitalumstrukturierung, genauer durch die Ablösung von Eigenkapital durch billiges Fremdkapital, ließe sich bei ansonsten konstantem Gesamtkapital auf jeden Fall die Eigenkapitalrentabilität des Unternehmens erhöhen.

In Erinnerung an Ihre Ausbildungszeit wissen Sie jedoch, dass der „Leverage-Effekt" differenzierter zu betrachten ist. Um die Behauptung des Finanzchefs zu prüfen, entwickeln Sie erst einmal aus folgenden alternativen Berechnungsmöglichkeiten des Gesamtkapitalertrags eines Unternehmens die Formel für die Beurteilung des „Leverage-Effekts":

(1) Gesamtkapitalertrag = $r_{GK} \cdot (EK + FK)$

(2) Gesamtkapitalertrag = $r_{EK} \cdot EK + r_{FK} \cdot FK$

Interpretieren Sie anhand des Aussagegehalts dieser Formel die Rolle des „Leverage-Effekts" bei der Optimierung der Kapitalstruktur eines Unternehmens im Allgemeinen. Gehen Sie daraufhin im Speziellen auf die Situation Ihres Unternehmens ein, wobei Ihnen folgende Unternehmensdaten zur Verfügung stehen:

– konstant zu haltendes Gesamtkapital:		5 Mio. EUR
– konstanter Fremdkapitalzinssatz:	(Fall 1)	6 % p. a.
	(Fall 2)	17 % p. a.

---

[59] Modifiziert entnommen aus *Waschbusch, Gerd*: Die Gestaltung der Kapitalstruktur nach dem Leverage-Effekt, in: AKADEMIE – Zeitschrift für Führungskräfte in Verwaltung und Wirtschaft 1993, S. 57–58.

– angenommene alternative Verschuldungsgrade: a) 10 %
b) 25 %
c) 70 %

– erwarteter Gesamtkapitalertrag (Jahresüberschuss + Fremdkapitalzinsen): 750.000 EUR

Zu welchem Ergebnis kommen Sie?

b) Ab welcher **Höhe des Gesamtkapitalertrags** schlägt der mit dem Leverage-Effekt verbundene Vorteil unter sonst gleichen Bedingungen in einen Nachteil um, kommt also das Leverage-Risiko zum Tragen? Legen Sie Ihrer Berechnung die Datensituation der Teilaufgabe a) Fall 1 zugrunde!

c) Ab welcher **Höhe des Jahresüberschusses** schlägt der mit dem Leverage-Effekt verbundene Vorteil in einen Nachteil um, kommt also das Leverage-Risiko zum Tragen? Gehen Sie bei Ihrer Berechnung von einem Verschuldungsgrad von 60 % aus! Legen Sie ansonsten die Daten von Teilaufgabe a) Fall 1 und Teilaufgabe b) zugrunde!

Lösung:

Teilaufgabe a)

Entwicklung der Formel zur Beurteilung des „Leverage-Effekts“:

$$r_{GK} \cdot (EK + FK) = r_{EK} \cdot EK + r_{FK} \cdot FK$$

$$\Leftrightarrow \quad r_{EK} \cdot EK = r_{GK} \cdot (EK + FK) - r_{FK} \cdot FK$$

$$\Leftrightarrow \quad r_{EK} = \frac{r_{GK} \cdot EK}{EK} + \frac{r_{GK} \cdot FK}{EK} - r_{FK} \cdot \frac{FK}{EK}$$

$$\Leftrightarrow \quad r_{EK} = r_{GK} + (r_{GK} - r_{FK}) \cdot \frac{FK}{EK}$$

Dabei gilt:

EK: Eigenkapital;

FK: Fremdkapital;

GK: Gesamtkapital (= Eigenkapital + Fremdkapital);

JÜ: Jahresüberschuss;

FKZ: Fremdkapitalzinsen.

Für die einzelnen Rentabilitätskennziffern gelten folgende Definitionen:

$$r_{EK} = \text{Eigenkapitalrentabilität} = \frac{\text{Jahresüberschuss (JÜ)}}{\text{Eigenkapital (EK)}}$$

$$r_{FK} = \text{Fremdkapitalrentabilität} = \frac{\text{Fremdkapitalzinsen (FKZ)}}{\text{Fremdkapital (FK)}} = \text{Fremdkapitalzinssatz}$$

$$r_{GK} = \text{Gesamtkapitalrentabilität} = \frac{\text{Gesamtkapitalertrag (JÜ + FKZ)}}{\text{Gesamtkapital (EK + FK)}}$$

Allgemeine Interpretation des Leverage-Effekts:

Durch die Berücksichtigung des Leverage-Effekts wird unter Beachtung von Rentabilitätsgesichtspunkten versucht, das optimale Verhältnis von Eigenkapital und Fremdkapital, also den optimalen Verschuldungsgrad zu bestimmen, wobei unter der Zielsetzung der langfristigen Gewinnmaximierung die Maximierung der Eigenkapitalrentabilität in den Vordergrund der Betrachtung rückt. Dementsprechend wird die Erhöhung der Eigenkapitalrentabilität durch Einsatz von Fremdkapital bei Investitionen, deren Gesamtkapitalrentabilität über dem Fremdkapitalzins liegt, als Leverage-Effekt bezeichnet, d. h. als Hebelwirkung zunehmender Verschuldung auf die Eigenkapitalrentabilität.

Zusammenfassend lässt sich feststellen:

- solange $r_{GK} > r_{FK}$, steigt r_{EK} mit wachsender Verschuldung (Leverage-Chance);
- falls $r_{GK} = r_{FK}$, ist unabhängig vom Verschuldungsgrad $r_{EK} = r_{GK} = r_{FK}$;
- solange $r_{GK} < r_{FK}$, sinkt r_{EK} mit wachsender Verschuldung (Leverage-Risiko).

Spezifische Untersuchung des Leverage-Effekts:

$$r_{GK} = \frac{\text{JÜ + FKZ}}{\text{Gesamtkapital}} = \frac{750.000 \text{ EUR}}{5.000.000 \text{ EUR}} = \mathbf{15\ \%\ p.\ a.}$$

Fall 1: $r_{FK} = 6\ \%$ p. a.

a) $\text{Verschuldungsgrad} = \frac{FK}{EK} = 10\ \%$

$$r_{EK} = 0{,}15 + (0{,}15 - 0{,}06) \cdot 0{,}10$$
$$= 0{,}159 = \mathbf{15{,}9\ \%\ p.\ a.}$$

b) $\text{Verschuldungsgrad} = \frac{FK}{EK} = 25\,\%$

$$r_{EK} = 0{,}15 + (0{,}15 - 0{,}06) \cdot 0{,}25$$
$$= 0{,}1725 = \mathbf{17{,}25\,\%\ p.\,a.}$$

c) $\text{Verschuldungsgrad} = \frac{FK}{EK} = 70\,\%$

$$r_{EK} = 0{,}15 + (0{,}15 - 0{,}06) \cdot 0{,}70$$
$$= 0{,}213 = \mathbf{21{,}3\,\%\ p.\,a.}$$

$\frac{FK}{EK}$	10 %	25 %	70 %
r_{EK}	15,9 % p. a.	17,25 % p. a.	21,3 % p. a.

Fall 2: $\mathbf{r_{FK} = 17\,\%\ p.a.}$

a) $\text{Verschuldungsgrad} = \frac{FK}{EK} = 10\,\%$

$$r_{EK} = 0{,}15 + (0{,}15 - 0{,}17) \cdot 0{,}10$$
$$= 0{,}148 = \mathbf{14{,}8\,\%\ p.\,a.}$$

b) $\text{Verschuldungsgrad} = \frac{FK}{EK} = 25\,\%$

$$r_{EK} = 0{,}15 + (0{,}15 - 0{,}17) \cdot 0{,}25$$
$$= 0{,}145 = \mathbf{14{,}5\,\%\ p.\,a.}$$

c) $\text{Verschuldungsgrad} = \frac{FK}{EK} = 70\,\%$

$$r_{EK} = 0{,}15 + (0{,}15 - 0{,}17) \cdot 0{,}70$$
$$= 0{,}136 = \mathbf{13{,}6\,\%\ p.\,a.}$$

$\frac{FK}{EK}$	10 %	25 %	70 %
r_{EK}	14,8 % p. a.	14,5 % p. a.	13,6 % p. a.

Die spezifischen Unternehmensdaten verdeutlichen, dass die vom Finanzchef aufgestellte Behauptung solange zutreffend ist, wie die Rentabilität des Gesamtkapitals (hier 15 % p. a.) größer ist als die des Fremdkapitals (hier 6 % p. a.), also $r_{GK} > r_{FK}$ ist. Bei dieser Konstellation steigt – wie in Fall 1 aufgezeigt – die Eigenkapitalrentabilität mit wachsender Unternehmensverschuldung. Liegt dagegen die Rentabilität des Gesamtkapitals (hier 15 % p. a.) unter dem zu zahlenden Fremdkapitalzinssatz (hier 17 % p. a.), so fällt – wie in

Fall 2 aufgezeigt – die Eigenkapitalrentabilität mit wachsender Unternehmensverschuldung.

Teilaufgabe b)

Leverage-Chance = Leverage-Risiko, wenn $r_{GK} = r_{FK}$ (6 % p. a.)

$$\Rightarrow r_{GK} = \frac{JÜ + FKZ}{5.000.000 \text{ EUR}} = 0{,}06$$

$$\Leftrightarrow JÜ + FKZ = 0{,}06 \cdot 5.000.000 \text{ EUR} = \mathbf{300.000 \text{ EUR}}$$

Bei einem Gesamtkapitalertrag von kleiner als 300.000 EUR wandelt sich der Leverage-Vorteil ceteris paribus in einen Nachteil um.

Teilaufgabe c)

Leverage-Chance = Leverage-Risiko, wenn $r_{GK} = r_{FK}$ (6 % p. a.)

$$r_{GK} = \frac{JÜ + FKZ}{5.000.000 \text{ EUR}} = 0{,}06$$

Berechnung der Höhe des Eigen- und Fremdkapitals bei einem Verschuldungsgrad (V) von 60 % und einem Gesamtkapital von 5.000.000 EUR, um Jahresüberschuss und Fremdkapitalzinsen getrennt ermitteln zu können:

$$V = \frac{FK}{EK} = 0{,}60 = 60\ \%$$

$$GK = EK + FK$$

$$\Leftrightarrow \quad FK = GK - EK$$

$$\Rightarrow \quad V = \frac{FK}{EK} = \frac{GK - EK}{EK} = 0{,}60$$

$$\Leftrightarrow \quad \frac{GK}{EK} - 1 = 0{,}60$$

$$\Leftrightarrow \quad \frac{GK}{EK} = 1{,}60$$

$$\Leftrightarrow \quad EK = \frac{GK}{1{,}60}$$

$$\Rightarrow \quad EK = \frac{5.000.000 \text{ EUR}}{1{,}60} = 3.125.000 \text{ EUR}$$

$$\Rightarrow \quad FK = GK - EK = 5.000.000 \text{ EUR} - 3.125.000 \text{ EUR} = 1.875.000 \text{ EUR}$$

$\Rightarrow$ FKZ = 1.875.000 EUR · 6 % = **112.500 EUR**

$$\Rightarrow \frac{\text{JÜ} + 112.500\ \text{EUR}}{5.000.000\ \text{EUR}} = 0{,}06$$

JÜ + 112.500 EUR = 300.000 EUR

JÜ = **187.500 EUR**

Bei einem Jahresüberschuss von kleiner als 187.500 EUR wandelt sich der Leverage-Vorteil ceteris paribus in einen Nachteil um.

Aufgabe 9.13: Leverage-Effekt[60]

Wie verändert sich die Eigenkapitalrentabilität, wenn bei einem Fremdkapitalzins von 9 % p. a. und einer bisher erwirtschafteten und weiter zu erwartenden Gesamtkapitalrentabilität von 14 % p. a. der Anteil des Fremdkapitals am Gesamtkapital von bisher 50 % auf 75 % erhöht wird?

Lösung:

Formel zur Beurteilung des „Leverage-Effekts“:

$$r_{EK} = r_{GK} + (r_{GK} - r_{FK}) \cdot \frac{FK}{EK}$$

Dabei gilt:

EK: Eigenkapital;

FK: Fremdkapital;

GK: Gesamtkapital (= Eigenkapital + Fremdkapital);

r_{EK}: Eigenkapitalrentabilität;

r_{FK}: Fremdkapitalrentabilität;

r_{GK}: Gesamtkapitalrentabilität.

Ausgangssituation:

FK-Quote = 50 % $\Rightarrow$ Verschuldungsgrad = $\frac{FK}{EK} = \frac{50}{50} = 100\ \%$

r_{EK} = 14 % + (14 % – 9 %) · 1 = **19 % p. a.**

---

[60] Modifiziert entnommen aus *Bestmann, Uwe; Preißler, Peter*: Übungsbuch zum Kompendium der Betriebswirtschaftslehre, 3. Aufl., München/Wien 2002, S. 181.

veränderte Situation:

FK-Quote = 75 % ⇒ Verschuldungsgrad = $\frac{FK}{EK} = \frac{75}{25} = 300\ \%$

$r_{EK} = 14\ \% + (14\ \% - 9\ \%) \cdot 3 =$ **29 % p. a.**

Fazit: Die Eigenkapitalrentabilität erhöht sich um 10 Prozentpunkte.

Aufgabe 9.14: Optimaler Verschuldungsgrad nach dem traditionellen Modell[61]

Der Gesamtkapitalbedarf der Taurus AG beläuft sich auf 5 Mio. EUR. Das Unternehmen rechnet mit einem jährlichen Erwartungswert des Bruttogewinns von 450.000 EUR. Die alternativen Finanzierungsmöglichkeiten des Gesamtkapitalbedarfs sowie die von der Kapitalstruktur abhängigen Mindestverzinsungsanforderungen der Eigen- und Fremdkapitalgeber sind in der folgenden Tabelle aufgeführt:

Gesamtkapitalbedarf (in Tausend EUR)	5.000	5.000	5.000	5.000	5.000
Eigenkapital EK	5.000	4.000	3.000	2.000	1.000
Fremdkapital FK	–	1.000	2.000	3.000	4.000
Eigenkapitalkosten k_{EK}	9 %	9 %	9,5 %	10,5 %	12,5 %
Fremdkapitalkosten k_{FK}	7 %	7 %	7 %	7,5 %	8 %

Ermitteln Sie nach dem traditionellen Modell den optimalen Verschuldungsgrad V_{opt} der Taurus AG! Wie hoch sind die minimalen durchschnittlichen Gesamtkapitalkosten k_{GK} und der maximale Gesamtkapitalmarktwert GK_{MW} der Taurus AG?

Hinweis: Beachten Sie, dass in dem traditionellen Modell der Bestimmung des optimalen Verschuldungsgrades eines Unternehmens die von den Eigentümern geforderte Rendite des Eigenkapitals (Eigenkapitalkosten k_{EK}) nicht der tatsächlichen Rendite des Eigenkapitals entsprechen muss. Dagegen stimmen tatsächliche und geforderte Verzinsung des Fremdkapitals (Fremdkapitalkosten k_{FK}) überein.

---

[61] Modifiziert entnommen aus *Wöhe, Günter; Kaiser, Hans; Döring, Ulrich*: Übungsbuch zur Allgemeinen Betriebswirtschaftslehre, 12. Aufl., München 2008, S. 345–346.

Lösung:

Der optimale Verschuldungsgrad V_{opt} und der maximale Gesamtkapitalmarktwert GK_{MW} der Taurus AG liegen nach dem traditionellen Modell dort, wo die minimalen durchschnittlichen Gesamtkapitalkosten k_{GK} der Taurus AG erreicht werden. Der Verschuldungsgrad V, die durchschnittlichen Gesamtkapitalkosten k_{GK} und der Gesamtkapitalmarktwert GK_{MW} der Taurus AG berechnen sich wie folgt:

Gesamtkapitalbedarf (in Tausend EUR)	5.000	5.000	5.000	5.000	5.000
Eigenkapital EK (in Tausend EUR)	5.000	4.000	3.000	2.000	1.000
Fremdkapital FK (in Tausend EUR)	–	1.000	2.000	3.000	4.000
Verschuldungsgrad V[1)]	**0**	**25 %**	**66,67 %**	**150 %**	**400 %**
Bruttogewinn (in Tausend EUR)	450	450	450	450	450
Fremdkapitalkosten k_{FK}	**7 %**	**7 %**	**7 %**	**7,5 %**	**8 %**
FK-Zinsen = FK · k_{FK} (in Tausend EUR)	0	70	140	225	320
Reingewinn = Bruttogewinn – FK-Zinsen (in Tausend EUR)	450	380	310	225	130
Eigenkapitalkosten k_{EK}	**9 %**	**9 %**	**9,5 %**	**10,5 %**	**12,5 %**
Eigenkapital zum Marktwert EK_{MW}[2)] (in Tausend EUR)	5.000,00	4.222,22	3.263,16	2.142,86	1.040,00
Gesamtkapital zum Marktwert GK_{MW}[3)] (in Tausend EUR)	5.000,00	5.222,22	**5.263,16**	5.142,86	5.040,00
Gesamtkapitalkosten k_{GK}[4)]	**9 %**	**8,62 %**	**8,55 %**	**8,75 %**	**8,93 %**

1) $V = \frac{FK}{EK}$ 2) $EK_{MW} = \frac{\text{Bruttogewinn} - \text{Fremdkapitalzinsen}}{k_{EK}} = \frac{\text{Reingewinn}}{k_{EK}}$

3) $GK_{MW} = EK_{MW} + FK$ 4) $k_{GK} = \frac{\text{Bruttogewinn}}{GK_{MW}}$

Die Taurus AG erreicht bei einem Verschuldungsgrad v in Höhe von 66,67 % (Finanzierung des Gesamtkapitalbedarfs mit 3 Mio. EUR Eigenkapital und 2 Mio. EUR Fremdkapital) minimale durchschnittliche Gesamtkapitalkosten k_{GK} von 8,55 %. Der maximale Gesamtkapitalmarktwert GK_{MW} der Taurus AG beläuft sich auf 5.263.160 EUR.

Aufgabe 9.15: Arbitrageprozess nach dem Modigliani/Miller-Theorem[62]

Auf einem vollkommenen Kapitalmarkt werden die Aktien von zwei Unternehmen gehandelt, die der gleichen Risikoklasse angehören und sich lediglich in ihrer Kapitalstruktur unterscheiden. Während die A-AG vollständig eigenfinanziert ist, hat die B-AG Fremdkapital in Höhe von 750.000 EUR zu 10 % p. a. aufgenommen. Weiterhin gelten die folgenden Angaben:

	A-AG	B-AG
jährlicher Bruttogewinn BG	225.000 EUR	225.000 EUR
Fremdkapital FK	0 EUR	750.000 EUR
Fremdkapitalzinsen FKZ	0 EUR	75.000 EUR
jährlicher Nettogewinn (BG – FKZ)	225.000 EUR	150.000 EUR
aktueller Marktwert des Gesamtunternehmens GU_{MW}	1.500.000 EUR	1.650.000 EUR

Vergleicht man die aktuellen Marktwerte der Gesamtunternehmen A und B, stellt man fest, dass das verschuldete Unternehmen B am Markt höher bewertet wird als das unverschuldete Unternehmen A.

Zur Vereinfachung wird im Folgenden angenommen, dass

- keine Steuern erhoben werden,
- die Bruttogewinne ewig in gleicher Höhe realisiert werden können und
- die Nettogewinne vollständig an die Anteilseigner ausgeschüttet werden.

a) Aktionär „Margenspanner" hält 10 % des Eigenkapitals der B-AG. Zeigen Sie, dass Aktionär „Margenspanner" sich besser stellen kann, wenn er sein Kapital statt in die B-AG in die A-AG investiert!

b) Wie ist die in Teilaufgabe a) beschriebene Situation vor dem Hintergrund vollkommener Märkte zu beurteilen? Wann ist der Arbitrageprozess beendet?

---

[62] Modifiziert entnommen aus *Wöhe, Günter; Kaiser, Hans; Döring, Ulrich*: Übungsbuch zur Allgemeinen Betriebswirtschaftslehre, 12. Aufl., München 2008, S. 350-353.

Lösung:

Teilaufgabe a)

Der Marktwert des Eigenkapitals der B-AG ($EK_{MW\ von\ B}$) ergibt sich aus der Differenz zwischen dem aktuellen Marktwert des Gesamtunternehmens B-AG ($GU_{MW\ von\ B}$) und dem Marktwert des Fremdkapitals der B-AG ($FK_{MW\ von\ B}$):

$GU_{MW\ von\ B} - FK_{MW\ von\ B} = EK_{MW\ von\ B}$

1.650.000 EUR − 750.000 EUR = 900.000 EUR

Aus dem Verkauf seiner gesamten B-Aktien (10 % des Eigenkapitals der B-AG) würde Aktionär „Margenspanner" einen Verkaufserlös in Höhe von 900.000 EUR · 10 % = 90.000 EUR erhalten. Würde „Margenspanner" diesen Verkaufserlös in A-Aktien investieren, wäre er mit 6 % (Einlage ÷ $GU_{MW\ von\ A}$ = 90.000 EUR ÷ 1.500.000 EUR) am Eigenkapital der A-AG ($GU_{MW\ von\ A}$ = $EK_{MW\ von\ A}$) beteiligt. Vergleicht man für beide Situationen die jährlichen Dividendenzahlungen an Aktionär „Margenspanner", so ergibt sich:

	jährliche Dividende
Beteiligung an der B-AG (10 % des EK)	150.000 EUR · 10 % = 15.000 EUR
Beteiligung an der A-AG (6 % des EK)	225.000 EUR · 6 % = 13.500 EUR

Auf den ersten Blick scheint „Margenspanner" sich durch den Tausch der Beteiligungen schlechter zu stellen. Bezieht man allerdings das Kapitalstrukturrisiko mit in die Betrachtung ein, ist eine eindeutige Aussage nicht möglich. Die A-AG verspricht zwar eine geringere Dividende, ihre Aktionäre tragen aber auch – da die A-AG unverschuldet ist – ein geringeres Kapitalstrukturrisiko als die Aktionäre der B-AG.

Um eine eindeutige Aussage bezüglich der Vorteilhaftigkeit treffen zu können, müssen daher die beiden Positionen zunächst vergleichbar gemacht werden. Als Aktionär der B-AG war „Margenspanner" am Kapitalstrukturrisiko der B-AG beteiligt; als Aktionär der unverschuldeten A-AG trägt er dagegen kein Kapitalstrukturrisiko. Um die Vergleichbarkeit herzustellen, muss „Margenspanner" einen privaten Kredit aufnehmen und dadurch die Kapitalstruktur der B-AG in seine Privatsphäre übertragen. Mit der privaten Kreditaufnahme trägt „Margenspanner" dann das gleiche Kapitalstrukturrisiko, das er auch als Aktionär der B-AG getragen hat.

Das Verhältnis von Fremdkapital zu Eigenkapital beträgt bei der B-AG $FK_{MW\ von\ B} : EK_{MW\ von\ B}$ = 750.000 EUR : 900.000 EUR = 5 : 6. Beteiligt sich „Margenspanner" an der A-AG, muss er somit bei einem Eigenkapitaleinsatz in Höhe von 90.000 EUR einen privaten Kredit in Höhe von 75.000 EUR zu 10 % p. a. aufnehmen, um eine der B-AG entsprechende Kapitalstruktur zu realisieren. Werden diese Kreditmittel zusätzlich in A-Aktien investiert, kann „Margenspanner" insgesamt 90.000 EUR + 75.000 EUR = 165.000 EUR zum Kauf der A-Aktien einsetzen und sich mit insgesamt 11 % am Eigenkapital der A-AG beteiligen. Die Vergleichsrechnung verändert sich folgendermaßen:

	Beteiligung an A-AG	Beteiligung an B-AG
Kapitaleinsatz:		
▪ Eigenmittel	90.000 EUR	90.000 EUR
▪ Fremdmittel	75.000 EUR	0 EUR
Zahlungen:		
+ Dividenden	24.750 EUR	15.000 EUR
– Zinsen für den privaten Kredit (10 % p. a.)	7.500 EUR	0 EUR
= Nettozufluss	**17.250 EUR**	**15.000 EUR**

Die Gegenüberstellung verdeutlicht, dass „Margenspanner" sich durch einen Tausch der Beteiligungen besser stellen kann, ohne ein zusätzliches Risiko eingehen zu müssen. Bei einer Beteiligung an der A-AG steigt der jährliche Nettozufluss um 2.250 EUR auf 17.250 EUR.

Verglichen mit der A-AG war das Eigenkapital der B-AG überbewertet. Solange solche Bewertungsunterschiede bestehen, können die Aktionäre ihre Position dadurch verbessern, dass sie die überbewertete Aktie verkaufen und sich an der unterbewerteten Gesellschaft beteiligen. Gewinne, die ein Aktionär – ohne zusätzlichen Kapitaleinsatz und ohne zusätzliches Risiko – aus der Ausnutzung solcher Bewertungsunterschiede realisieren kann, werden als Arbitragegewinne bezeichnet.

Teilaufgabe b)

Solange unterschiedliche Preise für gleiche Güter gezahlt werden, herrscht kein Marktgleichgewicht. Alle Aktionäre der B-AG werden versuchen, Arbitragegewinne zu realisieren und ihre Beteiligungen an der B-AG gegen A-Aktien zu tauschen. Hierdurch erhöht sich – bei tendenziell sinkender Nachfrage – das Angebot an B-Aktien, so dass die Kurse der B-Aktien fallen werden. Andererseits wird die Nachfrage bei tendenziell sinkendem Angebot nach A-Aktien steigen, so dass deren Kurse steigen werden. Diese Prozesse werden so lange stattfinden, bis der Markt im Gleichgewicht ist und sich die Marktwerte der beiden Unternehmen angeglichen haben. Im Gleichgewicht gilt:

$$GU_{\text{MW von A}} = GU_{\text{MW von B}} = EK_{\text{MW von B}} + FK_{\text{MW von B}}$$

Auf vollkommenen Kapitalmärkten werden somit die Marktwerte von zwei Unternehmen, die sich nur hinsichtlich der Kapitalstruktur unterscheiden, stets gleich sein. Ist die Gleichheitsbedingung – aus welchen Gründen auch immer – nicht erfüllt, werden Arbitrageprozesse beginnen, die für eine entsprechende Angleichung der Kurse sorgen. Ist das Marktgleichgewicht erreicht, können keine Arbitragegewinne mehr erzielt werden. Die folgende Proberechnung soll dies verdeutlichen.

Wird unterstellt, dass die A-Aktie richtig bewertet war und dass sich durch die Arbitrageprozesse der Marktwert der B-AG an den Marktwert der A-AG in Höhe von 1.500.000 EUR angleicht, gilt:

$GU_{\text{MW von B}} - FK_{\text{MW von B}} = EK_{\text{MW von B}}$

1.500.000 EUR − 750.000 EUR = 750.000 EUR

„Margenspanner“ würde nun aus dem Verkauf seiner Aktien (10 % am Eigenkapital der B-AG) einen Erlös von 75.000 EUR erzielen. Da die B-AG im Marktgleichgewicht einen Verschuldungsgrad in Höhe von 100 % hat, müsste „Margenspanner“ zusätzlich einen Kredit von 75.000 EUR aufnehmen, um eine mit der B-AG vergleichbare Kapitalstruktur zu erlangen. Würden daraufhin die gesamten 150.000 EUR für den Kauf von A-Aktien eingesetzt („Margenspanner“ wäre in diesem Fall mit 10 % an der A-AG beteiligt), zeigt sich, dass „Margenspanner“ keinen Vorteil mehr aus der Transaktion ziehen könnte:

	Beteiligung an A-AG	Beteiligung an B-AG
Kapitaleinsatz:		
▪ Eigenmittel	75.000 EUR	75.000 EUR
▪ Fremdmittel	75.000 EUR	0 EUR
Zahlungen:		
+ Dividenden	22.500 EUR	15.000 EUR
− Zinsen für den privaten Kredit (10 % p. a.)	7.500 EUR	0 EUR
= Nettozufluss	**15.000 EUR**	**15.000 EUR**

Die Nettozuflüsse wären bei beiden Positionen gleich. Ein Arbitragegewinn wäre also nicht mehr zu erzielen.

10 Die Gewinnung von Informationen für finanzwirtschaftliche Entscheidungen

10.1 Jahresabschlussanalyse: Grundlagen, Informationsaufbereitung und Methoden

Aufgabe 10.1: Aufgaben der externen Rechnungslegung

Nennen und erläutern Sie die Aufgaben, die der externen Rechnungslegung im Rahmen der Jahresabschlusserstellung zufallen!

Lösung:

Der **externen Rechnungslegung** werden im Rahmen der Jahresabschlusserstellung insbesondere die folgenden drei **Aufgaben** zugewiesen:

1. Die Aufgabe der Dokumentation:

   Das **Instrument der Dokumentation** ist die Finanzbuchhaltung. Sie dient der systematischen und grundsätzlich unveränderbaren Erfassung des wirtschaftlichen Geschehens in einem Unternehmen. Darüber hinaus bietet sie die Möglichkeit der nachträglichen Rekonstruktion des wirtschaftlichen Unternehmensgeschehens.

2. Die Aufgabe der Erfolgsermittlung:

   Hinsichtlich der **Erfolgsermittlung** stehen sich in Unternehmen Personen mit einem positiven Zahlungsbemessungsinteresse sowie Personen mit einem negativen Zahlungsbemessungsinteresse gegenüber. Letztere – zu ihnen gehören beispielsweise Gläubiger – erwarten von dem Unternehmen Zahlungen in Form von Zinsen und Tilgungen, und zwar unabhängig von der jeweiligen Erfolgssituation des Unternehmens. Dagegen haben Personen, die am Erfolg des Unternehmens partizipieren (bspw. Anteilseigner), ein positives Zahlungsbemessungsinteresse. Daher ist eine der wichtigsten Aufgaben der externen Rechnungslegung die periodengerechte Erfolgsermittlung.

3. Die Aufgabe der Informationsvermittlung:

   Die **Jahresabschlussadressaten** werden im Rahmen der externen Rechnungslegung eines Unternehmens darüber **informiert**, ob und in welchem Umfang in der vergangenen Periode die von dem Unternehmen prognostizierten finanziellen Unternehmensziele erreicht wurden und welche Perspektiven das Unternehmen für die kommenden Perioden besitzt. Ein großes Problem dieser Informationsvermittlung besteht allerdings in den unterschiedlichen, zum Teil gegenläufigen Informationsinteressen der einzelnen Jahresabschlussadressaten, die es in der Regel unmöglich machen, alle (Informations-) Ansprüche mit einem einzigen Jahresabschluss befriedigen zu können.

Aufgabe 10.2: Arten der Jahresabschlussanalyse

Systematisieren Sie anhand einer Grafik die verschiedenen Arten der Jahresabschlussanalyse!

Lösung:

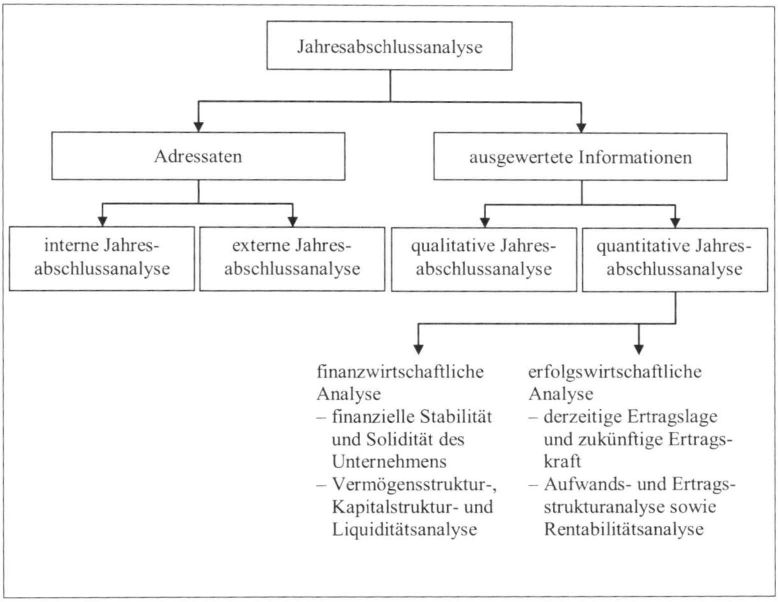

Abbildung 32: Arten der Jahresabschlussanalyse

Aufgabe 10.3: Zwecksetzung und Schema einer Strukturbilanz

a) Erläutern Sie die Zwecksetzung und das Grundschema einer Strukturbilanz!

b) Entwickeln Sie ein detailliertes Schema einer Strukturbilanz für den Einzelabschluss eines Unternehmens!

Lösung: [63]

Teilaufgabe a)

Im Rahmen der Zielsetzung und der Aufgabenerfüllung der Jahresabschlussanalyse bildet die **Strukturbilanz** als aufbereitete und umgestaltete Originalbilanz die **Grundlage für wichtige weitere jahresabschlussanalytische Untersuchungen**.

Hinsichtlich der Erstellung und Aufbereitung der Strukturbilanz existieren keine verbindlichen Regelungen. Allerdings erscheint es zweckmäßig, die einzelnen Posten der Aktivseite und der Passivseite der Originalbilanz in die Kategorien

- jahresabschlussanalytisches Anlagevermögen,
- jahresabschlussanalytisches Umlaufvermögen,
- jahresabschlussanalytisches Eigenkapital sowie
- jahresabschlussanalytisches Fremdkapital

zu gliedern.

Teilaufgabe b)

Eine allgemeine detaillierte **Aufschlüsselung einer Strukturbilanz für den Einzelabschluss eines Unternehmens** geben die nachfolgenden Abbildungen – getrennt für Aktiva und Passiva – wieder:

---

[63] Zu den nachfolgenden Ausführungen vgl. *Küting, Karlheinz; Weber, Claus-Peter*: Die Bilanzanalyse – Beurteilung von Abschlüssen nach HGB und IFRS, 9. Aufl., Stuttgart 2009, S. 82–101. Grundlage der folgenden Ausführungen ist der Rechtsstand nach Inkrafttreten des Bilanzrechtsmodernisierungsgesetzes ohne Berücksichtigung der Übergangsvorschriften.

Strukturbilanz – Aktiva		
A.	**Jahresabschlussanalytisches Anlagevermögen**	
	I.	Immaterielle Vermögensgegenstände (– aktivierter Geschäfts- oder Firmenwert aus den Einzelabschlüssen)
	II.	Sachanlagen
	III.	Finanzanlagen
B.	**Jahresabschlussanalytisches Umlaufvermögen**	
	I.	Vorräte (bei offener Absetzung abzüglich „erhaltene Anzahlungen auf Bestellungen“)
	II.	Forderungen und sonstige Vermögensgegenstände
	III.	Wertpapiere
	IV.	Kassenbestand, Bundesbankguthaben, Guthaben bei Kreditinstituten und Schecks
	V.	Rechnungsabgrenzungsposten (– Disagio)
~~**C.**~~	~~**Aktive latente Steuern**~~	
~~**D.**~~	~~**Aktiver Unterschiedsbetrag aus der Vermögensverrechnung**~~	

Abbildung 33: Allgemeine Darstellung der Strukturbilanz für den Einzelabschluss eines Unternehmens nach HGB – Aktiva

Erläuterungen zu einzelnen Positionen der Aktivseite der Strukturbilanz:

- Geschäfts- oder Firmenwert:

  Der bislang mehrheitlich als Bilanzierungshilfe eingestufte entgeltlich erworbene (derivative) Geschäfts- oder Firmenwert wurde durch das Bilanzrechtsmodernisierungsgesetz qua Fiktion zum zeitlich begrenzt nutzbaren Vermögensgegenstand erhoben. [64] Der neue § 246 Abs. 1 Satz 4 HGB sieht zwingend eine Aktivierungspflicht für den entgeltlich erworbenen Geschäfts- oder Firmenwert vor. Dieser ist in Höhe des Unterschiedsbetrags anzusetzen, „um den die für die Übernahme eines Unternehmens bewirkte Gegenleistung den Wert der einzelnen Vermögensgegenstände des Unternehmens abzüglich der Schulden im Zeitpunkt der Übernahme übersteigt“. Trotz dieser mittlerweile gegebenen Aktivierungspflicht des entgeltlich erworbenen Geschäfts- oder Firmenwerts ist dieser nach unserer Auffassung wegen seiner Eigenschaft als lediglich fingierter Vermögensgegenstand mit dem Eigenkapital zu saldieren.

---

64 Vgl. *Bieg, Hartmut; Kußmaul, Heinz; Petersen, Karl; Waschbusch, Gerd; Zwirner, Christian*: Bilanzrechtsmodernisierungsgesetz – Bilanzierung, Berichterstattung und Prüfung nach dem BilMoG – mit Praxistipps und Beispielen, München 2009, S. 40.

- Erhaltene Anzahlungen auf Bestellungen:

  Es existieren zwei Ausweisalternativen. Neben der offenen Absetzung von den Vorräten besteht die Möglichkeit eines Bruttoausweises in der Strukturbilanz (Passivseite der Strukturbilanz unter der Position „Verbindlichkeiten").

- Aktiver Rechnungsabgrenzungsposten:

  Der aktive Rechnungsabgrenzungsposten wird für Zwecke der Jahresabschlussanalyse grundsätzlich in das jahresabschlussanalytische Umlaufvermögen umgegliedert. Das Disagio, welches auf dem Erfüllungsbetrag eines Darlehens rekurriert, ist ein Korrekturposten zur Passivseite und wird deshalb aus dem aktiven Rechnungsabgrenzungsposten ausgesondert und gegen das Eigenkapital verrechnet.

- Aktive latente Steuern:

  Aktive latente Steuern sind als ein Sonderposten eigener Art einzustufen.[65] Aufgrund ihres fehlenden Charakters als Vermögensgegenstand sowie aufgrund des für aktive latente Steuern bestehenden Aktivierungswahlrechts (§ 274 Abs. 1 Satz 2 HGB) sind diese nach unserer Auffassung gegen das Eigenkapital aufzurechnen, da bei ihrer Bildung das Eigenkapital entsprechend erhöht wurde.

- Aktiver Unterschiedsbetrag aus der Vermögensverrechnung:

  § 246 Abs. 2 Satz 2 HGB sieht die Verrechnung von Vermögensgegenständen mit Schulden aus Altersversorgungsverpflichtungen oder vergleichbaren langfristig fälligen Verpflichtungen für den Fall vor, dass diese Vermögensgegenstände im Falle einer Insolvenz des Unternehmens dem Zugriff aller Gläubiger mit Ausnahme der Gläubiger der Altersversorgungsverpflichtungen oder vergleichbarer langfristig fälliger Verpflichtungen entzogen sind und darüber hinaus ausschließlich der Erfüllung von Schulden aus Altersversorgungsverpflichtungen oder vergleichbaren langfristig fälligen Verpflichtungen dienen. Die gemäß dieser Vorschrift zu verrechnenden Vermögensgegenstände sind mit ihrem beizulegenden Zeitwert zu bewerten (§ 253 Abs. 1 Satz 4 HGB). § 246 Abs. 2 Satz 3 HGB trägt hierbei der Tatsache Rechnung, dass der beizulegende Zeitwert der zur Verrechnung vorgesehenen Vermögensgegenstände den Betrag der Schulden übersteigen kann. Trifft dies zu, ist der übersteigende Betrag auf

---

[65] Vgl. *Bieg, Hartmut; Kußmaul, Heinz; Petersen, Karl; Waschbusch, Gerd; Zwirner, Christian*: Bilanzrechtsmodernisierungsgesetz – Bilanzierung, Berichterstattung und Prüfung nach dem BilMoG – mit Praxistipps und Beispielen, München 2009, S. 123.

der Aktivseite der Bilanz in einem gesonderten Posten auszuweisen. Mit diesem Aktivposten soll verdeutlicht werden, dass es sich bei dem Unterschiedsbetrag aus der Vermögensverrechnung nicht um einen Vermögensgegenstand im handelsrechtlichen Sinn handelt, sondern vielmehr um einen Verrechnungsposten, der zudem nach § 268 Abs. 8 HGB ausschüttungsgesperrt ist. Aus diesem Grunde sollte für jahresabschlussanalytische Zwecke in einer Strukturbilanz vom Ansatz eines solchen Postens abgesehen werden.

Strukturbilanz – Passiva		
A.	**Jahresabschlussanalytisches Eigenkapital**	
	gezeichnetes Kapital	
	(– nicht eingeforderte ausstehende Einlagen)	
	(– Nennwert/rechnerischer Wert erworbener eigener Anteile)	
+	Kapitalrücklage	
+	Gewinnrücklagen	
	(evtl. – „Rücklage für Anteile an einem herrschenden oder mehrheitlich beteiligten Unternehmen")	
–	Aufwendungen für die Ingangsetzung und Erweiterung des Geschäftsbetriebs	
–	aktivierter Geschäfts- oder Firmenwert (aus den Einzelabschlüssen)	
–	Disagio	
–	aktive latente Steuern	
+	passive latente Steuern	
–	nicht ausgewiesene Rückstellungen für Pensionen und ähnliche Verpflichtungen	
+	Aufwandsrückstellungen	
+	66⅔ % der Baukostenzuschüsse	
+	60 % der Sonderposten für Investitionszuschüsse im Anlagevermögen	
+	Sonderposten für Investitionszulagen im Anlagevermögen	
	Berücksichtigung der Gewinnverwendung:	
	a) vor erfolgter Gewinnverwendung	
	± Jahresüberschuss/Jahresfehlbetrag	
	± Gewinnvortrag/Verlustvortrag	
	– auszuschüttender Betrag	
	b) nach teilweiser oder vollständiger Gewinnverwendung	
	± Bilanzgewinn/Bilanzverlust	
	– auszuschüttender Betrag	
B.	**Jahresabschlussanalytisches Fremdkapital**	
	33⅓ % der Baukostenzuschüsse	
+	40 % der Sonderposten für Investitionszuschüsse im Anlagevermögen	
+	auszuschüttender Betrag	
+	Rückstellungen aus der Bilanz	
	(– Aufwandsrückstellungen)	
+	nicht ausgewiesene Rückstellungen für Pensionen und ähnliche Verpflichtungen	
+	Verbindlichkeiten	
	(bei nicht offener Absetzung einschl. „erhaltene Anzahlungen auf Bestellungen")	
+	Rechnungsabgrenzungsposten	
kurzfristig = vor Ablauf eines Jahres fällig	mittelfristig = Fälligkeit zwischen einem und fünf Jahren	langfristig = nach Ablauf von fünf Jahren fällig

Abbildung 34: Allgemeine Darstellung der Strukturbilanz für den Einzelabschluss eines Unternehmens nach HGB – Passiva

Erläuterungen zu einzelnen Positionen der Passivseite der Strukturbilanz:

- Eigene Anteile

  Die Behandlung des Kaufs und Verkaufs eigener Anteile ist in § 272 Abs. 1a und Abs. 1b HGB geregelt. Mit dem § 272 Abs. 1a HGB wurde durch das Bilanzrechtsmodernisierungsgesetz ein neuer Absatz in das Handelsgesetzbuch eingefügt, der rechtsformunabhängige Vorschriften zur handelsbilanziellen Erfassung eigener Anteile beinhaltet. Es wird nun nicht mehr zwischen eigenen Aktien und eigenen Anteilen unterschieden, um so dem wirtschaftlichen Gehalt des Rückkaufs bzw. der Wiederveräußerung eigener Anteile Rechnung zu tragen. Zurückgekaufte eigene Anteile werden seit dem Bilanzrechtsmodernisierungsgesetz auf der Passivseite der Bilanz in Höhe ihres Nennbetrags bzw. in Höhe ihres rechnerischen Werts in der Vorspalte offen vom „Gezeichneten Kapital" abgesetzt (§ 272 Abs. 1a Satz 1 HGB). Sie stellen damit einen Korrekturposten zum „Gezeichneten Kapital" dar und sind deshalb bei der Ermittlung des jahresabschlussanalytischen Eigenkapitals als Abzugsposition zu berücksichtigen.

- Bilanzgewinn:

  Der zur Ausschüttung vorgesehene Teil des Bilanzgewinns wird aus dem Eigenkapital in das Fremdkapital umgegliedert, da er vom Charakter her Ähnlichkeiten mit den kurzfristigen Verbindlichkeiten aufweist.

- Baukostenzuschüsse:

  Auch bei den Baukostenzuschüssen handelt es sich um einen Mischposten, der sowohl Eigen- als auch Fremdkapitalanteile enthält. Für die Strukturbilanz wird allgemein die Aufteilung im Verhältnis zwei Drittel zu einem Drittel auf das Eigenkapital und das langfristige Fremdkapital empfohlen.

- Sonstige Zuschüsse und Zulagen:

  Sofern es sich um steuerfreie Investitionszulagen handelt, können diese in voller Höhe in das jahresabschlussanalytische Eigenkapital umgegliedert werden. Handelt es sich hingegen um steuerpflichtige Investitionszuschüsse, für die beim Bruttoausweis ein Passivposten „Sonderposten für Investitionszuschüsse im Anlagevermögen" gebildet wurde, wird hier aufgrund des zu erwartenden Steuerabflusses die Aufteilung Eigen- zu Fremdkapital im Verhältnis 60 zu 40 empfohlen.

- Pensionsrückstellungen:

  Unmittelbare Pensionsverpflichtungen, die nach dem 31.12.1986 gewährt wurden, sind als langfristig anzusehendes Fremdkapital in den Bilanzen offen auszuweisen und damit Bestandteil des jahresabschlussanalytischen Fremdkapitals. Für mittelbare Pensionsverpflichtungen, Pensionszusagen oder Anwartschaften, die vor diesem Zeitpunkt gewährt wurden, besteht für Kapitalgesellschaften ein Passivierungswahlrecht. Wird von der Möglichkeit der Nichtpassivierung Gebrauch gemacht, besteht allerdings die Verpflichtung, die Summe der in der Bilanz nicht ausgewiesenen Rückstellungen für laufende Pensionen und ähnliche Verpflichtungen im Anhang anzugeben. In diesem Fall ist der im Anhang ausgewiesene Betrag vom jahresabschlussanalytischen Eigenkapital abzuziehen und dem jahresabschlussanalytischen Fremdkapital zuzurechnen.

- Aufwandsrückstellungen:

  Im Rahmen der externen Jahresabschlussanalyse lässt sich der Posten „Aufwandsrückstellungen" aufgrund in der Regel fehlender detaillierter Angaben nicht vom Fremdkapital in das Eigenkapital umgliedern. Liegen jedoch genaue Angaben zum Charakter der Aufwandsrückstellungen vor, ist es eine Einzelfallentscheidung, die Aufwandsrückstellungen entweder dem jahresabschlussanalytischen Eigenkapital oder dem jahresabschlussanalytischen Fremdkapital zuzuordnen.

- Passiver Rechnungsabgrenzungsposten:

  Der passive Rechnungsabgrenzungsposten wird dem (kurzfristigen) jahresabschlussanalytischen Fremdkapital zugeordnet.

- Passive latente Steuern:

  Passive latente Steuern werden aus dem Fremdkapital in das jahresabschlussanalytische Eigenkapital umgegliedert, da bei ihrer Bildung das Eigenkapital entsprechend gemindert wurde.

Aufgabe 10.4: Schema zur Analyse der Ergebnisquellen einer GuV-Rechnung nach dem Gesamtkostenverfahren

Entwickeln Sie für eine Gewinn- und Verlustrechnung nach dem Gesamtkostenverfahren ein Schema zur Analyse der Ergebnisquellen, wobei Sie die in § 275 Abs. 2 HGB enthaltene Postennummerierung verwenden!

Lösung:

Schema zur Analyse der Ergebnisquellen einer Gewinn- und Verlustrechnung nach dem Gesamtkostenverfahren:

Ergebnisquelle	Berechnung
Betriebsergebnis (-erfolg) (= GuV-Pos. 1 +/– 2 + 3 + 4 – 5 – 6 – 7 – 8)	hier: Umsatzerlöse + Bestandserhöhungen – Bestandsverminderungen + andere aktivierte Eigenleistungen + sonstige betriebliche Erträge – Materialaufwand – Personalaufwand – Abschreibungen auf immaterielle Vermögensgegenstände des Anlagevermögens und Sachanlagen – sonstige betriebliche Aufwendungen
Finanzergebnis (-erfolg) (= GuV-Pos. 9 + 10 + 11 – 12 – 13)	hier: Erträge aus Beteiligungen, davon aus verbundenen Unternehmen + Erträge aus anderen Wertpapieren und Ausleihungen des Finanzanlagevermögens + sonstige Zinsen und ähnliche Erträge, davon aus verbundenen Unternehmen – Abschreibungen auf Finanzanlagen und auf Wertpapiere des Umlaufvermögens – Zinsen und ähnliche Aufwendungen, davon aus verbundenen Unternehmen
Ergebnis der gewöhnlichen Geschäftstätigkeit (= GuV-Pos. 14)	hier: Betriebsergebnis + Finanzergebnis
außerordentliches Ergebnis (= GuV-Pos. 17 = GuV-Pos. 15 – 16)	hier: außerordentliche Erträge – außerordentliche Aufwendungen
Jahresergebnis(-erfolg) vor Steuern (= GuV-Pos. 14 + 17)	hier: Ergebnis der gewöhnlichen Geschäftstätigkeit + außerordentliches Ergebnis
Steuern (= GuV-Pos. 18 + 19)	hier: Steuern vom Einkommen und vom Ertrag + sonstige Steuern
Jahresergebnis (-erfolg) nach Steuern (Jahresüberschuss/-fehlbetrag) (= GuV-Pos. 20)	hier: Jahresergebnis (-erfolg) vor Steuern – Steuern

Abbildung 35: Schema zur Analyse der Ergebnisquellen einer Gewinn- und Verlustrechnung nach dem Gesamtkostenverfahren

Aufgabe 10.5: Begriffsbestimmung „Kennzahl" und „Kennzahlensystem"

Im Rahmen der traditionellen Jahresabschlussanalyse nimmt die Kennzahlenrechnung einen hohen Stellenwert ein. Was versteht man in diesem Zusammenhang

a) unter einer Kennzahl sowie

b) unter einem Kennzahlensystem?

Lösung:

Teilaufgabe a)

Einzelne **Kennzahlen** ermöglichen es, komplizierte Sachverhalte und Prozesse stark vereinfacht und damit in konzentrierter Form darzustellen. Damit dienen sie als Entscheidungshilfe bei der Lösung von Problemen verschiedenster Art. Es wird zwischen absoluten und relativen Kennzahlen unterschieden. Letztere werden wiederum in Gliederungs-, Beziehungs- und Indexzahlen unterteilt.

Teilaufgabe b)

Unter einem **Kennzahlensystem** versteht man die Gesamtheit von auf logisch deduktivem Wege geordneten Kennzahlen, die betriebswirtschaftlich sinnvolle Aussagen über Unternehmen und/oder ihre Teile vermitteln. Dabei können einzelne Kennzahlen miteinander verknüpft (z. B. Du Pont-Kennzahlensystem) oder in einem Ordnungssystem gegliedert sein.

10.2 Die finanzwirtschaftliche Analyse

Aufgabe 10.6: Handelsrechtliche Aktivierungs- und Passivierungswahlrechte

Im Rahmen der handelsrechtlichen Rechnungslegung werden den Bilanzierenden Wahlrechte (u. a. im Bereich der Aktivierung und Passivierung) eingeräumt, die jahresabschlusspolitisch genutzt werden können und somit jahresabschlussanalytische Relevanz besitzen. Nennen Sie typische handelsrechtliche Aktivierungs- und Passivierungswahlrechte! Was sind die Alternativen zur Aktivierung bzw. Passivierung?

Lösung:

Handelsrechtliche Aktivierungswahlrechte:

- Wahlrecht zur Bildung eines Aktivpostens für bestimmte selbst geschaffene immaterielle Vermögensgegenstände des Anlagevermögens (§ 248 Abs. 2 Satz 1 HGB) zu Herstellungskosten i. S. d. § 255 Abs. 2a HGB,
- Wahlrecht zur Aktivierung des Unterschiedsbetrags zwischen dem Rückzahlungsbetrag einer Verbindlichkeit und ihrem niedrigeren Ausgabebetrag (Disagio) (§ 250 Abs. 3 Satz 1 HGB),
- Wahlrecht zur Bildung eines Aktivpostens für aktive latente Steuern (§ 274 Abs. 1 Satz 2 HGB).

Handelsrechtliche Passivierungswahlrechte:

- Wahlrecht zur Passivierung von Rückstellungen für vor dem 01.01.1987 erteilte unmittelbare Pensionszusagen (sog. Altzusagen) einschließlich deren Erhöhung nach dem 31.12.1986 (Art. 28 Abs. 1 Satz 1 EGHGB),
- Wahlrecht zur Passivierung von Rückstellungen für mittelbare Verpflichtungen aus Pensionszusagen sowie für pensionsähnliche Verpflichtungen (Art. 28 Abs. 1 Satz 2 EGHGB).

Die Alternative zu einer Aktivierung ist die zum gleichen Zeitpunkt vorgenommene Verrechnung eines entsprechenden Aufwandsbetrags; die Alternative zu einer Passivierung ist die spätere Verrechnung eines entsprechenden Aufwandsbetrags.

Aufgabe 10.7: Jahresabschlusspolitische Beeinflussung der Höhe des Anlage- und Umlaufvermögens

a) Was verstehen Sie unter der Intensität des Anlagevermögens und der Intensität des Umlaufvermögens?

b) Welche jahresabschlusspolitischen Maßnahmen können Sie sich vorstellen, die die Intensität des Anlagevermögens senken und gleichzeitig die Intensität des Umlaufvermögens erhöhen?

Lösung:

Teilaufgabe a)

Die beiden jahresabschlussanalytischen Kennziffern „**Intensität des Anlagevermögens**" und „**Intensität des Umlaufvermögens**" dienen dazu, bestimmte Positionen (Strukturen) des Vermögens eines Unternehmens sowie deren Veränderungen im Zeitablauf abzubilden. Sie lassen sich wie folgt formulieren:

$$\text{Intensität des Anlagevermögens} = \frac{\text{Anlagevermögen}}{\text{Bilanzsumme}}$$

$$\text{Intensität des Umlaufvermögens} = \frac{\text{Umlaufvermögen}}{\text{Bilanzsumme}}$$

Teilaufgabe b)

Als **jahresabschlusspolitische Maßnahmen**, die das **Anlagevermögen senken** und gleichzeitig das **Umlaufvermögen erhöhen**, kommen beispielsweise in Frage:

- die Veräußerung von nicht betriebsnotwendigen oder betriebsnotwendigen Anlagegegenständen, im letzteren Fall allerdings nur sinnvoll in Verbindung mit einem gleichzeitigen Abschluss eines Leasing-Vertrags, der die Weiternutzung der betriebsnotwendigen Anlagegegenstände sicherstellt (sog. Sale-and-Lease-back-Verfahren),
- die Umwidmung von zur Veräußerung vorgesehenen Vermögensgegenständen des Anlagevermögens in das Umlaufvermögen,
- die Zurückstellung geplanter Anschaffungen im Anlagevermögen, die zu einer Beibehaltung der Umlaufvermögensposition nach § 266 Abs. 2 HGB B. IV. „Kassenbestand, Bundesbankguthaben, Guthaben bei Kreditinstituten und Schecks" führt (zeitliche Verschiebung eines grundsätzlich geplanten Aktivtauschs).

Aufgabe 10.8: Systematisierung der Methoden der Liquiditätsanalyse

Wesentlicher Bestandteil der finanzwirtschaftlichen Analyse ist die Beurteilung der Liquiditätslage eines Unternehmens. Entwickeln Sie anhand einer Grafik eine Systematik der Methoden der Liquiditätsanalyse!

Lösung:

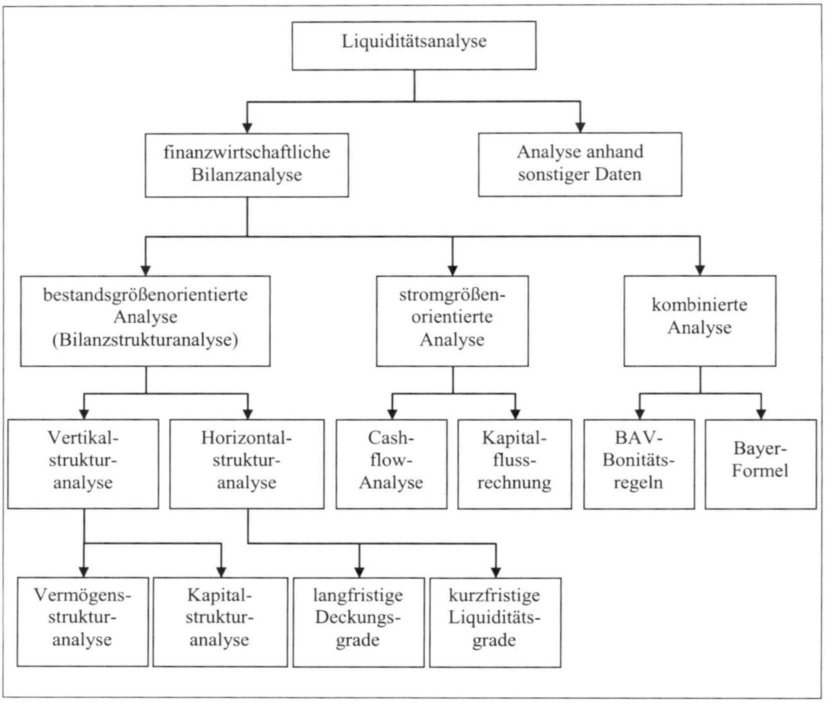

Abbildung 36: Methoden der Liquiditätsanalyse[66]

Die BAV-Bonitätsregeln wurden einst vom Bundesaufsichtsamt für das Versicherungswesen (BAV)[67] entwickelt, um bei der Kreditvergabe von Versicherungsunternehmen die Bonität der Darlehensnehmer zu beurteilen. Inzwischen wurden diese Bonitätsregeln durch einen sog. Kreditleitfaden abgelöst, dessen Grundlage bilanzielle Kennzahlen bilden.

Durch eine Modifikation der BAV-Bonitätsregeln wurde die sog. Bayer-Formel entwickelt. Unter Heranziehung dieser Bonitätsregel konnten sich

---

[66] Abbildung entnommen aus *Küting, Karlheinz; Weber, Claus-Peter*: Die Bilanzanalyse – Beurteilung von Abschlüssen nach HGB und IFRS, 9. Aufl., Stuttgart 2009, S. 119.

[67] Das BAV wurde mit Wirkung zum 01.05.2002 in die Bundesanstalt für Finanzdienstleistungsaufsicht (BaFin) integriert.

Versicherungsunternehmen an einer damals begebenen Anleihe der Bayer AG auch ohne dingliche Absicherung beteiligen. [68]

10.3 Die erfolgswirtschaftliche Analyse

Aufgabe 10.9: Interpretation der Entwicklung einzelner erfolgswirtschaftlicher Kennzahlen

Interpretieren Sie die nachfolgend dargestellte Entwicklung einzelner erfolgswirtschaftlicher Kennzahlen!

a) Die Materialaufwandsquote ist im Betriebsvergleich sehr hoch.

b) Die Abschreibungsaufwandsquote steigt bei fallender Gesamtleistung.

c) Die Personalaufwandsquote fällt, gleichzeitig steigt die Abschreibungsaufwandsquote.

Lösung:

Teilaufgabe a)

Eine im Betriebsvergleich sehr hohe **Materialaufwandsquote** kann ein Hinweis für bestehende Unwirtschaftlichkeiten im Betriebsablauf sein.

Teilaufgabe b)

Eine steigende **Abschreibungsaufwandsquote** bei fallender Gesamtleistung kann daraus resultieren, dass in früheren Perioden vorgenommene Investitionen die Unternehmenskapazität nicht erhöht haben und daher auch nicht ertragswirksam sind. Allerdings ist bei der Abschreibungsaufwandsquote zu beachten, dass sie durch jahresabschlusspolitische Maßnahmen beeinflusst wird und deshalb zu ungenauen Ergebnissen führen kann.

Teilaufgabe c)

Fällt die **Personalaufwandsquote**, während die Abschreibungsaufwandsquote steigt, könnte dies ein Hinweis auf durchgeführte Rationalisierungsmaß-

---

[68] Zur inhaltlichen Ausgestaltung der BAV-Bonitätsregeln sowie der Bayer-Formel vgl. *Bieg, Hartmut; Kußmaul, Heinz*: Investitions- und Finanzierungsmanagement, Band III: Finanzwirtschaftliche Entscheidungen, München 2000, S. 35; *Küting, Karlheinz; Weber, Claus-Peter*: Die Bilanzanalyse – Beurteilung von Abschlüssen nach HGB und IFRS, 9. Aufl., Stuttgart 2009, S. 210–211.

nahmen in dem Unternehmen sein. In diesem Fall wäre der Automatisierungsgrad in dem Unternehmen gestiegen und menschliche Arbeit durch maschinelle Arbeitsleistung ersetzt worden.

Aufgabe 10.10: Grenzen der Kennzahlenrechnung

Die Jahresabschlussanalyse mit Hilfe von Kennzahlen ist ein in der Praxis oft verwendetes Hilfsmittel der Unternehmensbeurteilung. Es ist daher für den Jahresabschlussanalysten wichtig, die Grenzen der Kennzahlenrechnung zu kennen, um mögliche Fehlbeurteilungen zu vermeiden. Wo liegen die Grenzen der Kennzahlenrechnung?

Lösung:[69]

- Insbesondere bei stichtagsbezogenen Kennzahlen der Vermögensstruktur- und Liquiditätsanalyse besteht das Problem, dass die auf Basis der Bilanz aufgestellten Kennziffern veraltet bzw. überholt sind. Neben der Vergangenheitsorientierung verschärft sich dieses Problem zusätzlich durch die Zeitspanne, die zwischen dem Jahresabschlussstichtag und dem Zeitpunkt der Veröffentlichung des handelsrechtlichen Jahresabschlusses liegt.
- Eine reine quantitative Kennzahlenbetrachtung ist immer unvollständig, da qualitative Informationen, wie z. B. die Qualität des Managements, nicht berücksichtigt werden. In der Kennzahlenrechnung fehlen außerdem beispielsweise Informationen über freie Kreditlinien, über Abnahme- und Lieferkontraktverpflichtungen sowie über schwebende Geschäfte[70], da im handelsrechtlichen Jahresabschluss nur solche Geschäftsvorfälle erfasst werden, die aufgrund begonnener oder abgeschlossener Transaktionen die Vermögens-, Finanz- und/oder Ertragslage des Unternehmens berühren.
- Ein weiteres Problem der Kennzahlenrechnung liegt in der Tatsache begründet, dass die Aufstellung des handelsrechtlichen Jahresabschlusses in der Regel zweckorientiert erfolgt. Daher ist es für die Analyse unerlässlich, nach dem Bewertungszweck zu fragen, um eine Grundtendenz – beispielsweise eine konservative oder progressive Bewertung – feststellen zu können.

---

[69] Zu den nachfolgenden Ausführungen vgl. *Bieg, Hartmut; Kußmaul, Heinz*: Externes Rechnungswesen, 5. Aufl., München 2009, S. 353–356 und *Küting, Karlheinz; Weber, Claus-Peter*: Die Bilanzanalyse – Beurteilung von Abschlüssen nach HGB und IFRS, 9. Aufl., Stuttgart 2009, S. 75–81.

[70] Falls aus dem Abschluss schwebender Geschäfte Verluste drohen, ist handelsrechtlich eine entsprechende Rückstellung zu bilden (vgl. § 249 Abs. 1 Satz 1 HGB).

- Der große Vorteil einzelner Kennzahlen, beispielsweise die starke Komprimierung komplexer Sachverhalte in einer Zähler- und/oder Nennergröße, ist gleichzeitig aber auch ihr Nachteil. Wichtige Erkenntnisse können dadurch verloren gehen. Abhilfe kann ein sogenanntes Kennzahlensystem liefern, das eine einzelne Kennzahl in ihre Bestandteile aufschlüsselt (z. B. Du Pont-System).
- Die Bilanz als Stichtagsrechnung stellt immer nur eine Momentaufnahme des Unternehmensgeschehens dar. Mit Hilfe jahresabschlusspolitischer Instrumente kann die Stichtagsrechnung zielorientiert gestaltet werden. Beispiele hierfür sind die Verlegung von Zahlungsterminen, die kurzfristige Aufnahme von Krediten, die Gestaltung von Verrechnungspreisen im Konzernverbund sowie Sale-and-Lease-back-Geschäfte.

10.4 Die Cashflow-Analyse

Aufgabe 10.11: Charakterisierung des Cashflow

Beschreiben Sie die finanzwirtschaftliche Größe „Cashflow" mit Hilfe ihrer charakteristischen Merkmale!

Lösung:

Die Beschreibung des Cashflow kann durch folgende drei Merkmale erfolgen:

1. Der Cashflow wird **aus der Geschäftstätigkeit des Unternehmens** („aus eigener Kraft") erwirtschaftet. Er stellt Informationen über die **durch den Geschäftsbetrieb des Unternehmens** herbeigeführten Zahlungsströme, also die Innenfinanzierungskraft des Unternehmens, bereit. Im Umkehrschluss bedeutet dies, dass dem Unternehmen im betrachteten Zeitraum in Höhe des Cashflow weder Mittel von außen noch durch Vermögensabbau (Desinvestitionen) zugeführt wurden.
2. Der Cashflow ist eine **Nettogröße** (finanzwirtschaftliche Überschussgröße), d. h., insbesondere die laufenden zahlungswirksamen betrieblich bedingten Aufwendungen sind bereits abgezogen.
3. Der Cashflow ist eine **finanzwirtschaftliche Strömungsgröße**, d. h. eine in einem bestimmten Zeitraum festgestellte Größe des Betriebsprozesses. Er ist **keine zeitpunktbezogene Bestandsgröße**, da er grundsätzlich am Ende des Betrachtungszeitraums nicht mehr (in voller Höhe) zur Verfügung steht. Damit liefert die Kennzahl Cashflow Informationen über die Innenfinanzierungskraft des Unternehmens **während eines bestimmten Zeitraums (bspw. eines Geschäftsjahrs).**

Aufgabe 10.12: Aussagegehalt des Cashflow

Als Abteilungsleiter berichten Sie über die vergangene Teamsitzung, in der es u. a. auch um die beabsichtigte Steigerung des Cashflow im kommenden Geschäftsjahr ging. Ein Mitarbeiter bittet Sie um die Erläuterung, was denn der Cashflow eigentlich aussagt.

Lösung:

Der Cashflow, für den sich bisher noch keine einheitliche Definition und kein einheitliches Berechnungsschema herausgebildet hat, gibt an, welcher Betrag an liquiden Mitteln ohne externe Zuführung aus Einlagen- und Kreditfinanzierung dem Unternehmen zur Durchführung von Investitionen, zur Tilgung von Verbindlichkeiten, für Gewinnausschüttungen und zur Erhöhung des Bestandes an liquiden Mitteln in der betrachteten Periode zur Verfügung gestanden hat. Dieser Betrag entspricht im Wesentlichen, d. h. mit Ausnahme der Finanzierung aus Vermögensumschichtung, dem im Rahmen der Innenfinanzierung erwirtschafteten Betrag. Insofern stellt der Cashflow auch einen Indikator für die Höhe der finanzwirtschaftlichen Unabhängigkeit eines Unternehmens dar.

Aufgabe 10.13: Einsatzbereiche des Cashflow

Der Cashflow als stromgrößenorientierte Liquiditätskennzahl wird **neben der Jahresabschlussanalyse** auch in anderen Bereichen eingesetzt. Nennen Sie weitere Einsatzbereiche für den Cashflow!

Lösung:

- Im Rahmen der **empirischen Jahresabschlussanalyse** finden Cashflow-Kennziffern ein breites Anwendungsfeld. Die Auswertung verschiedener **Kennzahlen** (z. B. die Cashflow-Rate = Cashflow ÷ Gesamtleistung bzw. Umsatz oder auch der dynamische Verschuldungsgrad = Fremdkapital ÷ Cashflow) ermöglicht es, mit Hilfe spezifischer moderner Analysemethoden (z. B. Künstliche Neuronale Netz-Analyse; KNNA) Aussagen über die finanzwirtschaftliche Lage (insb. die Liquiditätslage) von Unternehmen zu treffen.
- Die Differenz aus den Fondszugängen und Fondsabgängen **bei Kapitalflussrechnungen** wird ebenfalls häufig als Cashflow bezeichnet.
- Mit Hilfe der sogenannten **Discounted Cashflow-Methode** wird in der Investitionsrechnung die Vorteilhaftigkeit von einzelnen Investitionsob-

jekten beurteilt bzw. zunehmend – neben der Unternehmenswertermittlung mit Hilfe der Ertragswertmethode – der Unternehmenswert bestimmt.

- Als **zukunftsorientierter Prognose-Cashflow** für die Beurteilung der zukünftigen Zahlungsfähigkeit eines Unternehmens soll der Cashflow eine Grundlage für die Bestimmung der erforderlichen finanzwirtschaftlichen Anpassungsmaßnahmen darstellen (prospektive Berechnung des Cashflow). Nur die über den Cashflow nicht gedeckten Finanzierungsbeträge müssen von außen aufgebracht werden. Insoweit ist der Cashflow ein Indikator für das Ausmaß der finanzwirtschaftlichen Unabhängigkeit eines Unternehmens. Die Ermittlung eines Prognose-Cashflow ist allerdings nur unternehmensintern auf der Grundlage von Finanzplänen möglich.

Aufgabe 10.14: Grundlagen der Cashflow-Berechnung

a) Grundsätzlich lässt sich der Cashflow direkt und/oder indirekt ermitteln. In beiden Verfahren muss die Gewinn- und Verlustrechnung eines Unternehmens in **zahlungswirksame und zahlungsunwirksame Positionen** aufgespalten werden.

   Nennen Sie Beispiele für

   1. Aufwendungen bzw. Erträge, die in der betrachteten Periode zu Auszahlungen bzw. Einzahlungen geführt haben, und

   2. Aufwendungen bzw. Erträge, die der periodengerechten Gewinnermittlung dienen, somit lediglich rechentechnischer Art sind und in der betrachteten Periode nicht zu Auszahlungen bzw. Einzahlungen geführt haben.

b) Sowohl die **indirekte als auch die direkte Methode** der Ermittlung des Cashflow müssen zum **gleichen Ergebnis** führen. Belegen Sie diese Aussage unter Zuhilfenahme der Definitionsgleichungen für den Jahreserfolg, die Erträge einer Periode und die Aufwendungen einer Periode!

Lösung:

Teilaufgabe a)

1. Aufwendungen bzw. Erträge, die in der betrachteten Periode zu Auszahlungen bzw. Einzahlungen geführt haben:

- auszahlungswirksame Aufwendungen, z. B. Lohnzahlungen, Gewerbesteuerzahlungen,
- einzahlungswirksame Erträge, z. B. Barverkäufe, Zinsertragszahlungen.

2. Aufwendungen bzw. Erträge, die der periodengerechten Gewinnermittlung dienen, somit lediglich rechentechnischer Art sind und in der betrachteten Periode nicht zu Auszahlungen bzw. Einzahlungen geführt haben:

- nicht auszahlungswirksame Aufwendungen, z. B. Abschreibungen, Bestandsminderungen, Bildung von Rückstellungen,
- nicht einzahlungswirksame Erträge, z. B. Zuschreibungen, erfolgswirksame Auflösung von Rückstellungen.

Teilaufgabe b)

Definitionsgleichung für den Jahreserfolg (Jahresüberschuss bzw. Jahresfehlbetrag):

[1] Jahreserfolg (Jahresüberschuss/Jahresfehlbetrag)
= Erträge der Periode – Aufwendungen der Periode

Definitionsgleichung für die Erträge einer Periode:

[2] Erträge der Periode
= einzahlungswirksame Erträge der Periode
+ nicht einzahlungswirksame Erträge der Periode

Definitionsgleichung für die Aufwendungen einer Periode:

[3] Aufwendungen einer Periode
= auszahlungswirksame Aufwendungen der Periode
+ nicht auszahlungswirksame Aufwendungen der Periode

Die Formel für die indirekte Ermittlung des Cashflow lautet:

[4] Cashflow der Periode
= Jahresüberschuss/Jahresfehlbetrag
+ nicht auszahlungswirksame Aufwendungen der Periode
– nicht einzahlungswirksame Erträge der Periode

Mit Hilfe der Definitionsgleichungen [1], [2] und [3] kann die Formel [4] in die Formel für die direkte Ermittlung des Cashflow umgeformt werden:

[5] Cashflow der Periode
= Jahresüberschuss/Jahresfehlbetrag
+ nicht auszahlungswirksame Aufwendungen der Periode
– nicht einzahlungswirksame Erträge der Periode

= Erträge der Periode
 – Aufwendungen der Periode
 + nicht auszahlungswirksame Aufwendungen der Periode
 – nicht einzahlungswirksame Erträge der Periode

= einzahlungswirksame Erträge der Periode
 + nicht einzahlungswirksame Erträge der Periode
 – (auszahlungswirksame Aufwendungen der Periode
 + nicht auszahlungswirksame Aufwendungen der Periode)
 + nicht auszahlungswirksame Aufwendungen der Periode
 – nicht einzahlungswirksame Erträge der Periode

= einzahlungswirksame Erträge der Periode
 – auszahlungswirksame Aufwendungen der Periode

Aufgabe 10.15: Direkte/indirekte Cashflow-Ermittlung

Als Mitarbeiter des Firmenkundengeschäfts der Cash-Bank eG betreuen Sie auch das Unternehmen Flüssig AG. Nachfolgend sind die Bilanz der Flüssig AG zum 31.12.2009, der dazugehörende Anlagespiegel sowie die GuV-Rechnung der Flüssig AG für den Zeitraum vom 01.01.2009 bis zum 31.12.2009 abgebildet (die fett gedruckten Einträge stellen Zwischensummen der Hauptpositionen dar).

Bilanz der Flüssig AG
zum 31.12.2009

	2009 in TEUR	2008 in TEUR		2009 in TEUR	2008 in TEUR
Grundstücke und Gebäude	315.215	175.006	Gezeichnetes Kapital	480.000	480.000
technische Anlagen und Maschinen	1.112.224	733.606	Kapitalrücklage	251.063	251.063
			Gewinnrücklagen	660.000	540.000
			Jahresüberschuss	248.063	210.283
andere Anlagen, Betriebs- und Geschäftsausstattung	60.758	36.920	**Eigenkapital**	**1.639.126**	**1.481.346**
Finanzanlagen	1.165.864	670.549			
Anlagevermögen	**2.654.061**	**1.616.081**			
Vorräte	597.141	384.413	Rückstellungen für Pensionen	1.130.937	932.485
Forderungen aus Lieferungen und Leistungen	670.689	477.184	sonstige Rückstellungen (davon kurzfristig)	664.518 (132.904)	552.159 (110.432)
Forderungen an verbundene Unternehmen	149.897	127.872	**Rückstellungen insgesamt**	**1.795.455**	**1.484.644**
sonstige Vermögensgegenstände	385.158	235.761	Verbindlichkeiten gegenüber Kreditinstituten	160.203	27.538
Wertpapiere	314.022	448.485	erhaltene Anzahlungen auf Bestellungen	49.336	4.897
			Verbindlichkeiten aus Lieferungen und Leistungen	419.397	261.260
Kassenbestand, Bankguthaben	298.114	579.061	Verbindlichkeiten gegenüber verbundenen Unternehmen	674.877	362.116
Umlaufvermögen	**2.415.021**	**2.252.776**	sonstige Verbindlichkeiten	333.098	250.237
aktivische RAP	2.410	3.181	**Verbindlichkeiten insgesamt**	**1.636.911**	**906.048**
Summe	**5.071.492**	**3.872.038**	**Summe**	**5.071.492**	**3.872.038**

Entwicklung des Anlagevermögens der Flüssig AG (in TEUR):

	AHK 01.01.2009	Zugänge	Abgänge	Abschreibungen (kumuliert)	Buchwert 31.12.2009	Abschreibungen des Geschäftsjahrs 2009
Sachanlagen						
Grundstücke und Gebäude	580.524	167.558	12.230	420.637	315.215	25.843
technische Anlagen und Maschinen	4.016.479	689.971	65.575	3.528.651	1.112.224	307.967
andere Anlagen, Betriebs- und Geschäftsausstattung	168.019	50.537	4.649	153.149	60.758	26.841
Finanzanlagen	789.565	713.760	30.438	307.023	1.165.864	192.081
	5.554.587	1.621.826	112.892	4.409.460	2.654.061	552.732

Verkürzte Gewinn- und Verlustrechnung der Flüssig AG:

GuV-Rechnung der Flüssig AG vom 01.01. – 31.12.2009	**in TEUR**
Umsatzerlöse	5.474.017
sonstige betriebliche Erträge	143.313
Materialaufwand	– 3.585.875
Personalaufwand	– 846.547
Abschreibungen auf immaterielle Vermögensgegenstände des Anlagevermögens und Sachanlagen	– 360.651
Abschreibungen auf Finanzanlagen und auf Wertpapiere des Umlaufvermögens*	– 192.905
sonstige betriebliche Aufwendungen	– 232.673
Erträge aus Beteiligungen (davon: Ausschüttungen von Rücklagen 50.000)	114.997
sonstige Zinsen und ähnliche Erträge	25.878
Ergebnis der gewöhnlichen Geschäftstätigkeit	**539.554**
Steuern vom Einkommen und vom Ertrag	– 291.491
Jahresüberschuss	**248.063**

* davon: Abschreibungen auf Wertpapiere des Umlaufvermögens 824 TEUR.

a) Entwickeln Sie jeweils ein umfassendes Berechnungsschema zur direkten sowie zur indirekten Cashflow-Ermittlung!

b) Berechnen Sie den Cashflow (indirekt) der Flüssig AG für das Geschäftsjahr 2009! Berücksichtigen Sie dabei alle relevanten Daten der Schlussbilanz, des Anlagespiegels sowie der GuV-Rechnung zum 31.12.2009!

Lösung:

Teilaufgabe a)

Aufgrund des finanzwirtschaftlichen Ermittlungsziels, **die im Vorjahr aus der Innenfinanzierung neu verfügbaren Zahlungsmittel zu bestimmen**, ergeben sich die folgenden detailliert aufgeschlüsselten **Schemata zur direkten sowie zur indirekten Cashflow-Ermittlung**. Diese orientieren sich an einer Aufschlüsselung der einzelnen Posten der Bilanz und der Gewinn- und Verlustrechnung entsprechend ihrer Zahlungswirksamkeit.

Zur Berechnung des Cashflow nach der direkten Methode, die in der Regel unternehmensintern angewendet wird, sind die auszahlungswirksamen Aufwendungen von den einzahlungswirksamen Erträgen der Periode zu subtrahieren.

Durch entsprechende Korrekturen des Periodenerfolgs erhält man den Cashflow nach der indirekten Methode. Hierbei müssen die nicht-auszahlungswirksamen Aufwendungen zum Jahresergebnis addiert und die nicht-einzahlungswirksamen Erträge vom Jahresergebnis subtrahiert werden.

(1)		Umsatzeinzahlungen
		(+ Umsatzerlöse)
		(+ Erhöhung der erhaltenen Anzahlungen auf Bestellungen)
		(– Erhöhung der Forderungen aus Lieferungen und Leistungen)
(2)	–	Materialauszahlungen
		(+ Materialaufwand)
		(– Erhöhung der Verbindlichkeiten aus Lieferungen und Leistungen)
		(+ Erhöhung der geleisteten Anzahlungen)
(3)	–	Personalauszahlungen
		(+ Personalaufwand)
		(– Erhöhung der Rückstellungen für Pensionen und ähnliche Verpflichtungen)
(4)	+	Finanzeinzahlungen
		(+ sonstige Zinsen und ähnliche Erträge)
		(– Zinsen und ähnliche Aufwendungen)
		(– Erhöhung des Disagios)
		(+ Erträge aus anderen Wertpapieren und aus Ausleihungen des Finanzanlagevermögens)
		(+ Erträge aus Beteiligungen)
		(+ Ergebnis aus Unternehmensverträgen)
(5)	+	sonstige betriebliche Einzahlungen
		(+ sonstige betriebliche Erträge)
		(– Zuschreibungen)
		(+ Erhöhung des passivischen Rechnungsabgrenzungspostens)
(6)	–	sonstige betriebliche Auszahlungen
		(+ sonstige betriebliche Aufwendungen)
		(– freiwillige Zusatzposten der sonstigen betrieblichen Aufwendungen: Verluste aus dem Abgang von Gegenständen des Anlagevermögens, Verluste aus dem Abgang von Gegenständen des Umlaufvermögens außer Vorräten, Abschreibungen auf Umlaufvermögen außer auf Vorräte und Wertpapiere)
		(– Erhöhung der sonstigen Rückstellungen)
		(+ Erhöhung des aktivischen Rechnungsabgrenzungspostens; ohne Disagio)
(7)	–	Steuerauszahlungen
		(+ Steuern vom Einkommen und vom Ertrag)
		(+ sonstige Steuern)
		(– Erhöhung der Steuerrückstellungen)
		(– Erhöhung der passivischen Steuerabgrenzung)
		(+ Verminderung der passivischen Steuerabgrenzung)
		(+ Erhöhung der aktivischen Steuerabgrenzung)
		(– Verminderung der aktivischen Steuerabgrenzung)
	=	**Cashflow**

Abbildung 37: Cashflow-Berechnungsschema (direkte Ermittlung)[71]

[71] Modifiziert entnommen aus *Küting, Karlheinz; Weber, Claus-Peter*: Die Bilanzanalyse – Beurteilung von Abschlüssen nach HGB und IFRS, 9. Aufl., Stuttgart 2009, S. 162.

(1)		Jahresüberschuss (nach Steuern vom Einkommen und vom Ertrag)
(2)	+	Wertminderungen (+ Abschreibungen auf immaterielle Vermögensgegenstände des Anlagevermögens und Sachanlagen) (+ Abschreibungen auf Finanzanlagen und auf Wertpapiere des Umlaufvermögens) (+ freiwillige Zusatzposten der sonstigen betrieblichen Aufwendungen: Verluste aus dem Abgang von Gegenständen des Anlagevermögens, Verluste aus dem Abgang von Gegenständen des Umlaufvermögens außer Vorräten, Abschreibungen auf Umlaufvermögen außer Vorräte und Wertpapiere)
(3)	–	Werterhöhungen (+ Zuschreibungen)
(4)	+	Erhöhung der Rückstellungen
(5)	–	verfahrensbedingte Korrekturposten (+ Bestandserhöhungen an fertigen und unfertigen Erzeugnissen) (+ andere aktivierte Eigenleistungen)
(6)	+	weitere Posten der Gewinn- und Verlustrechnung (+ außerordentliche Aufwendungen) (– außerordentliche Erträge)
(7)	+	erfolgsneutrale, zahlungsmittelerhöhende Vorgänge (+ Erhöhung der Verbindlichkeiten aus Lieferungen und Leistungen) (+ Erhöhung der erhaltenen Anzahlungen auf Bestellungen) (+ Erhöhung des passivischen Rechnungsabgrenzungspostens)
(8)	–	erfolgsneutrale, zahlungsmittelverringernde Vorgänge (+ Erhöhung der Forderungen aus Lieferungen und Leistungen) (+ Erhöhung der geleisteten Anzahlungen) (+ Erhöhung des aktivischen Rechnungsabgrenzungspostens)
(9)	+	latenter Steueraufwand (+ Erhöhung der passivischen Steuerabgrenzung) (– Verminderung der aktivischen Steuerabgrenzung)
(10)	–	latenter Steuerertrag (+ Verminderung der passivischen Steuerabgrenzung) (– Erhöhung der aktivischen Steuerabgrenzung)
	=	**Cashflow**

Abbildung 38: Cashflow-Berechnungsschema (indirekte Ermittlung) [72]

[72] Modifiziert entnommen aus *Küting, Karlheinz; Weber, Claus-Peter*: Die Bilanzanalyse – Beurteilung von Abschlüssen nach HGB und IFRS, 9. Aufl., Stuttgart 2009, S. 163.

Hinweis: Neben den ausführlichen Ermittlungsschemata wird insbesondere in der täglichen Analysepraxis die folgende sog. **Praktikerformel** angewendet.

	Jahresüberschuss/-fehlbetrag
+	Abschreibungen auf Gegenstände des Anlagevermögens
±	Veränderung der Rückstellungen für Pensionen und ähnliche Verpflichtungen
=	**Cashflow**

Abbildung 39: Cashflow-Berechnungsschema (Praktikerformel)

Teilaufgabe b)

Cashflow-Berechnung (indirekte Ermittlung):

			in TEUR	in TEUR
(1)		Jahresüberschuss (nach Steuern vom Einkommen und vom Ertrag)		248.063
(2)	+	Wertminderungen		
		(+ Abschreibungen auf immaterielle Vermögensgegenstände des Anlagevermögens und Sachanlagen)	360.651	
		(+ Abschreibungen auf Finanzanlagen und auf Wertpapiere des Umlaufvermögens)	192.905	
		(+ freiwillige Zusatzposten der sonstigen betrieblichen Aufwendungen: Verluste aus dem Abgang von Gegenständen des Anlagevermögens, Verluste aus dem Abgang von Gegenständen des Umlaufvermögens außer Vorräten, Abschreibungen auf Umlaufvermögen außer auf Vorräte und Wertpapiere)	- -	+ 553.556
(3)	–	Werterhöhungen		
		(+ Zuschreibungen)	- -	
(4)	+	Erhöhung der Rückstellungen		+ 310.811
(5)	–	verfahrensbedingte Korrekturposten		
		(+ Bestandserhöhungen an fertigen und unfertigen Erzeugnissen)	- -	
			- -	- -
		(+ andere aktivierte Eigenleistungen)		
(6)	+	weitere Posten der Gewinn- und Verlustrechnung		
		(+ außerordentliche Aufwendungen)	- -	
		(– außerordentliche Erträge)	- -	- -
(7)	+	erfolgsneutrale, zahlungsmittelerhöhende Vorgänge		
		(+ Erhöhung der Verbindlichkeiten aus Lieferungen und Leistungen)	158.137	
		(+ Erhöhung der erhaltenen Anzahlungen auf Bestellungen)	44.439	
		(+ Erhöhung des passivischen Rechnungsabgrenzungspostens)	- -	+ 202.576
(8)	–	erfolgsneutrale, zahlungsmittelverringernde Vorgänge		
		(+ Erhöhung der Forderungen aus Lieferungen und Leistungen)	193.505	
		(+ Erhöhung der geleisteten Anzahlungen)	- -	
		(+ Erhöhung des aktivischen Rechnungsabgrenzungspostens)	- -	– 193.505
(9)	+	latenter Steueraufwand		
		(+ Erhöhung der passivischen Steuerabgrenzung)	- -	
		(– Verminderung der aktivischen Steuerabgrenzung)	- -	- -
(10)	–	latenter Steuerertrag		
		(+ Verminderung der passivischen Steuerabgrenzung)	- -	
		(– Erhöhung der aktivischen Steuerabgrenzung)	- -	- -
	=	**Cashflow**		**1.121.501**

Dabei ergeben sich die aufgeführten Werte wie folgt:

zu (1) Jahresüberschuss (nach Steuern vom Einkommen und vom Ertrag):

Wert entnommen aus der GuV-Rechnung der Flüssig AG

zu (2) Wertminderungen:

Abschreibungen auf immaterielle Vermögensgegenstände des Anlagevermögens und Sachanlagen:

Wert entnommen aus der GuV-Rechnung der Flüssig AG

Abschreibungen auf Finanzanlagen und auf Wertpapiere des Umlaufvermögens:

Wert entnommen aus der GuV-Rechnung der Flüssig AG

zu (4) Erhöhung der Rückstellungen:

Differenz zwischen dem Buchwert am Abschlussstichtag und dem Vorjahreswert:

1.795.455 TEUR – 1.484.644 TEUR = 310.811 TEUR

zu (7) erfolgsneutrale, zahlungsmittelerhöhende Vorgänge:

Erhöhung der Verbindlichkeiten aus Lieferungen und Leistungen:

Differenz zwischen dem Buchwert am Abschlussstichtag und dem Vorjahreswert:

419.397 TEUR – 261.260 TEUR = 158.137 TEUR

Erhöhung der erhaltenen Anzahlungen auf Bestellungen:

Differenz zwischen dem Buchwert am Abschlussstichtag und dem Vorjahreswert:

49.336 TEUR – 4.897 TEUR = 44.439 TEUR

zu (8) erfolgsneutrale, zahlungsmittelverringernde Vorgänge:

Erhöhung der Forderungen aus Lieferungen und Leistungen:

Differenz zwischen dem Buchwert am Abschlussstichtag und dem Vorjahreswert:

670.689 TEUR – 477.184 TEUR = 193.505 TEUR

Aufgabe 10.16: Cash Earnings nach DVFA/SG

Ermitteln Sie die Cash Earnings der Flüssig AG mit Hilfe des Arbeitsschemas nach DVFA/SG (Deutsche Vereinigung für Finanzanalyse und Anlageberatung (DVFA) und Schmalenbach-Gesellschaft – Deutsche Gesellschaft für Betriebswirtschaft (SG))! Es gelten die Ausgangsdaten der Aufgabe 10.15.

Lösung:

Arbeitsschema zur Ermittlung der Cash Earnings (des Cashflow) nach DVFA/SG:

		in TEUR
(1)	Jahresüberschuss/-fehlbetrag	248.063
(2) +	Abschreibungen auf Gegenstände des Anlagevermögens	+ 552.732
(3) –	Zuschreibungen zu Gegenständen des Anlagevermögens	- -
(4) +/–	Erhöhung bzw. Verminderung der Rückstellungen für Pensionen sowie anderer langfristiger Rückstellungen → Rückstellungen für Pensionen 198.452 → langfristige Rückstellungen 89.887	+ 288.339
(5) +/–	Erhöhung bzw. Verminderung des Sonderpostens mit Rücklageanteil	+/– 0
(6) +/–	andere nicht zahlungswirksame Aufwendungen und Erträge von wesentlicher Bedeutung → z. B. Abschreibungen auf Wertpapiere des Umlaufvermögens*	- -
(7) =	**Cash Earnings (Jahres-Cashflow)**	**1.089.134**
(8) +/–	Bereinigung ungewöhnlicher zahlungswirksamer Aufwendungen und Erträge von wesentlicher Bedeutung → z. B. Beteiligungserträge aus Ausschüttungen von Rücklagen	– 50.000
(9) =	**Cash Earnings (Cashflow) nach DVFA/SG**	**1.039.134**

* Im vorliegenden Fall werden die Abschreibungen auf Wertpapiere des Umlaufvermögens (824 TEUR) nicht berücksichtigt, da sie gemäß der Empfehlung des Arbeitsschemas nach DVFA/SG von nicht wesentlicher Bedeutung sind. Von **wesentlicher Bedeutung** sind Erträge bzw. Aufwendungen, wenn sie mindestens 5 % des Jahresergebnisses ausmachen (hier: 824 TEUR ÷ 248.063 TEUR = 0,0033 = 0,33 % < 5 %).

Dabei ergeben sich die aufgeführten Werte wie folgt:

zu (1) Jahresüberschuss/Jahresfehlbetrag:

Wert entnommen aus der GuV-Rechnung der Flüssig AG

zu (2) Abschreibungen auf Gegenstände des Anlagevermögens:

Wert entnommen aus dem Anlagespiegel der Flüssig AG

zu (3) Erhöhung bzw. Verminderung der Rückstellungen für Pensionen sowie anderer langfristiger Rückstellungen:

Werte ergeben sich aus der Differenz zwischen dem Buchwert am Abschlussstichtag und dem Vorjahreswert entnommen aus der Bilanz der Flüssig AG:

Rückstellungen für Pensionen:

1.130.937 TEUR – 932.485 TEUR = 198.452 TEUR

langfristige Rückstellungen:

	(664.518 TEUR – 132.904 TEUR)
–	(552.159 TEUR – 110.432 TEUR)
=	89.887 TEUR

zu (8) Bereinigung zahlungswirksamer Aufwendungen und Erträge aus Sondereinflüssen, z. B. Beteiligungserträge aus Ausschüttungen von Rücklagen:

Wert entnommen aus der Gewinn- und Verlustrechnung der Flüssig AG

Aufgabe 10.17: Cash Earnings nach DVFA/SG[73]

Nachfolgend sind die Bilanz und die Gewinn- und Verlustrechnung sowie ausgewählte Angaben aus dem Anhang des handelsrechtlichen Jahresabschlusses der „Liquiditäts-AG" aufgeführt:

[73] Modifiziert entnommen aus *Gräfer, Horst*: Finanz- und Ertragsanalyse, in: Betrieb und Rechnungswesen (BBK), Fach 30, Herne/Berlin 2001, S. 1161–1172.

Bilanz zum 31.12.2009 (in TEUR)

	2009	2008		2009	2008
Anlagevermögen			**Eigenkapital**		
Geschäfts- und Firmenwert	8.115	4.655	Gezeichnetes Kapital	140.000	150.000
Grundstücke und Bauten	59.263	37.150	Kapitalrücklage	120.000	120.000
technische Anlagen und Maschinen	10.243	12.649	andere Gewinnrücklagen	50.000	30.000
andere Anlagen, Betriebs- und Geschäftsausstattung	29.485	29.767	Bilanzgewinn	39.078	32.300
Sachanlagen insgesamt	**107.106**	**84.221**	**Eigenkapital insgesamt**	**349.078**	**332.300**
Anteile an verbundenen Unternehmen	95.407	90.732	**Rückstellungen**		
Beteiligungen	35.156	34.856	Rückstellungen für Pensionen (lfr.)	103.362	95.237
Wertpapiere des Anlagevermögens	9.883	19.883	Steuerrückstellungen (kfr.)	10.999	7.123
Finanzanlagen insgesamt	140.446	145.471	sonstige Rückstellungen (kfr.)	68.833	63.382
Anlagevermögen insgesamt	**247.552**	**229.692**	**Rückstellungen insgesamt**	**183.194**	**165.742**
Umlaufvermögen			**Verbindlichkeiten**		
Roh-, Hilfs- und Betriebsstoffe	10.709	9.794	Verbindlichkeiten gegenüber Kreditinstituten	104.364	109.294
unfertige und fertige Erzeugnisse	38.227	31.534	Verbindlichkeiten aus Lieferungen und Leistungen	29.147	23.283
Vorräte insgesamt	48.936	41.328	Verbindlichkeiten gegenüber verbundenen Unternehmen	63.844	23.871
Forderungen aus Lieferungen und Leistungen	94.018	80.199	sonstige Verbindlichkeiten	15.672	18.329
Forderungen an verbundene Unternehmen	205.169	170.216	**Verbindlichkeiten insgesamt**	**213.027**	**174.777**
sonstige Vermögensgegenstände	10.954	13.828			
Forderungen und sonstige Vermögensgegenstände	310.141	264.243			
Kassenbestand, Bankguthaben	136.042	134.661			
Umlaufvermögen insgesamt	**495.119**	**440.232**			
RAP	**2.628**	**2.895**			
	745.299	**672.819**		**745.299**	**672.819**

Gewinn- und Verlustrechnung vom 01.01. – 31.12.2009 (in TEUR)	**2009**	**2008**
Umsatzerlöse	959.605	861.926
Bestandserhöhungen	6.693	4.254
andere aktivierte Eigenleistungen	12.376	10.225
sonstige betriebliche Erträge	65.470	43.212
Materialaufwand	465.000	390.500
Personalaufwand		
a) Löhne und Gehälter	320.000	290.000
b) Altersversorgung und Unterstützung	95.600	112.300
Abschreibungen		
a) auf immaterielle Vermögensgegenstände des Anlagevermögens und auf Sachanlagen (davon 3.000.000 € Geschäftswertabschreibung in beiden Jahren)	40.800	13.600
b) auf Vermögensgegenstände des Umlaufvermögens, soweit diese die in der Kapitalgesellschaft üblichen Abschreibungen überschreiten (Wertberichtigungen)	6.400	- -
sonstige betriebliche Aufwendungen	52.800	41.600
Erträge aus Beteiligungen	43.295	25.670
Erträge aus anderen Wertpapieren	5.300	4.800
sonstige Zinsen und ähnliche Erträge	6.693	4.932
Abschreibungen auf Finanzanlagen	9.518	- -
Zinsen und ähnliche Aufwendungen	10.436	11.000
Ergebnis der gewöhnlichen Geschäftstätigkeit	**98.878**	**96.019**
außerordentliche Erträge aus Zahlungseingang von Versicherungsleistungen	15.000	- -
außerordentliche Aufwendungen für Restrukturierungsrückstellungen	12.000	- -
außerordentliches Ergebnis	**3.000**	**- -**
Steuern vom Einkommen und vom Ertrag	35.600	38.419
sonstige Steuern	7.200	5.300
Jahresüberschuss	**59.078**	**52.300**

Auszug aus den Angaben des Anhangs des handelsrechtlichen Jahresabschlusses der „Liquiditäts-AG“:

Im Geschäftsjahr 2009 war eine außerplanmäßige Abschreibung aufgrund der eingetretenen Ertragsschwäche eines Tochterunternehmens in Höhe von 9.518.000 EUR erforderlich.

Aufgrund der Insolvenz eines Großkunden musste im Geschäftsjahr 2009 eine über das übliche Maß hinausgehende Wertberichtigung in Höhe von 6.400.000 EUR vorgenommen werden.

Im Geschäftsjahr 2009 wurden folgende Zugänge im Anlagevermögen verzeichnet:

- Sachanlagevermögen 32.000.000 EUR (Vorjahr 58.225.000 EUR),
- Finanzanlagevermögen 3.500.000 EUR (Vorjahr 14.493.000 EUR).

Zuschreibungen zu Gegenständen des Anlagevermögens wurden in den Geschäftsjahren 2008 und 2009 nicht vorgenommen.

a) Erstellen Sie das Arbeitsschema zur Ermittlung der Cash Earnings nach DVFA/SG und geben Sie zu jeder Position dieses Arbeitsschemas an, wie sie sich ermitteln lässt!

b) Ermitteln Sie aus den vorliegenden Angaben die Cash Earnings nach DVFA/SG für die Jahre 2008 und 2009! Was sagt die Kennzahl Cashflow bezogen auf die Aufgabenstellung und allgemein aus?

Lösung:

Teilaufgabe a)

Arbeitsschema zur Ermittlung der Cash Earnings nach DVFA/SG:

(1)		Jahresüberschuss/-fehlbetrag
(2)	+	Abschreibungen auf Gegenstände des Anlagevermögens
(3)	–	Zuschreibungen zu Gegenständen des Anlagevermögens
(4)	+/–	Erhöhung bzw. Verminderung der Rückstellungen für Pensionen sowie anderer langfristiger Rückstellungen
(5)	+/–	Erhöhung bzw. Verminderung des Sonderpostens mit Rücklageanteil
(6)	+/–	andere nicht zahlungswirksame Aufwendungen und Erträge von wesentlicher Bedeutung
(7)	=	**Cash Earnings**
(8)	+/–	Bereinigung ungewöhnlicher zahlungswirksamer Aufwendungen und Erträge von wesentlicher Bedeutung
(9)	=	**Cash Earnings nach DVFA/SG**

zu (1) Der Jahresüberschuss/-fehlbetrag kann aus der Gewinn- und Verlustrechnung des Unternehmens abgelesen werden.

zu (2) Die Abschreibungen auf Gegenstände des Anlagevermögens des Geschäftsjahres sind gemäß § 268 Abs. 2 HGB entweder in der Bilanz beim betreffenden Posten zu vermerken oder im Anhang in einer der Gliederung des Anlagevermögens entsprechenden Aufgliederung anzugeben. Sie können zudem aus der Gewinn- und Verlustrechnung entnommen werden.

zu (3) Die Beträge können dem Anlagespiegel oder dem Anhang entnommen werden.

zu (4) Grundsätzlich kann der Gesamtbetrag der Veränderung der Rückstellungen für Pensionen bzw. der Veränderung anderer langfristiger Rückstellungen aus der Bilanz durch einen Vorjahresvergleich ermittelt werden.

zu (5) Die Veränderung des Sonderpostens mit Rücklageanteil kann durch einen Vorjahresvergleich aus der Bilanz errechnet werden. Alternativ wäre die Ermittlung über die Position „sonstige betriebliche Erträge“ bzw. „sonstige betriebliche Aufwendungen“ oder über die Anhangangaben möglich.

Nach dem Bilanzrechtsmodernisierungsgesetz darf ein Sonderposten mit Rücklageanteil künftig in der Handelsbilanz nicht mehr gebildet bzw. erhöht werden (Passivierungsverbot). Ein bestehender Sonderposten mit Rücklageanteil, der im letzten Jahresabschluss des Geschäftsjahres angesetzt ist, das vor dem 1. Januar 2010 beginnt, darf in seiner Höhe beibehalten werden oder erfolgsneutral aufgelöst werden. Erfolgt eine Auflösung, so ist der daraus resultierende Betrag unmittelbar in die Gewinnrücklagen einzustellen.

zu (6) + (8)

Unabhängig davon, welche anderen nicht zahlungswirksamen Aufwendungen und Erträge berücksichtigt werden müssen, kann ihre jeweilige Höhe aus der Gewinn- und Verlustrechnung berechnet werden.

Teilaufgabe b)

Ermittlung der Cash Earnings der „Liquiditäts-AG“ für die Jahre 2008 und 2009 (in TEUR):

			2009	**2008**
(1)		Jahresüberschuss/-fehlbetrag	59.078	52.300
(2)	+	Abschreibungen auf Gegenstände des Anlagevermögens [1]	+ 50.318	+ 13.600
(3)	–	Zuschreibungen zu Gegenständen des Anlagevermögens	- -	- -
(4)	+/–	Erhöhung bzw. Verminderung der Rückstellungen für Pensionen sowie anderer langfristiger Rückstellungen	+ 8.125	0
(5)	+/–	Erhöhung bzw. Verminderung des Sonderpostens mit Rücklageanteil	+/- 0	+/- 0
(6)	+/–	andere nicht zahlungswirksame Aufwendungen und Erträge von wesentlicher Bedeutung [2]	+ 6.400	- -
(7)	=	**Cash Earnings**	**123.921**	**65.900**
(8)	+/–	Bereinigung zahlungswirksamer Aufwendungen und Erträge aus Sondereinflüssen	– 15.000	- -
(9)	=	**Cash Earnings nach DVFA/SG**	**108.921**	**65.900**

[1] Die Abschreibungen auf Gegenstände des Anlagevermögens setzen sich aus den Abschreibungen auf immaterielle Vermögensgegenstände des Anlagevermögens, auf das Sachanlagevermögen und auf das Finanzanlagevermögen zusammen. Abschreibungen auf das Umlaufvermögen werden nicht berücksichtigt.

[2] Im vorliegenden Fall wird annahmegemäß von einer wesentlichen Bedeutung des nicht zahlungswirksamen Aufwandes in Höhe von 6.400 TEUR ausgegangen.

Der Cashflow ist eine Finanzkennzahl und wird als Überschuss der laufenden betrieblichen Einzahlungen über die laufenden betrieblichen Auszahlungen ermittelt. Er ist ein Indikator für das Innenfinanzierungspotenzial der „Liquiditäts-AG“ und damit für ihre Fähigkeit, aus eigener Kraft Liquidität zu generieren. Definitionsgemäß kann der Cashflow insbesondere für Investitionen, Schuldentilgungen und Gewinnausschüttungen verwendet werden. Dabei ist zu beachten, dass der Cashflow im vorliegenden Fall retrospektiv errechnet wird (Basis der Berechnungen stellen die Daten der vergangenen Geschäftsjahre dar) und damit in der Betrachtungsperiode bereits über die entstandene Liquidität disponiert wurde.

In der vorliegenden Beispielrechnung fällt auf, dass der Cashflow im Jahr 2009 gegenüber 2008 deutlich gestiegen ist. Dies liegt offensichtlich an den erheblich höheren Abschreibungen. Eine weitergehende Analyse lässt sich aus den vorgegebenen Zahlen nicht durchführen.

10.5 Die Kapitalflussrechnung

Aufgabe 10.18: Grundsätze der Kapitalflussrechnung

Nennen und erläutern Sie die Grundsätze einer aussagekräftigen Kapitalflussrechnung! Unterscheiden Sie diesbezüglich zwischen allgemeinen und speziellen Grundsätzen!

Lösung:

Die folgenden **Grundsätze** gelten **allgemein** für alle Kapitalflussrechnungen:

1. Der Grundsatz der Zielorientierung

   Durch die Kapitalflussrechnung wird der herkömmliche handelsrechtliche Jahresabschluss eines Unternehmens – bestehend aus Bilanz, Gewinn- und Verlustrechnung sowie Anhang – um wesentliche Informationen zur Finanzlage des Unternehmens ergänzt. Eine alleinige Aufbereitung bereits vorhandener Jahresabschlussdaten würde der Zwecksetzung der Kapitalflussrechnung nicht genügen.

2. Das Bruttoprinzip

   Alle Ein- und Auszahlungen sind unsaldiert auszuweisen.

3. Der Grundsatz der Bewertungsunabhängigkeit

   Die Grundlage für die Kapitalflussrechnung bilden alle Ein- und Auszahlungen, da nur diese objektivierbar und damit frei sind von Bewertungsspielräumen sowie Periodisierungsüberlegungen.

4. Der Verzicht auf Periodisierung

   Der Grundsatz des Periodisierungsverzichts stellt sicher, dass nur die Zahlungsströme der betrachteten Periode ausgewiesen werden.

5. Der Grundsatz der Kongruenz

   Ein Ziel dieses Grundsatzes ist die Vermeidung von Doppelerfassungen und der Nichterfassung von Zahlungen. Das andere Ziel ist die Herstellung einer vollständigen Übereinstimmung zwischen den unperiodisierten Zahlungsgrößen der Kapitalflussrechnung und den periodisierten Zahlungsgrößen der Bilanz sowie der GuV-Rechnung. Erreicht werden die Ziele dann, wenn die kumulierten Zahlungen der Einzelperioden den Zahlungen der Totalperiode entsprechen.

6. Der Grundsatz der Vollständigkeit

   Alle Zahlungen müssen lückenlos erfasst werden.

Die folgenden **Grundsätze** gelten **im Besonderen** für die Aufstellung der externen Kapitalflussrechnung:

1. Der Grundsatz der Klarheit und Übersichtlichkeit

   Neben der vorgeschriebenen Gliederung in Staffelform schreibt der Grundsatz der Klarheit und Übersichtlichkeit auch vor, die Zahlungsströme der Kapitalflussrechnung ausreichend zu erläutern.

2. Der Grundsatz der Nachprüfbarkeit

   Ein sachverständiger Dritter soll in der Lage sein, aus den veröffentlichten Daten des Rechnungswesens die Ableitung der Kapitalflussrechnung in angemessener Zeit nachvollziehen zu können.

3. Der Grundsatz der Wesentlichkeit

   Im Interesse der Klarheit und Wirtschaftlichkeit der Rechnungslegung kann auf den Ausweis von Zahlungsvorgängen, die für die Darstellung der Finanzlage nur von untergeordneter Bedeutung sind, verzichtet werden.

4. Der Grundsatz der Stetigkeit

   Die Einhaltung dieses Grundsatzes ermöglicht zeitliche Vergleiche von Kapitalflussrechnungen. Dazu ist die formelle und die materielle Kontinuität der Kapitalflussrechnung einzuhalten.

Aufgabe 10.19: Zusammenhang zwischen der Gegenbeständerechnung und dem Fondsnachweis

Erläutern Sie den Zusammenhang, der zwischen der Gegenbeständerechnung und dem Fondsnachweis besteht!

Lösung:

Ein **Fonds** kann gebildet werden durch einen einzelnen Posten der Bilanz, durch bestimmte Teile von Bilanzposten oder durch die Zusammenfassung mehrerer Bilanzposten. Damit bündelt der Fonds – in Abhängigkeit von der gewählten Fondsabgrenzung – bestimmte Bilanzpositionen in einer buchhalterischen Gesamtheit.

Die Fondsbildung führt zu einer **Zweiteilung der Kapitalflussrechnung** in eine Fondsnachweisrechnung (gebildet durch die Bestandsgrößen, die im Fonds enthalten sind) und eine Gegenbeständerechnung (Bestandsgrößen, die nicht im Fonds enthalten sind). Das Ziel der Ausgliederung einzelner Bestandsgrößen und ihrer Zusammenfassung in einem Fonds ist es, die Fondszunahme bzw. -abnahme durch die Veränderung der Gegenbestände zu erklären. Die **Gegenbeständerechnung** oder auch Ursachenrechnung erfüllt dabei die Aufgabe, alle Quellen und die Verwendung der Fondsmittel abzubilden. In der **Fondsnachweisrechnung** werden wiederum alle Fondsmittelzunahmen und -abnahmen, die durch fondswirksame Veränderungen in der Gegenbeständerechnung ausgelöst werden, abgebildet. Die Fondsveränderung lässt sich schließlich mit Hilfe beider Teilrechnungen bestimmen.

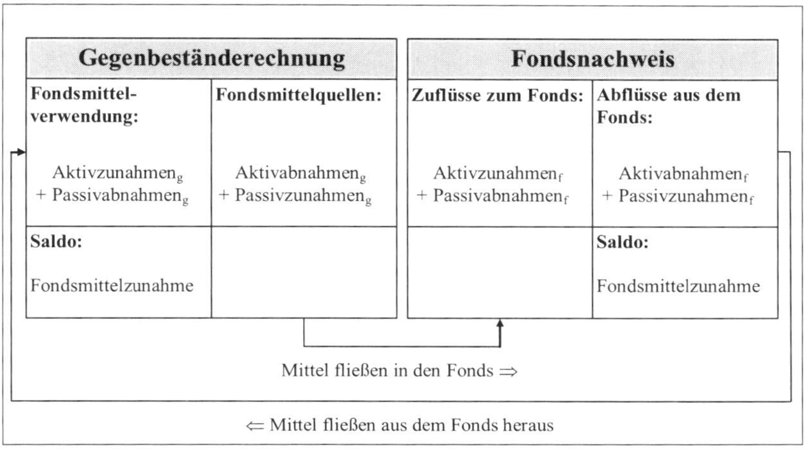

Abbildung 40: Der Zusammenhang zwischen der Gegenbeständerechnung und dem Fondsnachweis [74]

Aufgabe 10.20: Informationsgehalt der Kapitalflussrechnung

Durch einen Vergleich der Kapitalflussrechnungen der letzten Jahre und/oder durch eine Zusammenfassung von Kapitalflussrechnungen von mehreren Jahren in einer kurzen übersichtlichen Darstellung lassen sich bestimmte aussagefähige Informationen gewinnen. Welche Informationen sind dies und welchen zusätzlichen Nutzen stiften sie für den Leser der Kapitalflussrechnung?

Lösung:

Ein Vergleich der Kapitalflussrechnungen der letzten Jahre bzw. eine Zusammenfassung von Kapitalflussrechnungen von mehreren Jahren in einer kurzen übersichtlichen Darstellung liefert **aussagefähige Informationen** über

- die in den letzten Jahren erwirtschafteten Mittel (Mittelzufluss/-abfluss aus der laufenden Geschäftstätigkeit (Cashflow)),
- die zur Schuldentilgung und Ausschüttung verfügbaren Mittel,
- langfristige Investitions- und Finanzierungsvorgänge und

---

[74] Entnommen aus *Bieg, Hartmut; Kußmaul, Heinz*: Investitions- und Finanzierungsmanagement, Band III: Finanzwirtschaftliche Entscheidungen, München 2000, S. 313.

- die Ursachen der Veränderung von Liquidität in den untersuchten Zeiträumen.

Durch diese zusätzlichen Informationen – im Vergleich zu einer statischen Betrachtung der Liquiditätslage des Unternehmens – erhält der Leser der Kapitalflussrechnung einen besseren Einblick in die Finanzlage des Unternehmens.

Aufgabe 10.21: Erkenntnisgewinn einer Beständedifferenzenbilanz und einer einfachen Bewegungsbilanz

Welche Erkenntnisse lassen sich im Hinblick auf die Kapitalflussrechnung aus der Beständedifferenzenbilanz und der einfachen Bewegungsbilanz gewinnen?

Lösung:

Bei der **Beständedifferenzenbilanz** handelt es sich lediglich um einen Zwischenschritt zur Erstellung der Kapitalflussrechnung, der keine wesentliche Aussagekraft besitzt. Werden die Beträge in der Beständedifferenzenbilanz addiert, ergibt sich die Veränderung des gesamten Vermögens und Kapitals des Unternehmens. Damit wird nur die Veränderung der Bilanzbestände widergespiegelt, allerdings ohne sie in einen systematischen Zusammenhang zu bringen.

Die Aussagekraft der **einfachen Bewegungsbilanz** ist ebenfalls beschränkt. Genau genommen handelt es sich bei der Bewegungsbilanz lediglich um eine aus zwei Stichtagsbilanzen abgeleitete Rechnung. Daher liefert sie keine zusätzlichen Informationen über die Finanzlage des Unternehmens. Zudem besteht ihr wesentlicher Nachteil darin, dass aufgrund vorhandener Informationsmängel keine Trennung zwischen liquiditätswirksamen Bewegungen und liquiditätsunwirksamen Geschäftsvorfällen vorgenommen werden kann.

Zusammenfassend kann man sagen, dass sowohl die Beständedifferenzenbilanz als auch die einfache Bewegungsbilanz nicht dazu geeignet sind, Auskunft über die Liquiditätsentwicklung eines Unternehmens zu geben, da zahlungswirksame Bewegungen aus ihnen nicht ermittelt werden können.

Aufgabe 10.22: Ermittlung einer erweiterten (Brutto-) Bewegungsbilanz

Erstellen Sie aus der abgebildeten Konzernbilanz und den weiteren Angaben des Konzerns „Cashflow Welt" zunächst die Beständedifferenzenbilanz sowie die einfache Bewegungsbilanz! Nehmen Sie danach eine Erweiterung der einfachen Bewegungsbilanz zur (Brutto-) Bewegungsbilanz vor! Entwickeln Sie schließlich aus der (Brutto-) Bewegungsbilanz die sogenannte erweiterte (Brutto-) Bewegungsbilanz!

Bilanz des Konzerns „Cashflow Welt" zum 31.12.2009 (in TEUR)

	2008	2009		2008	2009
immaterielles Anlagevermögen	361.300	792.900	Gezeichnetes Kapital	1.565.000	1.565.000
			Kapitalrücklage	1.138.100	1.138.100
Sachanlagen	6.918.300	7.472.600	Gewinnrücklagen	1.535.100	1.723.200
			Bilanzgewinn	313.000	344.300
Finanzanlagen	849.000	1.083.900	Anteile anderer Gesellschafter	292.000	360.000
Summe Anlagevermögen	**8.128.600**	**9.349.400**	**Summe Eigenkapital**	**4.843.200**	**5.130.600**
geleistete Anzahlungen auf Vorräte	408.900	461.500	Pensionsrückstellungen	4.474.100	4.815.100
Vorräte	7.139.100	7.476.500	sonstige Rückstellungen	3.809.100	4.359.700
Forderungen aus Lieferungen und Leistungen	5.009.800	5.739.500	Anleihen	575.800	503.000
sonstige Vermögensgegenstände	1.186.500	1.087.500	Verbindlichkeiten gegenüber Kreditinstituten	1.187.700	1.350.600
Wertpapiere	237.500	119.500	Verbindlichkeiten aus Lieferungen und Leistungen	1.983.600	2.248.500
Zahlungsmittel	858.800	921.200	erhaltene Anzahlungen auf Bestellungen	2.175.700	2.350.600
sonstige Rechnungsabgrenzungsposten	49.500	64.200	sonstige Verbindlichkeiten	4.007.300	4.462.600
Disagio	8.900	8.400	Rechnungsabgrenzungsposten	5.700	7.000
aktive latente Steuern	34.600	0			
Summe Umlaufvermögen	**14.933.600**	**15.878.300**	**Summe Fremdkapital**	**18.219.000**	**20.097.100**
Bilanzsumme	**23.062.200**	**25.227.700**	**Bilanzsumme**	**23.062.200**	**25.227.700**

Weitere Angaben:

- Die Veränderung der sonstigen Rückstellungen setzt sich aus dem Saldo der Steuerrückstellungen und den sonstigen Rückstellungen zusammen. Die Passivabnahme der Steuerrückstellungen beträgt 144.600.000 EUR.
- Ausschnitt aus dem Anlagespiegel des Konzerns „Cashflow Welt“:

in TEUR	Zugänge	Zuschreibungen	Buchwert 31.12.08	Buchwert 31.12.09	Abschreibungen des Geschäftsjahres 2009
immaterielles Anlagevermögen	518.500	0	361.300	792.900	78.200
Sachanlagen	2.268.300	0	6.918.300	7.472.600	1.389.700
Finanzanlagen	397.300	11.200	849.000	1.083.900	48.300
	3.184.100	11.200	8.128.600	9.349.400	1.516.200

Verkürzte Gewinn- und Verlustrechnung des Konzerns „Cashflow Welt“:

GuV-Rechnung des Konzerns „Cashflow Welt“ vom 01.01.–31.12.2009 (in TEUR)

	Umsatzerlöse	36.185.500
–	Verminderung des Bestands an fertigen und unfertigen Erzeugnissen	16.800
+	andere aktivierte Eigenleistungen	135.300
+	sonstige betriebliche Erträge	1.272.300
–	Materialaufwand	21.484.000
–	Personalaufwand	9.832.400
–	Abschreibungen auf das immaterielle Anlagevermögen und auf Sachanlagen	1.467.900
–	sonstige betriebliche Aufwendungen	3.447.000
–	Abschreibungen auf Finanzanlagen	48.300
–	Abschreibungen auf Wertpapiere des Umlaufvermögens	5.000
+	Beteiligungsergebnis*	73.900
–	Zinsergebnis	102.500
–	Steueraufwand	573.100
=	Jahresüberschuss	690.000
–	Einstellungen in die Gewinnrücklagen	291.400
–	Anteile anderer Gesellschafter	54.300
=	**Bilanzgewinn**	**344.300**

*davon: Beteiligungsergebnis von assoziierten Unternehmen in Höhe von 15.700.000 EUR

Lösung: [75]

Beständedifferenzenbilanz – Aktiva (in TEUR)

	2008	2009	Veränderung
immaterielles Anlagevermögen	361.300	792.900	431.600
Sachanlagen	6.918.300	7.472.600	554.300
Finanzanlagen	849.000	1.083.900	234.900
Summe Anlagevermögen	**8.128.600**	**9.349.400**	**1.220.800**
geleistete Anzahlungen auf Vorräte	408.900	461.500	52.600
Vorräte	7.139.100	7.476.500	337.400
Forderungen aus Lieferungen und Leistungen	5.009.800	5.739.500	729.700
sonstige Vermögensgegenstände	1.186.500	1.087.500	– 99.000
Wertpapiere	237.500	119.500	– 118.000
Zahlungsmittel	858.800	921.200	62.400
sonstige Rechnungsabgrenzungsposten	49.500	64.200	14.700
Disagio	8.900	8.400	– 500
aktive latente Steuern	34.600	0	– 34.600
Summe Umlaufvermögen	**14.933.600**	**15.878.300**	**944.700**
Bilanzsumme	**23.062.200**	**25.227.700**	**2.165.500**

Beständedifferenzenbilanz – Passiva (in TEUR)

	2008	2009	Veränderung
Gezeichnetes Kapital	1.565.000	1.565.000	0
Kapitalrücklage	1.138.100	1.138.100	0
Gewinnrücklagen	1.535.100	1.723.200	188.100
Bilanzgewinn	313.000	344.300	31.300
Anteile anderer Gesellschafter	292.000	360.000	68.000
Summe Eigenkapital	**4.843.200**	**5.130.600**	**287.400**
Pensionsrückstellungen	4.474.100	4.815.100	341.000
sonstige Rückstellungen	3.809.100	4.359.700	550.600
Anleihen	575.800	503.000	– 72.800
Verbindlichkeiten gegenüber Kreditinstituten	1.187.700	1.350.600	162.900
Verbindlichkeiten aus Lieferungen und Leistungen	1.983.600	2.248.500	264.900
erhaltene Anzahlungen auf Bestellungen	2.175.700	2.350.600	174.900
sonstige Verbindlichkeiten	4.007.300	4.462.600	455.300
Rechnungsabgrenzungsposten	5.700	7.000	1.300
Summe Fremdkapital	**18.219.000**	**20.097.100**	**1.878.100**
Bilanzsumme	**23.062.200**	**25.227.700**	**2.165.500**

Die einfache Bewegungsbilanz entsteht aus der Umgliederung der Bewegungsgrößen der Beständedifferenzenbilanz, indem Aktivzunahmen und Passivabnahmen als Mittelverwendung sowie Passivzunahmen und Aktivabnahmen als Mittelherkunft ausgewiesen werden.

---

[75] Modifiziert entnommen aus *Küting, Karlheinz; Weber, Claus-Peter*: Die Bilanzanalyse – Beurteilung von Abschlüssen nach HGB und IFRS, 9. Aufl., Stuttgart 2009, S. 194–201 und S. 206.

einfache Bewegungsbilanz (in TEUR)

Mittelverwendung		**Mittelherkunft**	
Aktivzunahmen:		**Passivzunahmen:**	
immaterielles Anlagevermögen	431.600	Gewinnrücklagen	188.100
Sachanlagen	554.300	Bilanzgewinn	31.300
Finanzanlagen	234.900	Anteile anderer Gesellschafter	68.000
geleistete Anzahlungen auf Vorräte	52.600	Pensionsrückstellungen	341.000
Vorräte	337.400	sonstige Rückstellungen*	665.200
Forderungen aus Lieferungen und Leistungen	729.700	Verbindlichkeiten gegenüber Kreditinstituten	162.900
Zahlungsmittel	62.400	Verbindlichkeiten aus Lieferungen und Leistungen	264.900
sonstige Rechnungsabgrenzungsposten	14.700	erhaltene Anzahlungen auf Bestellungen	174.900
		sonstige Verbindlichkeiten	455.300
		Rechnungsabgrenzungsposten	1.300
Passivabnahmen:		**Aktivabnahmen:**	
Steuerrückstellungen*	114.600	sonstige Vermögensgegenstände	99.000
Anleihen	72.800	Wertpapiere	118.000
		Disagio	500
		aktive latente Steuern	34.600
Summe Bestandsveränderungen	**2.605.000**	**Summe Bestandsveränderungen**	**2.605.000**

* Da die in der Konzernbilanz ausgewiesene Passivposition „sonstige Rückstellungen" sich aus dem Saldo der Steuerrückstellungen und den sonstigen Rückstellungen zusammensetzt, also eine Nettogröße darstellt, ist diese Passivposition im Rahmen der Erstellung der einfachen Bewegungsbilanz in ihre Bruttobestandteile aufzuschlüsseln.

Sofern den externen Jahresabschlusslesern keine umfassenden internen Informationen zur Verfügung gestellt werden, beschränkt sich die Erweiterung der einfachen Bewegungsbilanz zur (Brutto-) Bewegungsbilanz auf die Positionen des Anlagevermögens, da eine Angabe von Nettoveränderungen der Bilanzposten im Rahmen des veröffentlichten handelsrechtlichen Jahresabschlusses nur im Anlagespiegel erfolgt. Dabei gilt folgender Zusammenhang: Die Aktivzunahmen bei Positionen des Anlagevermögens (= Mittelverwendung) werden durch Zugänge und Zuschreibungen ersetzt, die Aktivabnahmen bei Positionen des Anlagevermögens (= Mittelherkunft) hingegen durch Abgänge und Abschreibungen. Da im Anlagespiegel die Abgänge zu historischen Anschaffungs- und Herstellungskosten ausgewiesen werden, müssen allerdings in einem Zwischenschritt für die einzelnen Positionen des Anlagevermögens zunächst die Abgänge zu Restbuchwerten wie folgt ermittelt werden:

Ermittlung der Abgänge zu Restbuchwerten:

	Buchwert zu Beginn des Geschäftsjahrs
+	Zugänge des Geschäftsjahrs
–	Abschreibungen des Geschäftsjahrs
+	Zuschreibungen des Geschäftsjahrs
–	Buchwert am Ende des Geschäftsjahrs
=	Abgänge zu Restbuchwerten

in TEUR	Abgänge (Restbuchwert)	Buchwert 31.12.2008	Zugänge 2009	Abschreibungen des Geschäftsjahres 2009	Zuschreibungen 2009	Buchwert 31.12.2009
immaterielles Anlagevermögen	**8.700**	361.300	**518.500**	**78.200**	**0**	792.900
Sachanlagen	**324.300**	6.918.300	**2.268.300**	**1.389.700**	**0**	7.472.600
Finanzanlagen	**125.300**	849.000	**397.300**	**48.300**	**11.200**	1.083.900
Summe Anlagevermögen	458.300	8.128.600	3.184.100	1.516.200	11.200	9.349.400

Die in der vorstehenden Übersicht fett ausgewiesenen Positionen ersetzen bei der Erweiterung der einfachen Bewegungsbilanz zur (Brutto-) Bewegungsbilanz die jeweilige Nettoveränderung in den betreffenden Bilanzpositionen.

(Brutto-) Bewegungsbilanz

(Brutto-) Bewegungsbilanz (in TEUR)

Mittelverwendung		**Mittelherkunft**	
Aktivzunahmen:		**Passivzunahmen:**	
immaterielles Anlagevermögen		Gewinnrücklagen	188.100
Zugänge	**518.500**		
Zuschreibungen	**0**		
Sachanlagen		Bilanzgewinn	31.300
Zugänge	**2.268.300**		
Zuschreibungen	**0**		
Finanzanlagen		Anteile anderer Gesellschafter	68.000
Zugänge	**397.300**		
Zuschreibungen	**11.200**		
geleistete Anzahlungen auf Vorräte	52.600	Pensionsrückstellungen	341.000
Vorräte	337.400	sonstige Rückstellungen	665.200
Forderungen aus Lieferungen und Leistungen	729.700	Verbindlichkeiten gegenüber Kreditinstituten	162.900
Zahlungsmittel	62.400	Verbindlichkeiten aus Lieferungen und Leistungen	264.900
sonstige Rechnungsabgrenzungsposten	14.700	erhaltene Anzahlungen auf Bestellungen	174.900
		sonstige Verbindlichkeiten	455.300
		Rechnungsabgrenzungsposten	1.300
Passivabnahmen:		**Aktivabnahmen:**	
Steuerrückstellungen	114.600	sonstige Vermögensgegenstände	99.000
Anleihen	72.800	Wertpapiere	118.000
		Disagio	500
		aktive latente Steuern	34.600
		immaterielles Anlagevermögen	
		Abgänge	**8.700**
		Abschreibungen	**78.200**
		Sachanlagen	
		Abgänge	**324.300**
		Abschreibungen	**1.389.700**
		Finanzanlagen	
		Abgänge	**125.300**
		Abschreibungen	**48.300**
Summe Nettoveränderungen	**4.579.500**	**Summe Nettoveränderungen**	**4.579.500**

Um nun von der (Brutto-) Bewegungsbilanz zur erweiterten (Brutto-) Bewegungsbilanz zu gelangen, müssen die Daten der Gewinn- und Verlustrechnung einbezogen werden. Sofern eine teilweise Gewinnverwendung vorliegt (also ein Bilanzgewinn ausgewiesen wird), ist diese allerdings zunächst rückgängig zu machen, d. h., die in der (Brutto-) Bewegungsbilanz ausgewiesene Veränderung des Bilanzgewinns gegenüber dem Vorjahr (hier: 31.300 TEUR) ist wie folgt in ihre Bestandteile aufzuspalten:

$$\Delta\, BG_t = JÜ_t - \Delta\, RL_t - Div_{t-1}$$

Dabei gilt:

$\Delta\ BG_t$: Veränderung des Bilanzgewinns gegenüber dem Vorjahr;

$JÜ_t$: Jahresergebnis des Geschäftsjahres;

$\Delta\ RL_t$: Rücklagenveränderung gegenüber dem Vorjahr;

Div_{t-1}: Ausschüttung des Bilanzgewinns des Vorjahres.

Die entsprechenden Daten können aus der Gewinn- und Verlustrechnung bzw. der Bilanz entnommen werden. Der Sinn dieser Aufbereitungsmaßnahme liegt in der Einbeziehung des Jahresüberschusses in die erweiterte (Brutto-) Bewegungsbilanz.

Im vorliegenden Fall gibt es jedoch noch eine Besonderheit zu berücksichtigen. Die in der nachfolgenden Aufgabe 10.23 zu entwickelnde Kapitalflussrechnung entsteht auf der Grundlage des Konzernabschlusses. Daher ist bei der Errechnung der Veränderung des Bilanzgewinns gegenüber dem Vorjahr die Veränderung des Anteils der anderen Gesellschafter am Konzernergebnis zu berücksichtigen ($\Delta\ MindA_t$). Die obige Formel ist aus diesem Grunde wie folgt zu ergänzen:

$$\Delta\ BG_t = JÜ_t - \Delta\ RL_t - Div_{t-1} - \Delta\ MindA_t$$

Im Konzernabschluss nach HGB umfasst der Konzern-Bilanzgewinn nur den Gewinn, der auf die Mehrheitsaktionäre entfällt.

Die Veränderung des Anteils der anderen Gesellschafter am Konzernergebnis ermittelt man hierbei wie folgt (siehe auch die Daten der Gewinn- und Verlustrechnung sowie den Hinweis am Ende der Lösung dieser Aufgabe):

$$\Delta\ MindA_t = JÜ_t - \Delta\ BG_t - Div_{t-1} - \text{Einstellungen in die Gewinnrücklagen (GuV)}$$

$$\Delta\ MindA_t = 690.000\ \text{TEUR} - 31.300\ \text{TEUR} - 313.000\ \text{TEUR} - 291.400\ \text{TEUR} = 54.300\ \text{TEUR}$$

Unter Berücksichtigung der erfolgten Modifikationen gelangt man nun zu einer weiteren Vorstufe der erweiterten (Brutto-) Bewegungsbilanz, nämlich zur (Brutto-) Bewegungsbilanz (ergänzt um die Veränderung des Eigenkapitals). Die Modifikationen gegenüber den bisherigen Berechnungen sind wiederum fett hervorgehoben.

(Brutto-) Bewegungsbilanz – ergänzt um die Veränderung des Eigenkapitals

(Brutto-) Bewegungsbilanz – ergänzt um die Veränderung des Eigenkapitals (in TEUR)

Mittelverwendung		Mittelherkunft	
Aktivzunahmen:		**Passivzunahmen:**	
immaterielles Anlagevermögen		Gewinnrücklagen	188.100
Zugänge	518.500		
Zuschreibungen	0		
Sachanlagen		**Jahresüberschuss**	**690.000**
Zugänge	2.268.300		
Zuschreibungen	0		
Finanzanlagen		Anteile anderer Gesellschafter	68.000
Zugänge	397.300		
Zuschreibungen	11.200		
geleistete Anzahlungen auf Vorräte	52.600	Pensionsrückstellungen	341.000
Vorräte	337.400	sonstige Rückstellungen	665.200
Forderungen aus Lieferungen und Leistungen	729.700	Verbindlichkeiten gegenüber Kreditinstituten	162.900
Zahlungsmittel	62.400	Verbindlichkeiten aus Lieferungen und Leistungen	264.900
sonstige Rechnungsabgrenzungsposten	14.700	erhaltene Anzahlungen auf Bestellungen	174.900
		sonstige Verbindlichkeiten	455.300
		Rechnungsabgrenzungsposten	1.300
Passivabnahmen:		**Aktivabnahmen:**	
Steuerrückstellungen	114.600	sonstige Vermögensgegenstände	99.000
Anleihen	72.800	Wertpapiere	118.000
		Disagio	500
		aktive latente Steuern	34.600
Dividende 2008	**313.000**	immaterielles Anlagevermögen	
		Abgänge	8.700
		Abschreibungen	78.200
Veränderung der Gewinnrücklagen (GuV)	**291.400**	Sachanlagen	
		Abgänge	324.300
		Abschreibungen	1.389.700
Veränderung der Anteile anderer Gesellschafter (GuV)	**54.300**	Finanzanlagen	
		Abgänge	125.300
		Abschreibungen	48.300
Summe	**5.238.200**	**Summe**	**5.238.200**

Schließlich werden die Daten der Gewinn- und Verlustrechnung in die um die Veränderung des Eigenkapitals ergänzte (Brutto-) Bewegungsbilanz einbezogen. Dies erfolgt, indem der Jahresüberschuss durch die Aufwendungen und Erträge der Gewinn- und Verlustrechnung ersetzt wird. Dabei werden Aufwendungen als Mittelverwendung und Erträge als Mittelherkunft interpretiert.

Erweiterte (Brutto-) Bewegungsbilanz

Erweiterte (Brutto-) Bewegungsbilanz (in TEUR)

Mittelverwendung		**Mittelherkunft**	
Aktivzunahmen:		**Passivzunahmen:**	
Zugänge immaterielles Anlagevermögen	518.500	Gewinnrücklagen	188.100
Zugänge Sachanlagen	2.268.300	Anteile anderer Gesellschafter	68.000
Zugänge Finanzanlagen	397.300	Pensionsrückstellungen	341.000
Zuschreibungen Finanzanlagen	11.200		
geleistete Anzahlungen auf Vorräte	52.600	sonstige Rückstellungen	665.200
Vorräte	337.400	Verbindlichkeiten gegenüber Kreditinstituten	162.900
Forderungen aus Lieferungen und Leistungen	729.700	Verbindlichkeiten aus Lieferungen und Leistungen	264.900
Zahlungsmittel	62.400	erhaltene Anzahlungen auf Bestellungen	174.900
sonstige Rechnungsabgrenzungsposten	14.700	sonstige Verbindlichkeiten	455.300
		Rechnungsabgrenzungsposten	1.300
Passivabnahmen:		**Aktivabnahmen:**	
Steuerrückstellungen	114.600	sonstige Vermögensgegenstände	99.000
Anleihen	72.800	Wertpapiere	118.000
Dividende 2008	313.000	Disagio	500
Veränderung der Gewinnrücklagen	291.400	aktive latente Steuern	34.600
Veränderung der Anteile anderer Gesellschafter	54.300		
Aufwendungen:		Abgänge immaterielles Anlagevermögen	8.700
Verminderung des Bestands an fertigen und unfertigen Erzeugnissen	**16.800**	Abschreibungen immaterielles Anlagevermögen	78.200
Materialaufwand	**21.484.000**	Abgänge Sachanlagen	324.300
Personalaufwand	**9.832.400**	Abschreibungen Sachanlagen	1.389.700
Abschreibungen auf das immaterielle Anlagevermögen und auf Sachanlagen	**1.467.900**	Abgänge Finanzanlagen	125.300
		Abschreibungen Finanzanlagen	48.300
sonstige betriebliche Aufwendungen	**3.447.000**	**Erträge:**	
		Umsatzerlöse	**36.185.500**
Abschreibungen auf Finanzanlagen	**48.300**	**andere aktivierte Eigenleistungen**	**135.300**
		sonstige betriebliche Erträge	**1.272.300**
Abschreibungen auf Wertpapiere des Umlaufvermögens	**5.000**	**Beteiligungsergebnis**	**73.900**
Zinsergebnis	**102.500**		
Steueraufwand	**573.100**		
Summe	**42.215.200**	**Summe**	**42.215.200**

Hinweis:

Die Veränderung der Gewinnrücklagen und die Veränderung der Anteile anderer Gesellschafter weisen einen Differenzbetrag zwischen den Beträgen der Gewinn- und Verlustrechnung und den Beträgen der einfachen Bewegungsbilanz auf. Diese Differenz (hier in Höhe von - 89.600 TEUR) bezeichnet man als **konsolidierungstechnischen Verrechnungsbereich**. Er entsteht dadurch, dass die Veränderung der Gewinnrücklagen und die Veränderung der Anteile anderer Gesellschafter in der Konzernbilanz nicht nur durch die Gewinnverwendung, sondern auch durch andere Faktoren, wie z. B. die Veränderung des Konsolidierungskreises, verursacht werden. Da die **Veränderung des Eigenkapitals nicht separat auszuweisen** ist, können diese **zahlungsunwirksamen Vorgänge** bei einer **externen Erstellung** der Kapitalflussrechnung **nicht isoliert** werden.

Ermittlung des konsolidierungstechnischen Verrechnungsbereichs

Mittelverwendung (in TEUR)		Mittelherkunft (in TEUR)	
Veränderung der Gewinnrücklagen (GuV)	291.400	Veränderung der Gewinnrücklagen (Bilanz)	188.100
Veränderung der Anteile anderer Gesellschafter (GuV)	54.300	Veränderung der Anteile anderer Gesellschafter (Bilanz)	68.000
Summe	**345.700**	**Summe**	**256.100**

Saldo = Mittelherkunft – Mittelverwendung
= 256.100 TEUR – 345.700 TEUR
= – 89.600 TEUR

Aufgabe 10.23: Ermittlung einer Kapitalflussrechnung

Entwickeln Sie aus der erweiterten (Brutto-) Bewegungsbilanz des Konzerns „Cashflow Welt" (siehe Aufgabe 10.22) die Kapitalflussrechnung in Staffelform! Gliedern Sie dabei die Kapitalflussrechnung nach dem Bereichsformat in den Bereich der laufenden Geschäftstätigkeit, in den Investitionsbereich sowie in den Finanzierungsbereich!

Lösung:[76]

Zunächst müssen – ausgehend von der Lösung der Aufgabe 10.22 – als weitere Vorstufe der in dieser Aufgabe zu entwickelnden Kapitalflussrechnung die zahlungsunwirksamen Posten der erweiterten (Brutto-) Bewegungsbilanz wie folgt isoliert und anschließend saldiert werden:

Die Abschreibungen werden in der erweiterten (Brutto-) Bewegungsbilanz (siehe Aufgabe 10.22) sowohl als Aufwand (= Mittelverwendung) als auch als Aktivabnahme (= Mittelherkunft) ausgewiesen und können daher unmittelbar miteinander verrechnet werden. Ebenso wird bei den Zuschreibungen im An-

[76] Modifiziert entnommen aus *Küting, Karlheinz; Weber, Claus-Peter*: Die Bilanzanalyse – Beurteilung von Abschlüssen nach HGB und IFRS, 9. Aufl., Stuttgart 2009, S. 202–205.

lagevermögen verfahren, die in der erweiterten (Brutto-) Bewegungsbilanz (siehe Aufgabe 10.22) sowohl als Aktivzunahme (= Mittelverwendung) als auch als Ertrag (= Mittelherkunft) erfasst werden.[77]

Neben der Saldierung der doppelt ausgewiesenen Posten werden sachlich zusammengehörende Posten aus Bilanz sowie Gewinn- und Verlustrechnung einander zugeordnet und miteinander verrechnet. Posten der gleichen Bewegungsbilanzseite werden dabei addiert, während Posten der anderen Bewegungsbilanzseite subtrahiert werden. So müssen Zuordnungen und Verrechnungen beispielsweise bei den Umsatzerlösen deshalb erfolgen, weil sie nicht in voller Höhe zahlungswirksam waren. Zur Ermittlung der zahlungswirksamen Umsatzerlöse werden die in der erweiterten (Brutto-) Bewegungsbilanz (siehe Aufgabe 10.22) ausgewiesenen Umsatzerlöse um die Zunahme der Forderungen aus Lieferungen und Leistungen gekürzt (= Ertrag, aber noch keine Einzahlung) und um die Zunahme der erhaltenen Anzahlungen auf Bestellungen erhöht (= Einzahlung, aber kein Ertrag).

Entsprechend ist bei der Ermittlung der Materialauszahlungen vorzugehen, indem der Materialaufwand um die zahlungsunwirksamen Vorgänge korrigiert wird. Im vorliegenden Fall ist der in der erweiterten (Brutto-) Bewegungsbilanz (siehe Aufgabe 10.22) ausgewiesene Materialaufwand um die gestiegenen Verbindlichkeiten aus Lieferungen und Leistungen zu kürzen (= Aufwand, aber noch keine Auszahlung), dagegen sind sowohl der Anstieg der geleisteten Anzahlungen auf Vorräte als auch der Anstieg der Vorräte selbst (= Auszahlung, aber noch kein Aufwand) sowie der Bestandsabbau an fertigen und unfertigen Erzeugnissen (= Aufwand jetzt, Auszahlung früher) zu addieren. Die Addition des Bestandsabbaus an fertigen und unfertigen Erzeugnissen ist deshalb vorzunehmen, weil durch den zusammengefassten Ausweis der Vorräte in der Bilanz die (auszahlungswirksame) Zunahme der Vorräte genau um diesen Betrag zu niedrig ausgewiesen wird.

Als Folge solcher Saldierungs- und Umgliederungsmaßnahmen ergeben sich folgende Modifikationen der erweiterten (Brutto-) Bewegungsbilanz:

---

[77] Die Zuschreibungen zu Finanzanlagen werden in dem hier vorliegenden Fall unter den sonstigen betrieblichen Erträgen ausgewiesen.

Erweiterte (Brutto-) Bewegungsbilanz – Saldierung und Umgliederung

	Mittelverwendung (in TEUR)		Mittelherkunft (in TEUR)		
	Aktivzunahmen:		**Passivzunahmen:**		
Investitionen in Sachanlagen und in immaterielle Anlagen	Zugänge immaterielles Anlagevermögen	518.500	Anteile anderer Gesellschafter (Bilanz)	68.000	
	Zugänge Sachanlagen	2.268.300	– Veränderung der Anteile anderer Gesellschafter (GuV)	– 54.300	
	– andere aktivierte Eigenleistungen	– 135.300	Verbindlichkeiten gegenüber Kreditinstituten	162.900	Einzahlungen aus der Aufnahme von Fremdkapital
Investitionen in Finanzanlagen	Zugänge Finanzanlagen	397.300	sonstige Verbindlichkeiten	455.300	
	– anteilige Jahresergebnisse der assoziierten Unternehmen	– 15.700			
Fonds	**Zahlungsmittel**	**62.400**			
	Passivabnahmen:		**Aktivabnahmen:**		* Einzahlungen aus der Tilgung von Ausleihungen …
	Anleihen	72.800	*sonstige Vermögensgegenstände	99.000	
	Dividende 2008	313.000	* Wertpapiere	118.000	
	Veränderung der Gewinnrücklagen (GuV)	291.400	* – Abschreibungen auf Wertpapiere des Umlaufvermögens	– 5.000	
	– Zunahme der Gewinnrücklagen (Bilanz)	– 188.100	Abgänge immaterielles Anlagevermögen	8.700	Einzahlungen aus dem Verkauf von Gegenständen des AV
	Aufwendungen:		Abgänge Sachanlagen	324.300	
Materialauszahlungen	Materialaufwand	21.484.000	* Abgänge Finanzanlagen	125.300	
	+ Zunahme geleisteter Anzahlungen auf Vorräte	+ 52.600			
	– Zunahme Verbindlichkeiten aus Lieferungen und Leistungen	– 264.900	**Erträge:**		
			Umsatzerlöse	36.185.500	Umsatzeinzahlungen
	+ Zunahme Vorräte	+ 337.400	+ Zunahme erhaltener Anzahlungen auf Bestellungen	+ 174.900	
	+ Bestandsabbau an fertigen und unfertigen Erzeugnissen	+ 16.800	– Zunahme Forderungen aus Lieferungen und Leistungen	– 729.700	
Personalauszahlungen	Personalaufwand	9.832.400	sonstige betriebliche Erträge	1.272.300	sonstige betriebliche Einzahlungen
	– Zunahme Pensionsrückstellungen	– 341.000	– Zuschreibungen Finanzanlagen	– 11.200	
			+ Zunahme passivischer Rechnungsabgrenzungsposten	+ 1.300	
sonstige betriebliche Auszahlungen	sonstige betriebliche Aufwendungen	3.447.000	Beteiligungsergebnis	73.900	Beteiligungseinzahlungen
	+ Zunahme aktivischer Rechnungsabgrenzungsposten	+ 14.700	– anteilige Jahresergebnisse der assoziierten Unternehmen	– 15.700	
	– Zunahme sonstiger Rückstellungen	– 665.200			
Finanzauszahlungen	Zinsergebnis	102.500			
	– Abnahme Disagio	– 500			
Steuerauszahlungen	Steueraufwand	573.100			
	+ Abnahme Steuerrückstellungen	+ 114.600			
	– Abnahme aktiver latenter Steuern	– 34.600			
	Summe	**38.253.500**	**Summe**	**38.253.500**	

Im nächsten und gleichzeitig letzten Schritt sind die Posten der modifizierten erweiterten (Brutto-) Bewegungsbilanz entsprechend dem Gliederungsschema der Kapitalflussrechnung in die Bereiche laufende Geschäftstätigkeit, Investitionen und Finanzierungen umzugliedern. Der Fonds wird in der vorliegenden zahlungsstromorientierten Kapitalflussrechnung durch die Zahlungsmittel gebildet. Dabei muss die Fondsveränderung mit der Veränderung des Bilanzpostens „Zahlungsmittel" übereinstimmen.

Kapitalflussrechnung		**in TEUR**
(1) Bereich der laufenden Geschäftstätigkeit		
Umsatzeinzahlungen		35.630.700
+ sonstige betriebliche Einzahlungen		1.262.400
+ Beteiligungseinzahlungen		58.200
– Materialauszahlungen		– 21.625.900
– Personalauszahlungen		– 9.491.400
– sonstige betriebliche Auszahlungen		– 2.796.500
– Finanzauszahlungen		– 102.000
– Steuerauszahlungen		– 653.100
= Zahlungsmittelüberschuss aus der laufenden Geschäftstätigkeit (Cashflow)		**2.282.400**
(2) Investitionsbereich		
Auszahlungen für den Erwerb von Gegenständen des Anlagevermögens		– 2.651.500
davon: immaterielle Vermögensgegenstände	518.500	
davon: Sacheinlagen	2.133.000	
Auszahlungen für die Gewährung von Ausleihungen oder den Erwerb von Beteiligungen oder Wertpapieren		– 381.600
Einzahlungen aus dem Verkauf von Gegenständen des Anlagevermögens		333.000
davon: immaterielle Vermögensgegenstände	8.700	
davon: Sachanlagen	324.300	
Einzahlungen aus der Tilgung von Ausleihungen oder der Veräußerung von Beteiligungen oder Wertpapieren		337.300
= Zahlungsmittelfehlbetrag aus dem Investitionsbereich		**– 2.362.800**
(3) Finanzierungsbereich		
Auszahlungen an die Gesellschafter (Dividende 2008)		– 313.000
+ Einzahlungen aus der Aufnahme von Fremdkapital		618.200
– Auszahlungen für die Tilgung von Fremdkapital		– 72.800
= Zahlungsmittelüberschuss aus dem Finanzierungsbereich		**232.400**
(4) Konsolidierungstechnischer Verrechnungsbereich*		– 89.600
= Veränderung des Zahlungsmittelbestands (Fonds) = (1) + (2) + (3) + (4); vgl. auch S. 310 (Hervorhebung durch Fettdruck)		**62.400**

* zum konsolidierungstechnischen Verrechnungsbereich siehe den Hinweis in Aufgabe 10.22

Aufgabe 10.24: Fondsabgrenzung und Kapitalflussrechnung

a) Stellen Sie die Zusammensetzung der zur Liquiditätsbeurteilung wichtigsten Fonds in Matrixform dar!

b) Nehmen Sie Stellung zu der Aussage, mit der Größe des Fonds, d. h. der Anzahl der einbezogenen Bilanzposten, wird der Aussagegehalt der Kapitalflussrechnung gesteigert!

c) Ihr Unternehmen kauft eine Maschine gegen Gewährung eines Kredits. Wie wird der Geschäftsvorfall bei der Erstellung einer Kapitalflussrechnung behandelt? Wo liegen die Schwierigkeiten?

Lösung:

Teilaufgabe a)

Möglichkeiten der Fondsabgrenzung:

Erfasste Positionen der Bilanz	Fonds					
	Netto-Umlauf-vermögen Typ 1	**Umlauf-vermögen Typ 2**	**Bald verfügbare Geldmittel Typ 3**	**Bald netto verfügbare Geldmittel Typ 4**	**Liquide Mittel Typ 5**	**Geld Typ 6**
Kassenbestand, Bundesbankguthaben, Guthaben bei Kreditinstituten und Schecks	X	X	X	X	X	X
Leicht veräußerbare Wertpapiere	X	X	X	X	X	
Kurzfristige Forderungen	X	X	X	X		
Vorräte	X	X				
Geleistete Anzahlungen	X	X				
Transitorische Aktiva	X	X				
Kurzfristige Verbindlichkeiten	X			X		
Transitorische Passiva	X					

Teilaufgabe b)

Dieser Aussage ist grundsätzlich nicht zuzustimmen. Denn je mehr Bilanzposten in den Fonds einbezogen werden, desto umfangreicher wird der Fondsnachweis und umso weniger Bewegungen werden in der Gegenbeständerechnung dargestellt. Ein weiterer Nachteil der Einbeziehung von vielen Bilanzposten ist, dass automatisch bewertungsabhängige Bestandteile im Fonds enthalten sind. Besteht der Fonds lediglich aus den Zahlungsmitteln, ist er weitgehend frei von Bewertungseinflüssen.

Teilaufgabe c)

Es handelt sich hierbei um ein unbares Geschäft, das sowohl als Investitionseinzahlung als auch als Finanzierungseinzahlung in der Kapitalflussrechnung erscheint, obwohl kein Zahlungsstrom mit dieser Transaktion verbunden war. Derartige unbare Geschäftsvorfälle sind aus dem Bilanzvergleich nicht ersichtlich und können somit auch nicht eliminiert werden.

Aufgabe 10.25: Erstellung einer Kapitalflussrechnung nach dem Bereichsformat[78]

Ihr Kollege hat die Aufgabe erhalten, aus der Bilanz der Schokoladen AG eine zahlungsstromorientierte Kapitalflussrechnung abzuleiten. Der abzugrenzende Fonds soll dabei ausschließlich Zahlungsmittel enthalten. Ihr Kollege hat bereits eine erweiterte (Brutto-) Bewegungsbilanz aufgestellt und diese um die Positionen der Gewinn- und Verlustrechnung erweitert. Das Studium Ihres Kollegen liegt allerdings schon einige Jahre zurück, so dass er Ihre Hilfe benötigt. Helfen Sie ihm auf die Sprünge und entwickeln Sie aus der nachstehenden erweiterten (Brutto-) Bewegungsbilanz der Schokoladen AG eine Kapitalflussrechnung nach dem Bereichsformat! Erläutern Sie dabei kurz Ihre Vorgehensweise!

---

[78] Diese Aufgabe wurde in modifizierter Form gestellt in der Klausur zur Vorlesung Bilanzanalyse von *Professor Dr. Karlheinz Küting* im BWL-Vertiefungsfach Wirtschaftsprüfung, Universität des Saarlandes, Saarbrücken, Sommersemester 1998.

Erweiterte (Brutto-) Bewegungsbilanz

Mittelverwendung (in TEUR)		Mittelherkunft (in TEUR)	
Aktivzunahmen:		**Passivzunahmen:**	
Zugänge Sachanlagen	400	Gewinnrücklagen	50
Vorräte	100	Pensionsrückstellungen	300
Zahlungsmittel	100	**Aktivabnahmen:**	
Passivabnahmen:		Forderungen aus Lieferungen und Leistungen	100
Anleihen	100	Abgänge Sachanlagen	150
Dividende $_{t-1}$	100	Abschreibungen auf Sachanlagen	50
Veränderung der Gewinnrücklagen	50		
Aufwendungen:		**Erträge:**	
Bestandsabnahmen	200	Umsatzerlöse	1.400
Materialaufwand	500	andere aktivierte Eigenleistungen	150
Personalaufwand	600		
Abschreibungen auf Sachanlagen	50		
Summe	**2.200**	**Summe**	**2.200**

Lösung:

Die zahlungsunwirksamen Posten der erweiterten (Brutto-) Bewegungsbilanz werden zunächst isoliert und dann saldiert. Beispielsweise können die Abschreibungen auf Sachanlagen, die sowohl als Aufwand als auch als Aktivabnahme in der erweiterten (Brutto-) Bewegungsbilanz erfasst wurden, miteinander verrechnet werden. Positionen der Bilanz sowie der Gewinn- und Verlustrechnung, zwischen denen ein sachlicher Zusammenhang besteht, werden einander zugeordnet und verrechnet. Dabei werden Positionen der gleichen Bewegungsbilanzseite addiert und Positionen der anderen Bewegungsbilanzseite subtrahiert.

Erweiterte (Brutto-) Bewegungsbilanz – Saldierung und Umgliederung

Mittelverwendung (in TEUR)		Mittelherkunft (in TEUR)	
Aktivzunahmen:		**Passivzunahmen:**	
Zugänge Sachanlagen	400		
– andere aktivierte Eigenleistungen	– 150		
Zahlungsmittel **(Fonds)**	100		
Passivabnahmen:		**Aktivabnahmen:**	
Anleihen	100	Abgänge Sachanlagen	150
Dividende$_{t-1}$	100	**Erträge:**	
Veränderung der Gewinnrücklagen (GuV)	50	Umsatzerlöse	1.400
– Zunahme der Gewinnrücklagen (Bilanz)	– 50	+ Abnahme der Forderungen aus Lieferungen und Leistungen	+ 100
Aufwendungen:			
Materialaufwand	500		
+ Zunahme Vorräte	+ 100		
+ Bestandsabnahmen	+ 200		
Personalaufwand	600		
– Zunahme Pensionsrückstellungen	– 300		
Summe	**1.650**	**Summe**	**1.650**

Die Positionen der erweiterten (Brutto-) Bewegungsbilanz sind nach Saldierung und Zuordnung in die Kapitalflussrechnung umzugliedern.

Kapitalflussrechnung	**in TEUR**
(1) Bereich der laufenden Geschäftstätigkeit	
Umsatzeinzahlungen	1.500
– Materialauszahlungen	– 800
– Personalauszahlungen	– 300
= **Zahlungsmittelüberschuss aus der laufenden Geschäftstätigkeit**	**400**
(2) Investitionsbereich	
Auszahlungen für den Erwerb von Gegenständen des Anlagevermögens	– 250
Einzahlungen aus dem Verkauf von Gegenständen des Anlagevermögens	150
= Zahlungsmittelfehlbetrag aus dem Investitionsbereich	**– 100**
(3) Finanzierungsbereich	
Auszahlungen an die Gesellschafter (Dividende$_{t-1}$)	– 100
– Auszahlungen für die Tilgung von Fremdkapital	– 100
= Zahlungsmittelfehlbetrag aus dem Finanzierungsbereich	**– 200**
= Veränderung des Zahlungsmittelbestands (Fonds) = (1) + (2) + (3)	**100**

Literaturverzeichnis

Adrian, Reinhold; Heidorn, Thomas: Der Bankbetrieb – Lehrbuch und Aufgaben, 15. Aufl., Wiesbaden 2000.

Bestmann, Uwe; Preißler, Peter: Übungsbuch zum Kompendium der Betriebswirtschaftslehre, 3. Aufl., München/Wien 2002.

Bieg, Hartmut: Bankbetriebslehre in Übungen, München 1992.

Bieg, Hartmut: Leasing als Sonderform der Außenfinanzierung, in: Der Steuerberater 1997, S. 425–435.

Bieg, Hartmut: Finanzmanagement mit Optionen, in: Der Steuerberater 1998, S. 18–25.

Bieg, Hartmut: Finanzmanagement mit Swaps, in: Der Steuerberater 1998, S. 65–70.

Bieg, Hartmut: Finanzmanagement mit Forward Rate Agreements, in: Der Steuerberater 1998, S. 140–147.

Bieg, Hartmut: Die Selbstfinanzierung – zugleich ein Überblick über die Innenfinanzierung, in: Der Steuerberater 1998, S. 186–195.

Bieg, Hartmut; Kußmaul, Heinz: Investitions- und Finanzierungsmanagement, Band III: Finanzwirtschaftliche Entscheidungen, München 2000.

Bieg, Hartmut; *Kußmaul, Heinz*: Externes Rechnungswesen, 5. Aufl., München 2009.

Bieg, Hartmut; Kußmaul, Heinz: Finanzierung, 2. Aufl., München 2009.

Bieg, Hartmut; Kußmaul, Heinz: Investition, 2. Aufl., München 2009.

Bieg, Hartmut; Kußmaul, Heinz; Petersen, Karl; Waschbusch, Gerd; Zwirner, Christian: Bilanzrechtsmodernisierungsgesetz – Bilanzierung, Berichterstattung und Prüfung nach dem BilMoG – mit Praxistipps und Beispielen, München 2009.

Binkowski, Peter; Beeck, Helmut: Finanzinnovationen, 3. Aufl., Bonn 1995.

Bitz, Michael: Übungen in Betriebswirtschaftslehre, 6. Aufl., München 2003.

Busse, Franz-Joseph: Grundlagen der betrieblichen Finanzwirtschaft, 5. Aufl., München/Wien 2003.

Däumler, Klaus-Dieter: Betriebliche Finanzwirtschaft, 9. Aufl., Herne 2008.

Deutsche Börse AG: Entry Standard-Workshop, http://deutsche-boerse.com/dbag/dispatch/de/binary/gdb_content_pool/imported_files/public_files/10_downloads/33_going_being_public/20_workshops/Entry_Standard_Frankfurt.pdf, Stand: 12.01.2010.

Gräfer, Horst: Finanz- und Ertragsanalyse, in: Betrieb und Rechnungswesen (BBK), Fach 30, Herne/Berlin 2001.

Gräfer, Horst; Schiller, Bettina; Rösner, Sabrina.: Finanzierung – Grundlagen, Institutionen, Instrumente und Kapitalmarkttheorie, 6. Aufl., Berlin 2008.

Havenstein, Moritz; Bastian, Jonas: Risikomanagement im Außenhandel – Instrumente der Kurssicherung, in: Fallstudien zum Internationalen Management – Grundlagen – Praxiserfahrungen – Perspektiven, hrsg. von *Joachim Zentes*, *Bernhard Swoboda* und *Dirk Morschett*, 3. Aufl., Wiesbaden 2008, S. 63–73.

Kruschwitz, Lutz; Decker, Rolf O. A.; Röhrs, Michael: Übungsbuch zur betrieblichen Finanzwirtschaft, 6. Aufl., München/Wien 2002.

Küting, Karlheinz; Weber, Claus-Peter: Die Bilanzanalyse – Beurteilung von Abschlüssen nach HGB und IFRS, 9. Aufl., Stuttgart 2009.

Kußmaul, Heinz: Finanzierung über Zero-Bonds und Stripped Bonds, in: Betriebs-Berater 1998, S. 1868–1871.

Kußmaul, Heinz: Betriebswirtschaftliche Steuerlehre, 5. Aufl., München 2008.

Mühlbauer, Klaus: Betriebswirtschaft – Übungsheft 3./4. Semester, Frankfurt am Main 2001.

Olfert, Klaus; Reichel, Christopher: Finanzierung, 14. Aufl., Ludwigshafen am Rhein 2008.

Rüsberg, Lars: Allgemeine Betriebswirtschaftslehre – Übungsheft 3./4. Semester, Frankfurt am Main 1991.

Waschbusch, Gerd: Die handelsrechtliche Jahresabschlusspolitik der Universalaktienbanken – Ziele – Daten – Instrumente, Stuttgart 1992.

Waschbusch, Gerd: Kapitalherabsetzung und Kapitalerhöhung, in: FORTBILDUNG – Zeitschrift für Führungskräfte in Verwaltung und Wirtschaft 1992, S. 89–90.

Waschbusch, Gerd: Die Gestaltung der Kapitalstruktur nach dem Leverage-Effekt, in: AKADEMIE – Zeitschrift für Führungskräfte in Verwaltung und Wirtschaft 1993, S. 57–58.

Waschbusch, Gerd: Finanzierungs-Leasing-Verträge mit Vollamortisation über bewegliche Wirtschaftsgüter – Steuerrechtliche Zurechnungskriterien und Bilanzierungstechnik, in: AKADEMIE – Zeitschrift für Führungskräfte in Verwaltung und Wirtschaft 1996, S. 85–87.

Waschbusch, Gerd: Asset Backed Securities – eine moderne Form der Unternehmungsfinanzierung, in: Zeitschrift für Bankrecht und Bankwirtschaft 1998, S. 408–419.

Waschbusch, Gerd: Kurzfristige Außenhandelsfinanzierung, in: Fallstudien zum Internationalen Management – Grundlagen – Praxiserfahrungen – Perspektiven, hrsg. von *Joachim Zentes*, *Bernhard Swoboda* und *Dirk Morschett*, 3. Aufl., Wiesbaden 2008, S. 75–87.

Waschbusch, Gerd; Staub, Nadine; Horváth, Thomas: Mittelstandsfinanzierung: Der Entry Standard – Das Börseneinstiegssegment für mittelständische Unternehmen, in: Der Steuerberater 2009, S. 226–233.

Waschbusch, Gerd; Staub, Nadine; Karmann, Oliver: Die Zukunftsfähigkeit der kapitalmarktorientierten Mittelstandsfinanzierung über die Börse, in: FINANZ BETRIEB 2009, S. 689–697.

Wöhe, Günter; Bilstein, Jürgen; Ernst, Dietmar; Häcker, Joachim: Grundzüge der Unternehmensfinanzierung, 10. Aufl., München 2009.

Wöhe, Günter; Kaiser, Hans; Döring, Ulrich: Übungsbuch zur Einführung in die Allgemeine Betriebswirtschaftslehre, 11. Aufl., München 2005.

Wöhe, Günter; Kaiser, Hans; Döring, Ulrich: Übungsbuch zur Einführung in die Allgemeine Betriebswirtschaftslehre, 12. Aufl., München 2008.

Stichwortverzeichnis

P

R

S

T

U

V

W

Z